全国高职高专机电类专业统编教材

电气控制与PLC

主　编　林庭双　吴明亮　王君明

副主编　李家坤　张兴福　张春来

主　审　杨和平

黄河水利出版社

·郑州·

内容提要

本书是全国高职高专机电类专业统编教材，是根据全国水利水电高职教研会制定的《电气控制与PLC》课程教学大纲编写完成的。全书以电气控制系统的基本理论为基础，讲述了常用低压电器的原理及选用，系统地介绍了传统继电接触器控制线路分析与设计的基本方法，并以国内广泛使用的三菱公司FX系列PLC为背景，介绍了PLC的工作原理、特点、硬件结构、编程元件与指令系统，从工程应用出发详细介绍了梯形图程序的常用设计方法、PLC系统设计与调试方法、PLC在实际应用中应注意的问题。

本书着重基本应用知识和基本操作技能，在讲述过程中力求表述简明、举例恰当、实用性强，全力培养学生分析与设计控制电路和PLC控制系统的能力。本书各章附有一定量的习题，供学生思考和研究，以利加深对本书内容的理解和掌握。

本书可作为高职高专、高级技校等机电类、电气类专业的教材，也可供从事机电类工作的工程技术人员参考使用。

图书在版编目(CIP)数据

电气控制与PLC/林庭双，吴明亮，王君明主编．—郑州：黄河水利出版社，2008.8 (2010.5 修订重印)
全国高职高专机电类专业统编教材
ISBN 978-7-80734-479-7

Ⅰ．电… Ⅱ．①林… ②吴… ③王… Ⅲ．①电气控制-高等学校：技术学校-教材 ②可编程序控制器-高等学校：技术学校-教材 Ⅳ．TM921.5 TP332.3

中国版本图书馆CIP数据核字(2008)第123836号

组稿编辑：简群 电话：0371-66026749 E-mail：w_jq001@163.com

出版社：黄河水利出版社
地址：河南省郑州市顺河路黄委会综合楼14层 邮政编码：450003
发行单位：黄河水利出版社
发行部电话：0371-66026940、66020550、66028024、66022620(传真)
E-mail：hhslcbs@126.com
承印单位：黄河水利委员会印刷厂
开本：787 mm×1 092 mm 1/16
印张：13
字数：300千字 印数：4 101—8 100
版次：2008年8月第1版 印次：2010年5月第2次印刷
2010年5月修订

定价：24.00元

前　言

本书是根据教育部《关于加强高职高专教育人才培养工作意见》和《面向21世纪教育振兴行动计划》等文件精神，以及由全国水利水电高职教研会拟定的教材编写规划，报水利部批准，由全国水利水电高职教研会组织编写的机电类全国统编教材。

在生产制造、水利水电、交通运输、航天航空等诸多领域中，电气控制技术的应用都是十分广泛的。随着科学技术的发展，特别是大规模集成电路的问世和微处理机技术的应用，出现了可编程序控制器(PLC)，它不仅可以取代传统的继电接触器控制系统，还可以进行复杂的过程控制和构成分布式控制系统，使电气控制技术进入了一个崭新的阶段。因此，了解和学习这些重要的技术对机电类专业的高职高专学生来说是必不可少的。电气控制与PLC是综合了继电接触控制、计算机技术、自动控制技术和通信技术的一门新兴技术，应用十分广泛。由于电气控制与可编程控制器本是起源于同一体系，只是发展的阶段不同，在理论和应用上是一脉相承的。本书将上述两部分内容编在一起，既体现了知识的系统性和完整性，又遵循了技术的发展过程。在编写本书的过程中，我们根据高职教材应以培养综合型实用型人才为目标，在注重基础理论教育的同时，突出实践性教学环节，并力图做到深入浅出，层次分明，详略得当，尽可能体现高职教育的特点。本书在编写过程中，力求做到以下几个方面：

(1)突出重点。对传统电器及继电接触器控制内容作适量介绍，重点增加应用越来越广泛的FX系列可编程序控制器的内容，这是本书的一个特点。

(2)强调技能。着重介绍常用低压电器、电气控制基本线路、典型生产机械电气控制线路、可编程序控制器实际应用线路，包括采用可编程序控制器对电动机进行控制的多种实用基本线路，这就把电动机的继电接触控制和PLC控制两种线路对应起来，从而培养学生的实际应用能力，这是本书的另一个特点。

(3)方便教学。本书每一章节注有内容提要、重点、难点、教学目标及小结，在内容阐述上力求简明扼要，层次清楚，图文并茂，通俗易懂。鉴于上述这些特点，本书也便于有一定电气技术基础的人员自学。

本书由两部分组成。第一部分由第一章至第三章组成，介绍电气控制中常用的低压电器、典型控制线路、典型电气控制系统分析和设计方法。第二部分由第四章至第九章组成，以国内广泛使用的三菱公司FX系列PLC为背景，介绍了PLC的工作原理、特点、硬件结构、编程元件与指令系统，从工程应用出发详细介绍了梯形图程序的常用设计方法、PLC系统设计与调试方法、PLC在实际应用中应注意的问题。

本书可作为高职高专、高级技校、技师培训等机电类、电气类专业的教材，也可供从事机电类工作的工程技术人员参考使用。

本书由三峡电力职业学院林庭双任第一主编，湖南水利水电职业技术学院吴明亮、湖北水利水电职业技术学院王君明担任二、三主编，长江工程职业技术学院李家坤、沈阳农业大学高等职业技术学院张兴福、安徽水利水电职业技术学院张春来任副主编，山东水利职业学院孔艳梅、黑龙江大学应用技术学院王世刚、河北工程技术高等专科学校贾新立任参编。其中：第一章由孔艳梅编写；第二章由王世刚编写；第三章由贾新立编写；第四章由张兴福编写；第五章由张春来编写；第六章由吴明亮编写；第七章由王君明编写；第八章由李家坤编写；第九章、附录由林庭双编写；全书最后由林庭双统稿、定稿。

四川电力职业技术学院杨和平担任本书的主审，提出了许多宝贵的指导意见。在编写过程中，编者参阅了国内外许多专家、同行的教材、著作和论文。对此，谨致诚挚的谢意！

由于编者水平有限，书中难免存在缺点甚至错误，敬请广大读者批评指正。

编　者

2008 年 6 月

目　录

前　言
第一章　常用低压电器 …………………………………………………………（1）
　第一节　概　述 ……………………………………………………………（1）
　第二节　接触器 ……………………………………………………………（4）
　第三节　继电器 ……………………………………………………………（8）
　第四节　主令电器 …………………………………………………………（13）
　第五节　熔断器 ……………………………………………………………（17）
　第六节　刀开关与低压断路器 ……………………………………………（19）
　小　结 ………………………………………………………………………（22）
　习　题 ………………………………………………………………………（23）
第二章　电气控制基本规律 ……………………………………………………（24）
　第一节　电器控制线路的绘制原理 ………………………………………（24）
　第二节　电气控制电路基本控制规律 ……………………………………（28）
　第三节　三相异步电动机的启动控制 ……………………………………（33）
　第四节　三相异步电动机的制动控制 ……………………………………（39）
　第五节　电气控制系统常用的保护环节 …………………………………（42）
　小　结 ………………………………………………………………………（44）
　习　题 ………………………………………………………………………（45）
第三章　电气控制电路实例分析 ………………………………………………（47）
　第一节　卧式车床电气控制电路 …………………………………………（47）
　第二节　钻床电气控制电路 ………………………………………………（50）
　小　结 ………………………………………………………………………（53）
　习　题 ………………………………………………………………………（53）
第四章　可编程控制器概述 ……………………………………………………（57）
　第一节　可编程控制器的产生及定义 ……………………………………（57）
　第二节　可编程控制器的特点及应用 ……………………………………（58）
　第三节　可编程控制器的分类和发展 ……………………………………（60）
　第四节　可编程控制器的基本组成和工作原理 …………………………（62）
　小　结 ………………………………………………………………………（72）
　习　题 ………………………………………………………………………（73）
第五章　FX 系列可编程控制器的编程元件及指令系统 ……………………（74）
　第一节　FX 系列可编程控制器概述 ……………………………………（74）
　第二节　FX 系列可编程控制器的编程元件 ……………………………（77）
　第三节　FX 系列可编程控制器的基本逻辑指令 ………………………（85）
　小　结 ………………………………………………………………………（96）

习　题 …………………………………………………………………………………… (97)
第六章　FX 系列可编程控制器的程序设计方法 ……………………………………… (100)
第一节　梯形图的经验设计法 ……………………………………………………… (100)
第二节　时序控制系统梯形图的设计方法 ……………………………………… (103)
第三节　用 PLC 改造继电器控制电路的方法 …………………………………… (105)
第四节　顺序控制设计法 ………………………………………………………… (108)
第五节　使用启、保、停电路的编程方法 ………………………………………… (113)
第六节　以转换为中心的编程方法 ……………………………………………… (117)
小　结 …………………………………………………………………………………… (119)
习　题 …………………………………………………………………………………… (120)
第七章　FX 系列可编程控制器步进梯形指令 …………………………………… (123)
第一节　状态编程思想 …………………………………………………………… (123)
第二节　步进梯形指令 …………………………………………………………… (126)
第三节　步进梯形指令应用实例 ………………………………………………… (130)
小　结 …………………………………………………………………………………… (138)
习　题 …………………………………………………………………………………… (139)
第八章　FX 系列可编程控制器应用指令 ………………………………………… (140)
第一节　指令基本格式 …………………………………………………………… (140)
第二节　程序流向控制类指令 …………………………………………………… (142)
第三节　传送与比较类指令 ……………………………………………………… (145)
第四节　数据运算指令 …………………………………………………………… (148)
第五节　循环与移位类指令 ……………………………………………………… (151)
第六节　数据处理指令 …………………………………………………………… (153)
第七节　高速处理指令 …………………………………………………………… (156)
第八节　其他功能指令 …………………………………………………………… (159)
小　结 …………………………………………………………………………………… (170)
习　题 …………………………………………………………………………………… (171)
第九章　可编程控制器控制系统的设计 ………………………………………… (173)
第一节　PLC 控制系统设计的基本原则与内容 ………………………………… (173)
第二节　PLC 的选择 ……………………………………………………………… (176)
第三节　PLC 与输入输出设备的连接 …………………………………………… (181)
第四节　减少 I/O 点数的措施 …………………………………………………… (185)
第五节　提高 PLC 控制系统可靠性的措施 ……………………………………… (189)
第六节　PLC 控制系统的维护和故障诊断 ……………………………………… (193)
小　结 …………………………………………………………………………………… (195)
习　题 …………………………………………………………………………………… (196)
附表　FX 系列 PLC 功能指令一览表 ……………………………………………… (197)
参考文献 ……………………………………………………………………………… (202)

第一章　常用低压电器

知识引入　电路是电流的通路。电路是为了实现电能与某种能量转换或电信号转换功能,由各种电气设备或元件通过导线,按一定的方式和要求互相连接而成的通路。

内容提要　本章主要通过介绍电气控制领域中常用低压电器的工作原理、用途、型号、规格及符号等知识,学会正确选择和合理使用常用电器,为后继章节的学习打下基础。

课程重点　常用低压电器的结构、技术指标、工作原理及使用符号。

课程难点　行程开关、接触器、继电器、主令控制器的工作原理。

教学目标　熟练掌握按钮、行程开关、交流接触器、热继电器、熔断器等的功能、符号、常用型号及其使用方法。

第一节　概　　述

一、电器的分类

电器是接通和断开电路或调节、控制和保护电路及电气设备用的电工器具。完成由控制电器组成的自动控制系统,称为继电器—接触器控制系统,简称电器控制系统。

电器的用途广泛,功能多样,种类繁多,结构各异。下面是几种常用的电器分类。

(一)按工作电压等级分类

1. 高压电器

用于交流电压 1 200V、直流电压 1 500V 及以上电路中的电器。例如高压断路器、高压隔离开关、高压熔断器等。

2. 低压电器

用于交流 50Hz(或 60Hz),额定电压为 1 200V 以下;直流额定电压 1 500V 及以下的电路中的电器。例如接触器、继电器等。

(二)按动作原理分类

1. 手动电器

用手或依靠机械力进行操作的电器,如手动开关、控制按钮、行程开关等主令电器。

2. 自动电器

借助于电磁力或某个物理量的变化自动进行操作的电器,如接触器、各种类型的继电器、电磁阀等。

（三）按用途分类

1. 控制电器

用于各种控制电路和控制系统的电器，例如接触器、继电器、电动机启动器等。

2. 主令电器

用于自动控制系统中发送动作指令的电器，例如按钮、行程开关、万能转换开关等。

3. 保护电器

用于保护电路及用电设备的电器，如熔断器、热继电器、各种保护继电器、避雷器等。

4. 执行电器

指用于完成某种动作或传动功能的电器，如电磁铁、电磁离合器等 。

5. 配电电器

用于电能的输送和分配的电器，例如高压断路器、隔离开关、刀开关、自动空气开关等。

（四）按工作原理分类

1. 电磁式电器

依据电磁感应原理来工作，如接触器、各种类型的电磁式继电器等。

2. 非电量控制电器

依靠外力或某种非电物理量的变化而动作的电器，如刀开关、行程开关、按钮、速度继电器、温度继电器等。

二、电器的作用

低压电器能够依据操作信号或外界现场信号的要求，自动或手动改变电路的状态、参数，实现对电路或被控对象的控制、保护、测量、指示、调节。低压电器的作用有：

（1）控制作用。如电梯的上下移动、快慢速自动切换与自动停层等。

（2）保护作用。根据设备的特点，对设备、环境以及人身实行自动保护，如电机的过热保护、电网的短路保护、漏电保护等。

（3）测量作用。利用仪表及与之相适应的电器，对设备，电网或其他非电参数进行测量，如电流、电压、功率、转速、温度、湿度等。

（4）调节作用。低压电器可对一些电量和非电量进行调整，以满足用户的要求，如柴油机油门的调整、房间温湿度的调节、照度的自动调节等。

（5）指示作用。利用低压电器的控制、保护等功能，检测出设备运行状况与电气电路工作情况，如绝缘监测、保护掉牌指示等。

（6）转换作用。在用电设备之间转换或对低压电器、控制电路分时投入运行，以实现功能切换，如励磁装置手动与自动的转换，供电的市电与自备电的切换等。

当然，低压电器作用远不止这些，随着科学技术的发展，新功能、新设备会不断出现，常见低压电器的主要种类及用途如表 1-1 所示。

对低压配电电器要求是灭弧能力强、分断能力好，热稳定性能好、限流准确等；对低压控制电器，则要求其动作可靠、操作频率高、寿命长并具有一定的负载能力。

表 1-1　常见低压电器的主要种类及用途

序号	类别	主要品种	用途
1	断路器	塑料外壳式断路器 框架式断路器 限流式断路器 漏电保护式断路器 直流快速断路器	主要用于电路的过负荷保护、短路、欠电压、漏电压保护,也可用于不频繁接通和断开的电路
2	刀开关	开关板用刀开关 负荷开关 熔断器式刀开关	主要用于电路的隔离,有时也能分断负荷
3	转换开关	组合开关 换向开关	主要用于电源切换,也可用于负荷通断或电路的切换
4	主令电器	按钮 限位开关 微动开关 接近开关 万能转换开关	主要用于发布命令或程序控制
5	接触器	交流接触器 直流接触器	主要用于远距离频繁控制负荷,切断带负荷电路
6	启动器	磁力启动器 星三启动器 自耦减压启动器	主要用于电动机的启动
7	控制器	凸轮控制器 平面控制器	主要用于控制回路的切换
8	继电器	电流继电器 电压继电器 时间继电器 中间继电器 温度继电器 热继电器	主要用于控制电路中,将被控量转换成控制电路所需电量或开关信号
9	熔断器	有填料熔断器 无填料熔断器 半封闭插入式熔断器 快速熔断器 自复熔断器	主要用于电路短路保护,也用于电路的过载保护
10	电磁铁	制动电磁铁 起重电磁铁 牵引电磁铁	主要用于起重、牵引、制动等地方

第二节　接触器

接触器，是一种用来自动接通或断开大电流电路的电器。它可以频繁地接通或分断交、直流电路，并可实现远距离控制。其主要控制对象是电动机，也可用于电热设备、电焊机、电容器组等其他负载。接触器具有低电压释放保护功能，同时具有控制容量大、过载能力强、寿命长、设备简单经济等特点，是电力拖动自动控制线路中使用最广泛的电器元件。

按照所控制电路的种类，接触器可分为交流接触器和直流接触器两大类。

一、交流接触器

（一）交流接触器结构与工作原理

如图 1-1 所示为交流接触器的外形与结构示意图。交流接触器由以下四部分组成。

1. 电磁机构

电磁机构由线圈、动铁芯（衔铁）和静铁芯组成，其作用是将电磁能转换成机械能，产生电磁吸力带动触点动作。

2. 触点系统

触点系统包括主触头和若干辅助触头。主触头通过电动机等负载电流，有三对交流接触器、二对或一对直流接触器；辅助触头通过小电流，通常用于控制电路完成控制连锁等任务。

主触头在接通和断开电路时，由于电压电流的作用，会在触头间隙内发生放电现象，即电弧。电器中的电弧是有害的：电弧的高温会烧坏触头，缩短使用寿命；电弧会导致触头的熔焊，破坏电路的正常工作；如果无法将电弧熄灭，有可能烧伤操作人员，烧毁电器及其他设备，甚至酿成火灾；电弧延迟了电路断开的时间，影响控制的灵敏度。

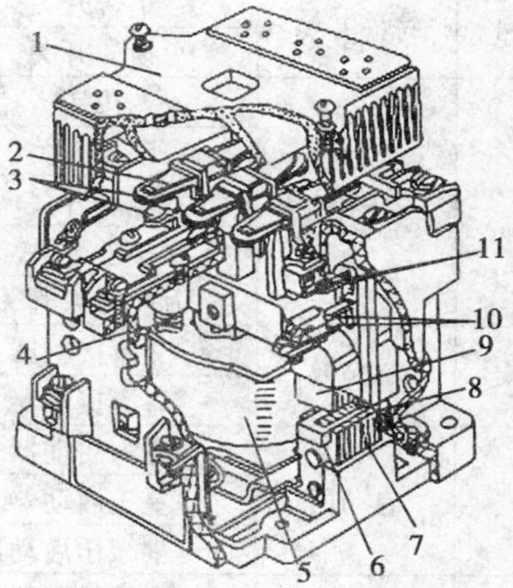

1—灭弧罩；2—触点压力弹簧片；3—主触点；4—反作用弹簧；5—线圈；6—短路环；7—静铁芯；8—弹簧；9—动铁芯；10—辅助常开触点；11—辅助常闭触点

图 1-1　CJ10-20 型交流接触器

3. 灭弧装置

容量在 10A 以上的接触器都有灭弧装置，对于小容量的接触器，常采用双断口触点灭弧、电动力灭弧、相间弧板隔弧及陶土灭弧罩灭弧；对于大容量的接触器，采用纵缝灭弧罩及栅片灭弧。

4. 其他部件

其他部件包括反作用弹簧、缓冲弹簧、触点压力弹簧、传动机构及外壳等。

电磁式接触器的工作原理为：当线圈接通电源时，其电流产生磁场，铁芯被磁化，吸引衔铁，使它有向着铁芯运动的趋势。当吸力增大到足以克服释放弹簧的反作用力时，衔铁就带动与它作刚性连接的动触头，共同向着铁芯运动，并最终吸合在一起，这时动触头和静触头互相接触,便把主电路接通。一旦切断线圈的电源,或者电压突然消失或显著降低,衔铁就会因磁场消失或过弱,因而在释放弹簧的作用下脱离磁轭,返回原位,与此同时,动触头也脱离静触头,把电路切断。

(二)交流接触器的分类

交流接触器的种类很多,其分类方法也不尽相同。按照一般的分类方法,大致有以下几种。

1. 按主触点极数分

按主触点极数可分为单极、双极、三极、四极和五极接触器。单极接触器主要用于单相负荷,如照明负荷、焊机等,在电动机能耗制动中也可采用;双极接触器用于绕线式异步电机的转子回路中,启动时用于短接启动绕组;三极接触器用于三相负荷,例如在电动机的控制及其他场合,使用最为广泛;四极接触器主要用于三相四线制的照明线路,也可用来控制双回路电动机负载;五极交流接触器用来组成自耦补偿启动器或控制双笼型电动机,以变换绕组接法。

2. 按灭弧介质分

按灭弧介质可分为空气式接触器、真空式接触器等。依靠空气绝缘的接触器用于一般负载,而采用真空绝缘的接触器常用在煤矿、石油、化工企业及电压在660V和1 140V等一些特殊的场合。

3. 按有无触点分

按有无触点可分为有触点接触器和无触点接触器。常见的接触器多为有触点接触器,而无触点接触器属于电子技术应用的产物,一般采用晶闸管作为回路的通断元件。由于可控硅导通时所需的触发电压很小,而且回路通断时无火花产生,因而可用于高操作频率的设备和易燃、易爆、无噪声的场合。

(三)交流接触器的基本参数

(1)额定电压。指主触点额定工作电压,应等于负载的额定电压。一只接触器常规定几个额定电压,同时列出相应的额定电流或控制功率。通常,最大工作电压即为额定电压。常用的额定电压值为220V、380V、660V等。

(2)额定电流。接触器触点在额定工作条件下的电流值。380V三相电动机控制电路中,额定工作电流可近似等于控制功率的两倍。常用额定电流等级为5A、10A、20A、40A、60A、100A、150A、250A、400A、600A。

(3)通断能力。可分为最大接通电流和最大分断电流。最大接通电流是指触点闭合时不会造成触点熔焊时的最大电流值;最大分断电流是指触点断开时能可靠灭弧的最大电流。一般通断能力是额定电流的5~10倍。当然,这一数值与开断电路的电压等级有关,电压越高,通断能力越小。

(4)动作值。可分为吸合电压和释放电压。吸合电压是指接触器吸合前,缓慢增加吸合线圈两端的电压,接触器可以吸合时的最小电压。释放电压是指接触器吸合后,缓慢降低吸合线圈的电压,接触器释放时的最大电压。一般规定,吸合电压不低于线圈额定电压的85%,释放电压不高于线圈额定电压的70%。

(5)吸引线圈额定电压。接触器正常工作时,吸引线圈上所加的电压值。一般该电压数值以及线圈的匝数、线径等数据均标于线包上，而不是标于接触器外壳铭牌上，使用时应加以注意。

(6)操作频率。接触器在吸合瞬间，吸引线圈需消耗比额定电流大 5 ~7 倍的电流，如果操作频率过高，则会使线圈严重发热，直接影响接触器的正常使用。为此，规定了接触器的允许操作频率，一般为每小时允许操作次数的最大值。

(7)寿命。包括电寿命和机械寿命。目前接触器的机械寿命已达一千万次以上，电气寿命一般是机械寿命的 5% ~20%。

二、直流接触器

直流接触器的结构和工作原理基本上与交流接触器相同。在结构上也是由电磁机构、触点系统和灭弧装置等部分组成。由于直流电弧比交流电弧难以熄灭，直流接触器常采用磁吹式灭弧装置灭弧。

三、接触器的符号与型号说明

(一)接触器的符号

接触器的图形符号如图 1-2 所示，文字符号为 KM。

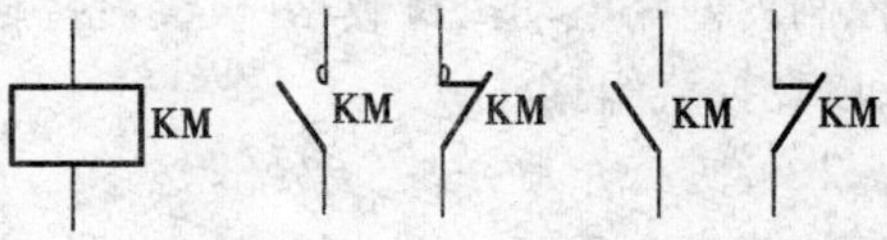

(a)线圈　　(b)主触点　　(c)辅助触点

图 1-2　接触器的图形符号

(二)接触器的型号说明

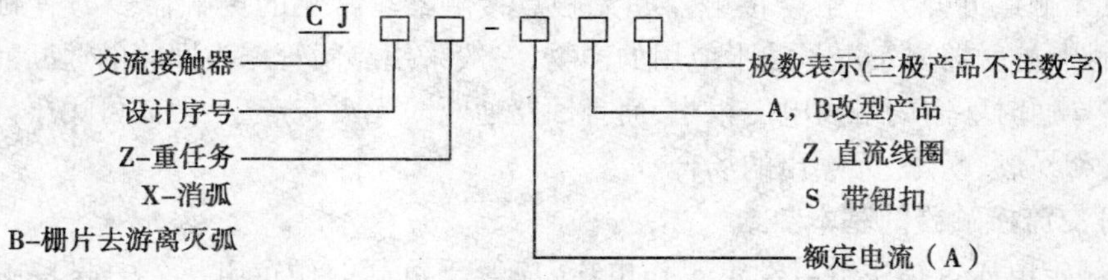

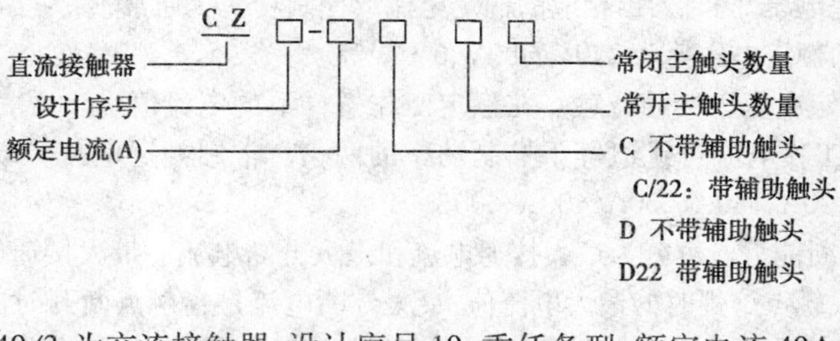

例如：CJ10Z－40/3 为交流接触器，设计序号 10，重任务型，额定电流 40A，主触点为 3 极；CJ12T－250/3 为改型后的交流接触器，设计序号 12，额定电流 250A，3 个主触点。

我国生产的交流接触器常用的有 CJ10、CJ12、CJX1、CJ20 等系列及其派生系列产品，CJ0 系列及其改型产品已逐步被 CJ20、CJX 系列产品取代。上述系列产品一般具有 3 对常开主触点，常开、常闭辅助触点各两对。直流接触器常用的有 CZ0 系列，分单极和双极两大类，常开、常闭辅助触点各不超过两对。有些厂家接触器的型号的表示方法可能与上述方法不同，请查阅相关的产品说明。

四、接触器的选用

交流接触器的选用,应根据负荷的类型和工作参数合理选用。具体分为以下步骤。

(一)选择接触器的类型

交流接触器按负荷种类一般分为一类、二类、三类和四类,分别记为 AC_1、AC_2、AC_3 和 AC_4。一类交流接触器对应的控制对象是无感或微感负荷,如白炽灯、电阻炉等;二类交流接触器用于绕线式异步电动机的启动和停止;三类交流接触器的典型用途是鼠笼型异步电动机的运转和运行中分断;四类交流接触器用于笼型异步电动机的启动、反接制动、反转和点动。

(二)选择接触器的额定参数

根据被控对象和工作参数如电压、电流、功率、频率及工作制等确定接触器的额定参数。

(1)接触器的线圈电压,一般应低一些为好,这样对接触器的绝缘要求可以降低,使用时也较安全。但为了方便和减少设备,常按实际电网电压选取。

(2)电动机的操作频率不高,如压缩机、水泵、风机、空调、冲床等,接触器额定电流大于负荷额定电流即可。接触器类型可选用 CJ10、CJ20 等。

(3)对重任务型电机,如机床主电机、升降设备、绞盘、破碎机等,其平均操作频率超过 100 次/min,运行于启动、点动、正反向制动、反接制动等状态,可选用 CJ10Z、CJ12 型的接触器。为了保证电寿命,可使接触器降容使用。选用时,接触器额定电流大于电机额定电流。

(4)对特重任务电机,如印刷机、镗床等,操作频率很高,可达 600 ~ 12 000 次/h,经常运行于启动、反接制动、反向等状态,接触器大致可按电寿命及启动电流选用,接触器型号选 CJ10Z、CJ12 等。

(5)交流回路中的电容器投入电网或从电网中切除时,接触器选择应考虑电容器的合闸冲击电流。一般地,接触器的额定电流可按电容器的额定电流的 1.5 倍选取,型号选 CJ10、CJ20 等。

(6)用接触器对变压器进行控制时,应考虑浪涌电流的大小。例如交流电弧焊机、电阻焊机等,一般可按变压器额定电流的 2 倍选取接触器,型号选 CJ10、CJ20 等。

(7)对于电热设备,如电阻炉、电热器等,负荷的冷态电阻较小,因此启动电流相应要大一些。选用接触器时可不用考虑(启动电流),直接按负荷额定电流选取,型号可选用 CJ10、CJ20 等。

(8)由于气体放电灯启动电流大、启动时间长,对于照明设备的控制,可按额定电流 1.1 ~ 1.4 倍选取交流接触器,型号可选 CJ10、CJ20 等。

(9)接触器额定电流是指接触器在长期工作下的最大允许电流,持续时间≤8h,且安装于敞开的控制板上,如果冷却条件较差,选用接触器时,接触器的额定电流按负荷额定电流的 110% ~120% 选取。对于长时间工作的电机,由于其氧化膜没有机会得到清除,使接触电阻增大,导致触点发热超过允许温升。实际选用时,可将接触器的额定电流减小 30% 使用。

第三节　继电器

继电器是根据某种输入信号的变化，接通或断开控制电路，实现自动控制和保护电力装置的自动电器。继电器的种类很多，按输入信号的性质分为电压继电器、电流继电器、时间继电器、温度继电器、速度继电器、压力继电器等；按工作原理可分为电磁式继电器、感应式继电器、电动式继电器、热继电器和电子式继电器等；按输出形式可分为有触点和无触点两类；按用途可分为控制用与保护用继电器等。

一、电磁式继电器

（一）电磁式继电器的结构与工作原理

电磁式继电器是应用得最早、最多的一种型式。其结构及工作原理与接触器大体相同。由电磁系统、触点系统和释放弹簧等组成，电磁式继电器原理如图 1-3 所示。由于继电器用于控制电路，流过触点的电流比较小（一般 5A 以下），故不需要灭弧装置。

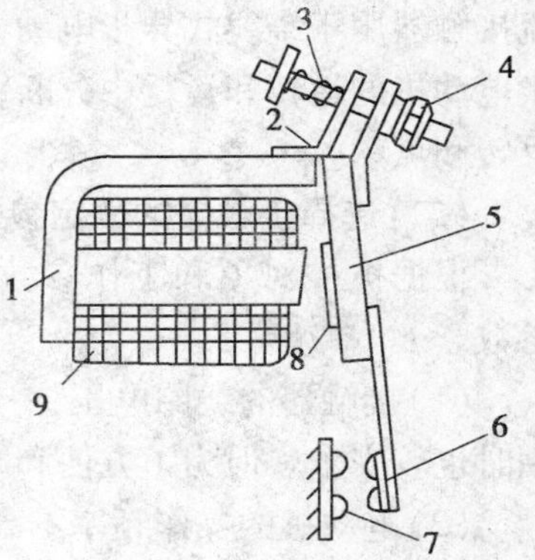

1—铁芯；2—旋转棱角；3—释放弹簧；4—调节螺母；5—衔铁；6—动触点；7—静触点；8—非磁性垫片；9—线圈

图 1-3　电磁式继电器原理图

常用的电磁式继电器有电压继电器、中间继电器和电流继电器。电磁式继电器的图形、文字符号如图 1-4 所示。

（二）电磁式继电器的特性

继电器的主要特性是输入－输出特性，又称继电特性。继电特性曲线如图 1-5 所示。当继电器输入量 X 由零增至 X_2 以前，继电器输出量 Y 为零。当输入量 X 增加到 X_2 时，继电器吸合，输出量为 Y_1；若 X 继续增大，Y 保持不变。当 X 减小到 X_1 时，继电器释放，输出量由 Y_1 变为零，若 X 继续减小，Y 值均为零。

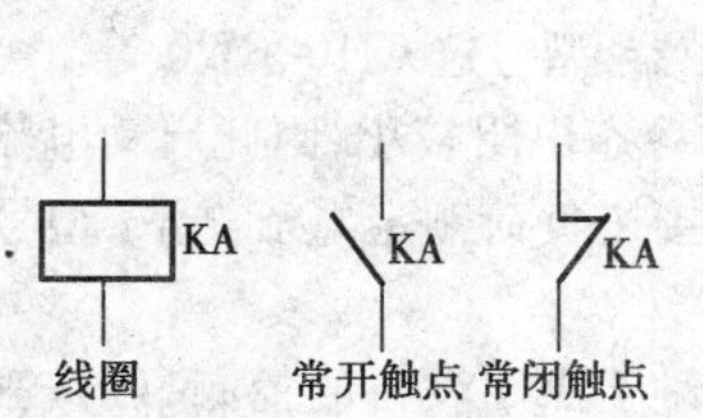

图 1-4　电磁式继电器图形、文字符号

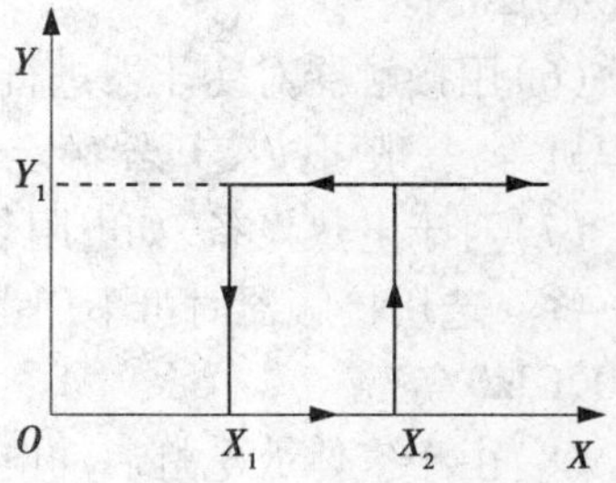

图 1-5　继电特性曲线

图 1-5 中，X_2 称为继电器吸合值，欲使继电器吸合，输入量必须等于或大于 X_2；X_1 称为继电器释放值，欲使继电器释放，输入量必须等于或小于 X_1。

（三）电压继电器

电压继电器用于电力拖动系统的电压保护和控制。其线圈并联接入主电路，感测主电路的线路电压；触点接于控制电路，为执行元件。按吸合电压的大小，电压继电器可分为过电压继电器、欠电压继电器和零电压继电器。

过电压继电器（FV）用于线路的过电压保护，其吸合整定值为被保护线路额定电压1.05～1.2倍。当被保护的线路电压正常时，衔铁不动作；当被保护线路的电压高于额定值，达到过电压继电器的整定值时，衔铁吸合，触点机构动作，控制电路失电，控制接触器及时分断被保护电路。

欠电压继电器（KV）用于线路的欠电压保护，其释放整定值为线路额定电压的0.1～0.6倍。当被保护线路电压正常时，衔铁可靠吸合；当被保护线路电压降至欠电压继电器的释放整定值时，衔铁释放，触点机构复位，控制接触器及时分断被保护电路。

零电压继电器是当电路电压降低到5%～25% U_N时释放，对电路实现零电压保护。用于线路的失压保护。

（四）电流继电器

电流继电器用于电力拖动系统的电流保护和控制。其线圈串联接入主电路，用来感测主电路的线路电流；触点接于控制电路，为执行元件。电流继电器反映的是电流信号。常用的电流继电器有欠电流继电器和过电流继电器两种。

欠电流继电器（KA）用于电路起欠电流保护，吸引电流为线圈额定电流30%～65%，释放电流为额定电流10%～20%，因此，在电路正常工作时，衔铁是吸合的，只有当电流降低到某一整定值时，继电器释放，控制电路失电，从而控制接触器及时分断电路。

过电流继电器（FA）在电路正常工作时不动作，整定范围通常为额定电流1.1～4倍，当被保护线路的电流高于额定值，达到过电流继电器的整定值时，衔铁吸合，触点机构动作，控制电路失电，从而控制接触器及时分断电路。对电路起过流保护作用。

通用电磁式继电器有JT3系列直流电磁式和JT4系列交流电磁式继电器，均为老产品。新产品有JT9、JT10、JL12、JL14、JZ7等系列，其中JL14系列为交直流电流继电器，JZ7系列为交流中间继电器。

二、时间继电器

时间继电器是一种利用电磁原理或机械动作原理实现触点延时接通或断开的自动控制电器，其种类很多，常用的有电磁式、空气阻尼式、电动式和晶体管式等。时间继电器图形符号及文字符号如图1-6所示。

（一）直流电磁式时间继电器

在直流电磁式电压继电器的铁芯上增加一个阻尼铜套，即可构成时间继电器，其结构示意图如图1-7所示。它是利用电磁阻尼原理产生延时的，由电磁感应定律可知，在继电器线圈通断电过程中铜套内将感应电势，并流过感应电流，此电流产生的磁通总是反对原磁通变化。

电器通电时，由于衔铁处于释放位置，气隙大，磁阻大，磁通小，铜套阻尼作用相对也小，因此衔铁吸合时延时不显著（一般忽略不计）。

当继电器断电时，磁通变化量大，铜套阻尼作用也大，使衔铁延时释放而起到延时作用。因此，这种继电器仅用做断电延时。

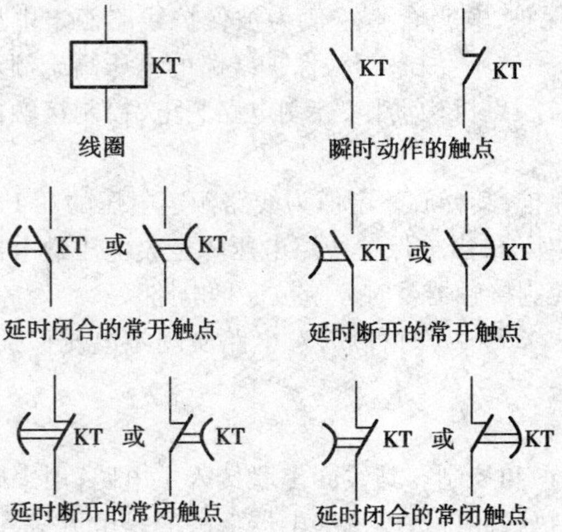

图 1-6　时间继电器图形符号及文字符号

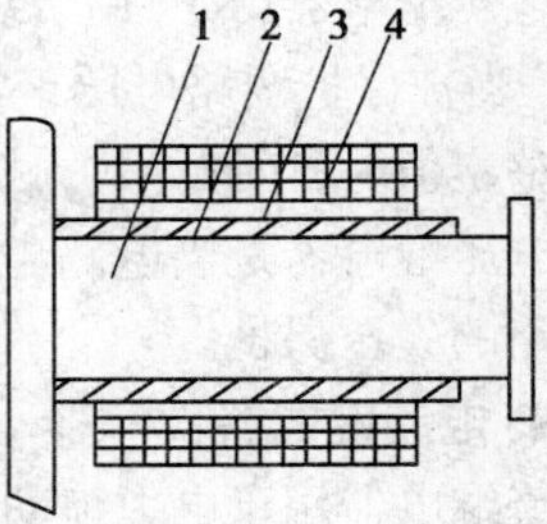

1—铁芯;2—阻尼铜套;3—绝缘层;4—线圈

图 1-7　带有阻尼铜套的铁芯示意图

(二)空气式时间继电器

空气阻尼式时间继电器,是利用空气阻尼原理获得延时的。它由电磁系统、延时机构和触点三部分组成,电磁机构为直动式双 E 型,触点系统是借用 LX5 型微动开关,延时机构采用气囊式阻尼器。

空气阻尼式时间继电器,既具有由空气室中的气动机构带动的延时触点,也具有由电磁机构直接带动的瞬动触点,可以做成通电延时型,也可做成断电延时型。电磁机构可以是直流的,也可以是交流的。

(三)半导体时间继电器

电子式时间继电器在时间继电器中已成为主流产品,电子式时间继电器是采用晶体管或集成电路和电子元件等构成。目前已有采用单片机控制的时间继电器,电子式时间继电器具有延时范围广、精度高、体积小、耐冲击和耐振动、调节方便及寿命长等优点,所以发展很快,应用广泛。

半导体时间继电器的输出形式有两种有触点式和无触点式,前者是用晶体管驱动小型磁式继电器,后者是采用晶体管或晶闸管输出。

(四)单片机控制时间继电器

近年来随着微电子技术的发展,采用集成电路、功率电路和单片机等电子元件构成的新型时间继电器大量面市。如 DHC6 多制式单片机控制时间继电器,J5S17、J3320、JSZl3 等系列大规模集成电路数字时间继电器,J5145 等系列电子式数显时间继电,J5G1 等系列固态时间继电器等。DHC6 多制式单片机控制时间继电器外貌如图 1-8 所示。

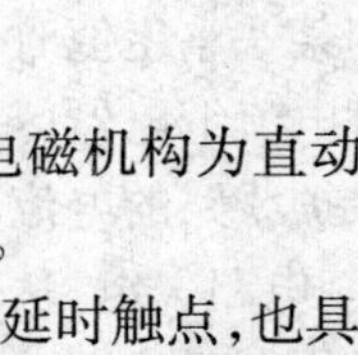

图 1-8　DHC6 多种制式时间继电器

（五）时间继电器的选用

选用时间继电器时应注意：其线圈（或电源）的电流种类和电压等级应与控制电路相同；按控制要求选择延时方式和触点型式；校核触点数量和容量，若不够时，可用中间继电器进行扩展。

三、其他非电磁类继电器

非电磁类继电器的感测元件接受非电量信号（如温度、转速、位移及机械力等）。常用的非电磁类继电器有热继电器、速度继电器、干簧继电器、永磁感应继电器等。

（一）热继电器

热继电器（FR）主要用于电力拖动系统中电动机负载的过载保护。

电动机在实际运行中，常会遇到过载情况，但只要过载不严重、时间短，绕组不超过允许的温升，这种过载是允许的。但如果过载情况严重、时间长，则会加速电动机绝缘的老化，缩短电动机的使用年限，甚至烧毁电动机，因此必须对电动机进行过载保护。

1. 继电器结构与工作原理

热继电器主要由热元件、双金属片和触点组成，如图 1-9 所示，热元件由发热电阻丝做成。双金属片由两种热膨胀系数不同的金属辗压而成，当双金属片受热时，会出现弯曲变形。使用时，把热元件串接于电动机的主电路中，而常闭触点串接于电动机的控制电路中。

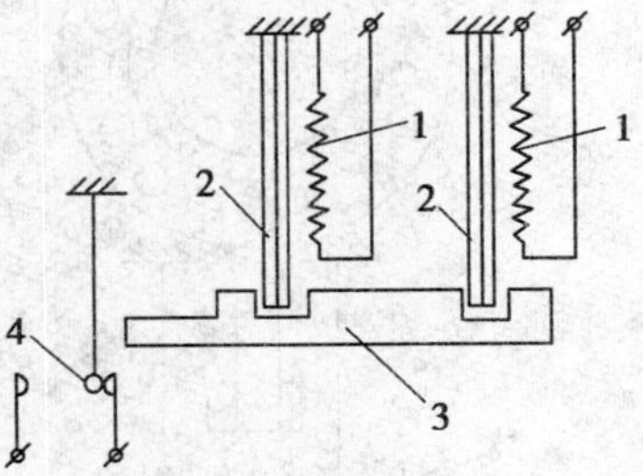

1—热元件；2—双金属片；
3—导板；4—触点复位

图 1-9 热继电器原理示意图

当电动机正常运行时，热元件产生的热量虽能使双金属片弯曲，但还不足以使热继电器的触点动作。当电动机过载时，双金属片弯曲位移增大，推动导板使常闭触点断开，从而切断电动机控制电路以起保护作用。热继电器动作后一般不能自动复位，要等双金属片冷却后按下复位按钮复位。热继电器动作电流的调节可以借助旋转凸轮于不同位置来实现。

2. 热继电器的型号及选用

我国目前生产的热继电器主要有 JR0、JR1、JR2、JR9、R10、JR15、JR16 等系列。

JR1、JR2 系列热继电器采用间接受热方式，其主要缺点是双金属片靠发热元件间接加热，热偶合较差；双金属片的弯曲程度受环境温度影响较大，不能正确反映负载的过流情况。

JR15、JR16 等系列热继电器采用复合加热方式并采用了温度补偿元件，因此较能正确反映负载的工作情况。

JR1、JR2、JR0 和 JR15 系列的热继电器均为两相结构，是双热元件的热继电器，可以用作三相异步电动机的均衡过载保护和 Y 联结定子绕组的三相异步电动机的断相保护，但不能用作定子绕组为△联结的三相异步电动机的断相保护。

JR16 和 JR20 系列热继电器均有带有断相保护的热继电器，具有差动式断相保护机构。热继电器的选择主要根据电动机定子绕组的联结方式来确定热继电器的型号，在三相异步电动机电路中，对 Y 联结的电动机可选两相或三相结构的热继电器，一般采用两相结构的热继电器,即在两相主电路中串接热元件。对于三相感应电动机,定子绕组为△联结的电动机必须采用带断相保护的热继电器。热继电器的图形及文字符号如图 1-10 所示。

图 1-10　热继电器的图形及文字符号

(二)速度继电器

速度继电器又称为反接制动继电器。它主要用于笼型异步电动机的反接制动控制。感应式速度继电器的原理如图 1-11 所示,它是靠电磁感应原理实现触点动作的。从结构上看,与交流电机相类似,速度继电器主要由定子、转子和触点三部分组成。定子的结构与笼型异步电动机相似,是一个笼型空心圆环,由硅钢片冲压而成,并装有笼型绕组。转子是一个圆柱形永久磁铁。

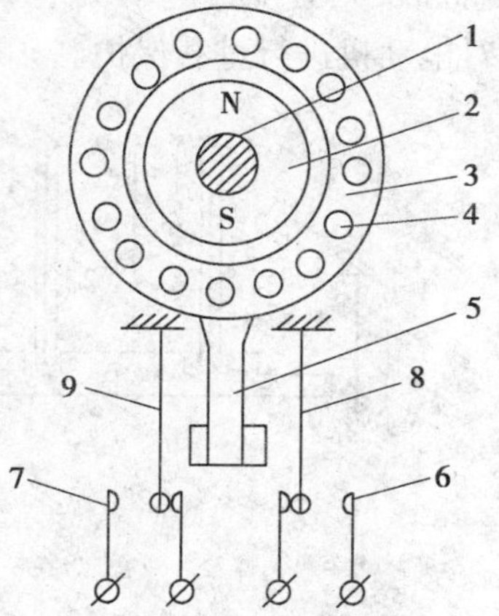

1—转子;2—电动机轴;3—定子;4—绕组;
5—定子柄;6—静触点;7—动触点;8、9—簧片

图 1-11　速度继电器结构原理图

速度继电器的轴与电动机的轴相连接。转子固定在轴上,定子与轴同心。当电动机转动时,速度继电器的转子随之转动,绕组切割磁场产生感应电动势和电流,此电流和永久磁铁的磁场作用产生转矩,使定子向轴的转动方向偏摆,通过定子柄拨动触点,使常闭触点断开、常开触点闭合。当电动机转速下降到接近零时,转矩减小,定子柄在弹簧力的作用下恢复原位,触点也复原。速度继电器根据电动机的额定转速进行选择。其图形及文字符号如图 1-12 所示。

常用的感应式速度继电器有 JY1 和 JFZ0 系列。JY1 系列能在 3 000r/min 的转速下可靠工作。JFZ0 型触点动作速度不受定子柄偏转快慢的影响,触点改用微动开关。JFZ0 系列 JFZ0 - 1 型适用于 300 ~ 1 000r/min,JFZ0 - 2 型适用于 1 000 ~ 3 000 r/min。速度继电器有两对常开、常闭触点,分别对应于被控电动机的正、反转运行。一般情况下,速度继电器的触点,在转速达 120r/min 时能动作,100r/min 左右时能恢复正常位置。

(三)干簧继电器

干簧继电器是一种具有密封触点的电磁式断电器。干簧继电器可以反映电压、电流、功率以及电流极性等信号,在检测、自动控制、计算机控制技术等领域中应用广泛。干簧继电器主要由干式舌簧片与励磁线圈组成。干式舌簧片(触点)是密封的,由铁镍合金做成,舌片的接触部分通常镀有贵重金属(如金、铑、钯等),接触良好,具有优良的导电性能。触点密封在充有氮气等惰性气体的玻璃管中,因而有效地防止了尘埃的污染,减少了触点的腐蚀,提高了工作可靠性。其结构如图 1-13 所示。

当线圈通电后,管中两占簧片的自由端分别被磁化成 N 极和 S 极而相互吸引,因而接通被控电路。线圈断电后,干簧片在本身的弹力作用下分开,将线路切断。

图 1-12　速度继电器的图形、文字符号

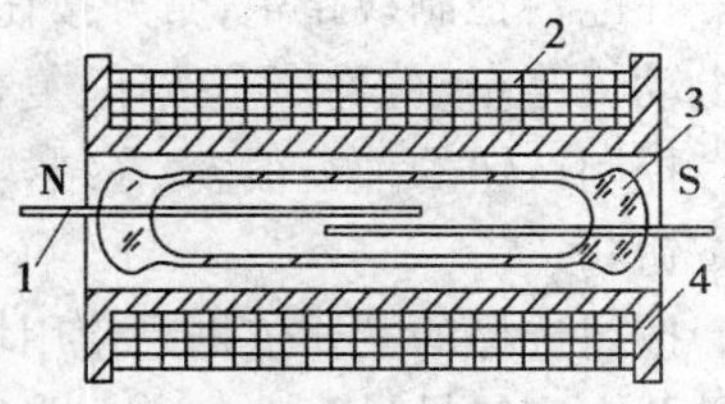

1—舌簧片;2—线圈;3—玻璃管;4—骨架

图 1-13　干簧继电器结构原理图

(四)可编程通用逻辑控制继电器

可编程通用逻辑控制继电器是近几年发展应用的一种新型通用逻辑控制继电器亦称通用逻辑控制模块,它将控制程序预先存储在内部存储器中,用户程序采用梯形图或功能图语言编程,形象直观,简单易懂,由按钮、开关等输入开关量信号。通过执行程序对输入信号进行逻辑运算、模拟量比较、计时、计数等,另外还有显示参数、通信、仿真运行等功能,其内部软件功能和编程软件可替代传统逻辑控制器件及继电器电路,并具有很强的抗干扰抑制能力。另外,其硬件是标准化的,要改变控制功能只需改变程序即可。因此,在继电逻辑控制系统中,可以"以软代硬"替代其中的时间继电器、中间继电器、计数器等,以简化线路设计,并能完成较复杂的逻辑控制,甚至可以完成传统继电逻辑控制方式无法实现的功能。因此,在工业自动化控制系统、小型机械和装置、建筑电器等广泛应用在智能建筑中适用于照明系统,取暖通风系统,门、窗、栅栏、出入口等的控制。

第四节　主令电器

控制系统中,主令电器是一种专门发布命令、直接或通过电磁式电器间接作用于控制电路的电器。常用来控制电力拖动系统中电动机的启动、停车、调速及制动等。

常用的主令电器有控制按钮、行程开关、接近开关、万能转换开关、主令控制器,及其他主令电器如脚踏开关、倒顺开关、紧急开关、钮子开关等。本节仅介绍几种常用的主令电器。

一、控制按钮

控制按钮简称按钮,是广泛应用的一种主令电器,它主要用于远距离操作具有电磁线圈的电器,如接触器和继电器,向它们发出"指令",也可用于电气连锁。可以说按钮是操作人员和控制装置之间的中间环节。

如图 1-14 所示,控制按钮由按钮帽、复位弹簧、桥式触点和外壳等组成,通常做成复合式,即具有常闭触点和常开触点。按下按钮时,先断开常闭触点,后接通常开触点;按钮释放后,在复位弹簧的作用下,按钮触点自动复位的先后顺序相反。通常,在无特殊说明的情况下，有触点电器的触点动作顺序均为“先断后合”。

在电器控制线路中，常开按钮常用来启动电动机，也称启动按钮；常闭按钮常用于控制电动机停车，也称停车按钮；复合按钮用于连锁控制电路中。

控制铵钮的种类很多，在结构上有揿钮式、紧急式、钥匙式、旋钮式、带灯式和打碎玻璃按钮。

按钮选择的主要依据是使用场所、所需要的触点数量、种类及颜色。按钮开关的图形符号及文字符号见图 1-15。

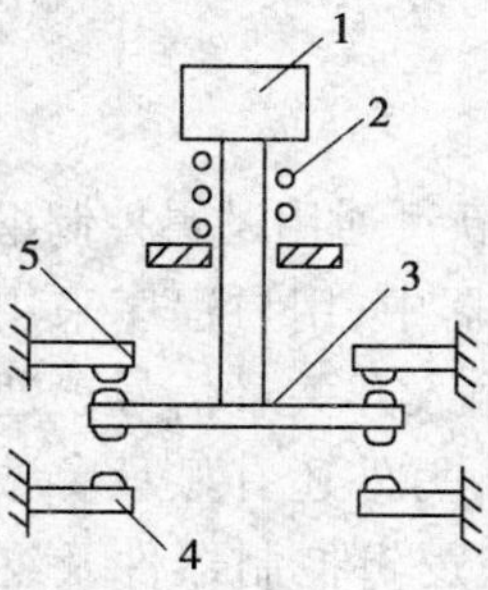

1—按钮帽；2—复位弹簧；3—动触点；
4—常开静触点；5—常闭静触点

图 1-14　按钮开关结构示意图

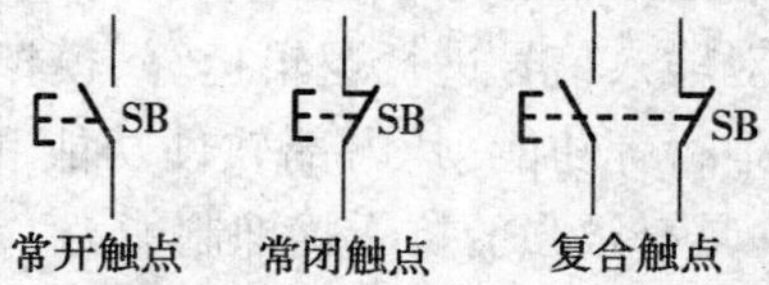

图 1-15　按钮开关的图形和文字符号

二、行程开关

行程开关又称限位开关，用于控制机械设备的行程及限位保护。在实际生产中，将行程开关安装在预先安排的位置，当装于生产机械运动部件上的模块撞击行程开关时，行程开关的触点动作，实现电路的切换。因此，行程开关是一种根据运动部件的行程位置而切换电路的电器，它的作用原理与按钮类似。行程开关广泛用于各类机床和起重机械，用以控制其行程、进行终端限位保护。在电梯的控制电路中，还利用行程开关来控制开关轿门的速度、自动开关门的限位，轿厢的上、下限位保护。

行程开关按其结构可分为直动式、滚轮式、微动式和组合式。

(一)直动式行程开关

直动式行程开关的结构原理如图 1-16 所示，其动作原理与按钮开关相同，但其触点的分合速度取决于生产机械的运行速度，不宜用于速度低于 0.4m/min 的场所。

(二)滚轮式行程开关

滚轮式行程开关的结构原理如图 1-17 所示，当被控机械上的撞块撞击带有滚轮的撞杆时，撞杆转向右边，带动凸轮转动，顶下推杆，使微动开关中的触点迅速动作。当运动机械返回时，在复位弹簧的作用下，各部分动作部件复位。

滚轮式行程开关又分为单滚轮自动复位和双滚轮(羊角式)非自动复位式，双滚轮行移开关具有两个稳态位置，有“记忆”作用，在某些情况下可以简化线路。

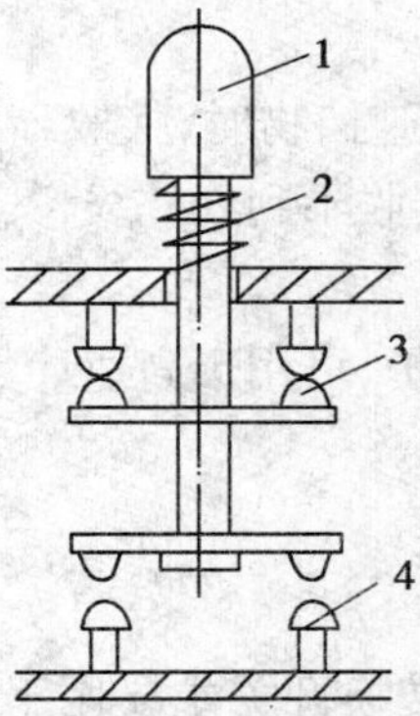

1—推杆;2—弹簧;3—动断触点;
4—动合触点

图 1-16　直动式行程开关

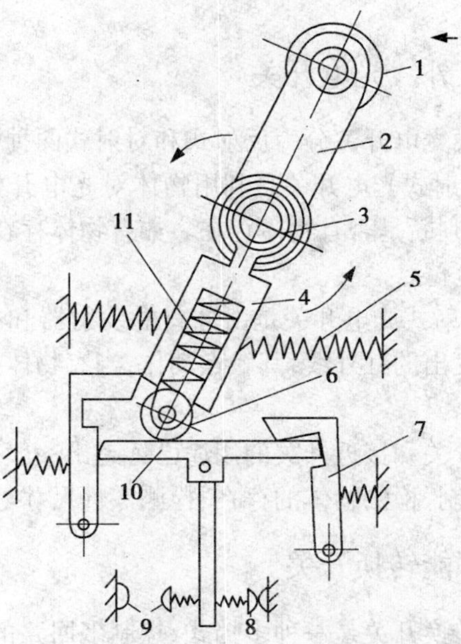

1—滚轮;2—上转臂;3、5、11—弹簧;4—套架;
6—滑轮;7—压板;8、9—触点;10—横板

图 1-17　滚轮式行程开关

(三)微动开关式行程开关

微动开关式行程开关的结构如图 1-18 所示。常用的有 LXW－11 系列产品。

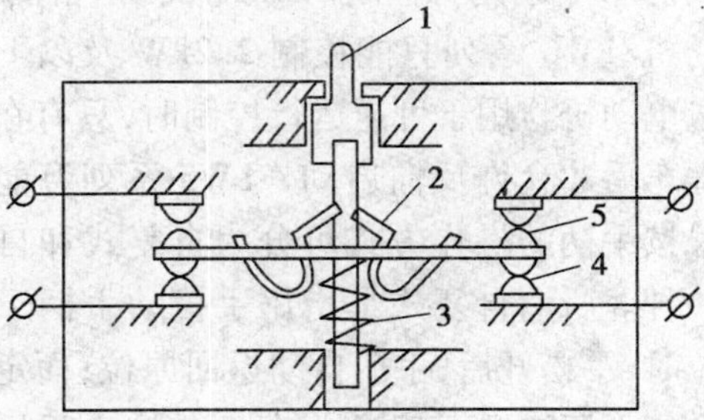

1—推杆;2—弹簧;3—压缩弹簧;
4—动断触点;5—动合触点

图 1-18　微动式行程开关

三、接近开关

接近式位置开关是一种非接触式的位置开关,简称接近开关。它由感应头、高频振荡器、放大器和外壳组成。当运动部件与接近开关的感应头接近时,就使其输出一个电信号。

接近开关分为电感式和电容式两种:

(1)电感式接近开关的感应头是一个具有铁氧体磁芯的电感线圈,只能用于检测金属体。振荡器在感应头表面产生一个交变磁场,当金属块接近感应头时,金属中产生的涡流吸收了振荡的能量,使振荡减弱以至停振,因而产生振荡和停振两种信号,经整形放大器转换成二进制的开关信号,从而起到"开"、"关"的控制作用。

(2)电容式接近开关的感应头是一个圆形平板电极,与振荡电路的地线形成一个分布电容,当有导体或其他介质接近感应头时,电容量增大而使振荡器停振,经整形放大器输出电信号。电容式接近开关既能检测金属,又能检测非金属及液体。

常用的电感式接近开关型号有 LJ1、LJ2 等系列,电容式接近开关型号有 LXJ15、TC 等系列产品。

四、红外线光电开关

红外线光电开关分为反射式和对射式两种：

(1)反射式光电开关是利用物体对光电开关发射出的红外线反射回去，由光电开关接收，从而判断是否有物体存在。如有物体存在，光电开关接收到红外线，其触点动作，否则其触点复位。

(2)对射式光电开关是由分离的发射器和接收器组成。当无遮挡物时，接收器接收到发射器发出的红外线，其触点动作；当有物体挡住时，接收器便接收不到红外线，其触点复位。

光电开关和接近开关的用途已远超出一般行程控制和限位保护，可用于高速计数、测速、液面控制、检测物体的存在、检测零件尺寸等许多场合。

五、万能转换开关

万能转换开关是一种多挡式、控制多回路的主令电器。万能转换开关主要用于各种控制线路的转换、电压表、电流表的换相测量控制、配电装置线路的转换和遥控等。万能转换开关还可以用于直接控制小容量电动机的启动、调速和换向。如图 1-19 所示为万能转换开关单层的结构示意图。

万能转换开关常用产品有 LW5 和 LW6 系列。LW5 系列可控制 5.5kW 及以下的小容量电动机；LW6 系列只能控制 2.2kW 及以下的小容量电动机。用于可逆运行控制时，只有在电动机停车后才允许反向启动。LW5 系列万能转换开关按手柄的操作方式可分为自复式和自定位式两种。所谓自复式是指用手拨动手柄于某一挡位时，手松开后，手柄自动返回原位；而定位式则是指手柄被置于某挡位时，不能自动返回原位而停在该挡位。

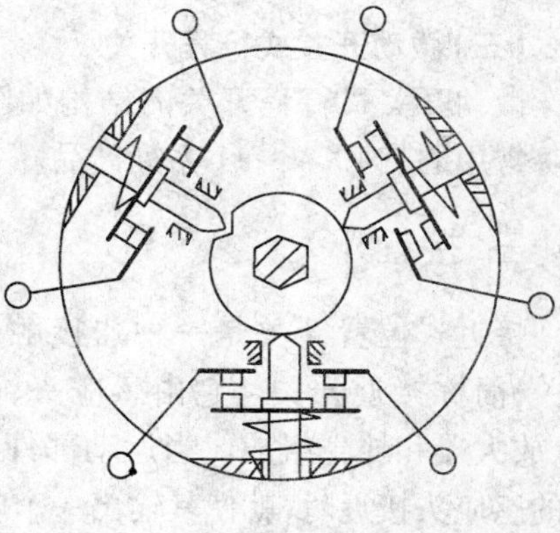

图 1-19　万能转换开关图

万能转换开关的手柄操作位置是以角度表示的。不同型号的万能转换开关的手柄有不同万能转换开关的触点，电路图中的图形符号如图 1-20 所示。但由于其触点的分合状态与操作手柄的位置有关，所以除在电路图中画出触点图形符号外，还应画出操作手柄与触点分合状态的关系。图 1-20 中当万能转换开关打向左 45°时，触点 1—2、3—4、5—6 闭合，触点 7—8 打开；打向 0°时，只有触点 5—6 闭合，右 45°时，触点 7—8 闭合，其余打开。

六、主令控制器

主令控制器是一种频繁对电路进行接通和切断的电器。通过它的操作，可以对控制电路发布命令，与其他电路连锁或切换。常配合磁力启动器对绕线式异步电动机的启动、制动、调速及换向实行远距离控制，广泛用于各类起重机械的拖动电动机的控制系统中。

主令控制器一般由外壳、触点、凸轮、转轴等组成，与万能转换开关相比，它的触点容量大些，操纵挡位也较多。主令控制器的动作过程与万能转换开关相类似，也是由一块可转动的凸轮带动触点动作。

常用的主令控制器有 LK5 和 LK6 系列。其中 LK5 系列有直接手动操作、带减速器的机械操作与电动机驱动等三种型式的产品；LK6 系列是由同步电动机和齿轮减速器组成定时元件，由此元件按规定的时间顺序，周期性地分合电路。

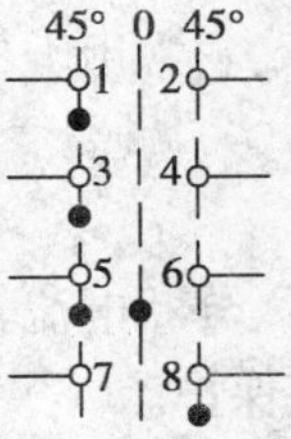

(a)图形符号

LW5-15D0403/2				
触头编号		45°	0	45°
—⁄—	1—2	×		
—⁄—	3—4	×		
—⁄—	5—6	×	×	
—⁄—	7—8			×

(b)点闭合表

图 1-20　万能转换开关的图形符号

控制电路中，主令控制器触点的图形符号及操作手柄在不同位置时的触点分合状态表示方法与万能转换开关相似。

从结构上讲，主令控制器分为两类：一类是凸轮可调式主令控制器；一类是凸轮固定式主令控制器。如图 1-21 所示为凸轮可调式主令控制器。

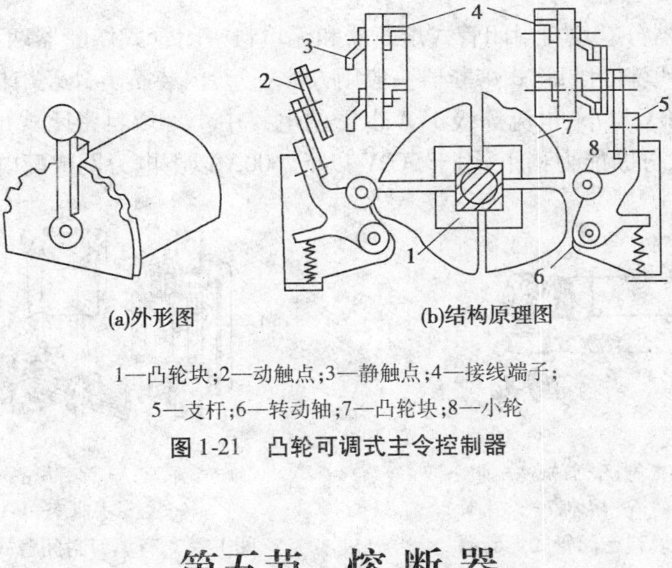

(a)外形图　　(b)结构原理图

1—凸轮块；2—动触点；3—静触点；4—接线端子；

5—支杆；6—转动轴；7—凸轮块；8—小轮

图 1-21　凸轮可调式主令控制器

第五节　熔断器

熔断器是一种简单而有效的保护电器，在电路中主要起短路保护作用。它主要由熔体和安装熔体的绝缘管（绝缘座）组成。使用时，熔体串接于被保护的电路中，当电路发生短路故障时，熔体被瞬时熔断而分断电路，起到保护作用。

一、常用的熔断器

（一）插入式熔断器

插入式熔断器如图 1-22 所示，它常用于 380V 及以下电压等级的线路末端，作为配电支线或电气设备的短路保护用。

（二）螺旋式熔断器

螺旋式熔断器如图 1-23 所示，分断电流较大，可用于电压等级 500V 及其以下、电流等级 200A 以下的电路中，作短路保护。

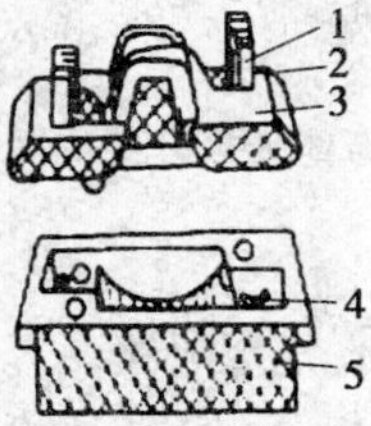

1—动触点；2—熔体；3—瓷插件；
4—静触点；5—瓷座

图 1-22　插入式熔断器

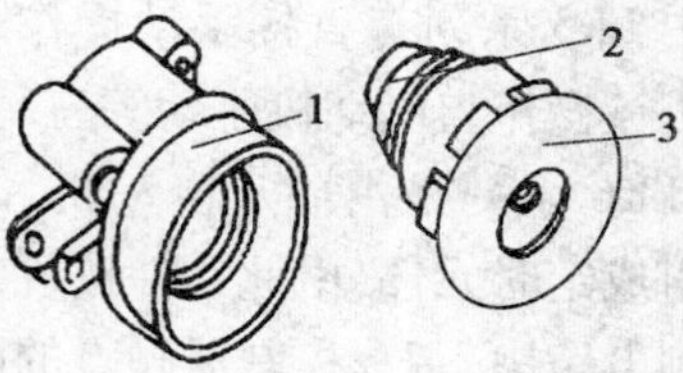

1—底座；2—熔体；3—瓷帽

图 1-23　螺旋式熔断器

（三）封闭式熔断器

封闭式熔断器分有填料封闭管式熔断器和无填料密闭管式熔断器两种，如图 1-24 和图 1-25 所示。有填料封闭管式熔断器一般用方形瓷管，内装石英砂及熔体，分断能力强，用于电压等级 500V 以下、电流等级 1kA 以下的电路中。无填料密闭式熔断器将熔体装入密闭式圆筒中，分断能力稍小，用于 500V 以下，600A 以下电力网或配电设备中。

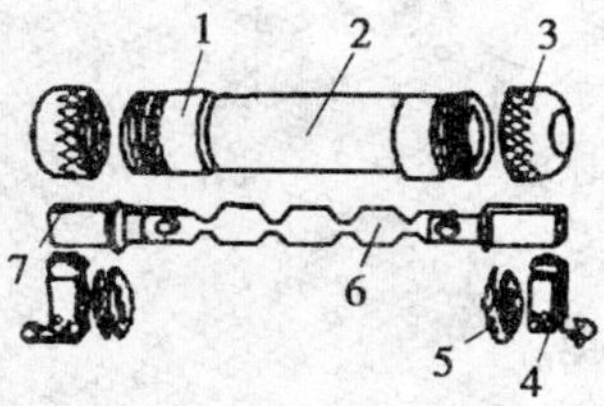

1—铜圈；2—熔断管；3—管帽；4—插座；
5—特殊垫圈；6—熔体；7—熔片

图 1-24　无填料密闭管式熔断器

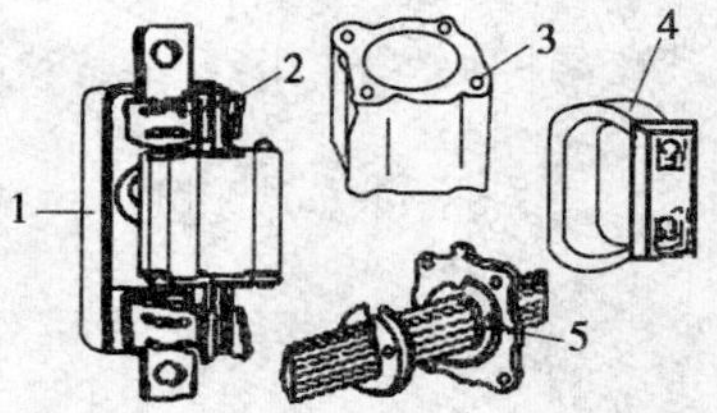

1—瓷底座；2—弹簧片；3—管体；
4—绝缘手柄；5—熔体

图 1-25　有填料封闭管式熔断器

（四）快速熔断器

快速熔断器主要用于半导体整流元件或整流装置的短路保护。由于半导体元件的过载能力很低，只能在极短时间内承受较大的过载电流，因此要求短路保护具有快速熔断的能力。快速熔断器的结构和有填料封闭式熔断器基本相同，但熔体材料和形状不同，它是以银片冲制的有 V 形深槽的变截面熔体。

（五）自复熔断器

自复熔断器采用金属钠作熔体，在常温下具有高电导率。当电路发生短路故障时，短路电流产生高温使钠迅速汽化，汽态钠呈现高阻态，从而限制了短路电流。当短路电流消失后，温度下降，金属钠恢复原来的良好导电性能。自复熔断器只能限制短路电流，不能真正分断电路。其优点是不必更换熔体，能重复使用。

二、熔断器的选择

主要依据负载的保护特性和短路电流的大小选择熔断器的类型。对于容量小的电动机和照明支线，常采用熔断器作为过载及短路保护，因而希望熔体的熔化系数适当小些。通常选用铅锡合金熔体的 RQA 系列熔断器。对于较大容量的电动机和照明干线，则应着重考虑短路保护和分断能力。通常选用具有较高分断能力的 RM10 和 RL1 系列的熔断器；当短路电流很大时，宜采用具有限流作用的 RT0 和 RT12 系列的熔断器。

熔体的额定电流可按以下方法选择：

（1）保护无启动过程的平稳负载如照明线路、电阻、电炉等时，熔体额定电流略大于或等于负荷电路中的额定电流。

（2）保护单台长期工作的电机熔体电流可按最大启动电流选取，也可按下式选取：

$$I_{RN} \geqslant (1.5 \sim 2.5) I_N \tag{1-1}$$

式中：I_{RN}为熔体额定电流；I_N为电动机额定电流。如果电动机频繁启动，式（1-1）中系数可适当加大至 3 ~ 3.5，具体应根据实际情况而定。

（3）保护多台长期工作的电机（供电干线），可按下式选取：

$$I_{RN} \geqslant (1.5 \sim 2.5) I_{N\max} + \sum I_N \tag{1-2}$$

式中：$I_{N\max}$为容量最大单台电机的额定电流；$\sum I_N$ 其余电动机额定电流之和。

第六节　刀开关与低压断路器

开关是最普通、使用最早的电器。其作用是分合电路、开断电流。常用的有刀开关、隔离开关、负荷开关、转换开关（组合开关）、自动空气开关（空气断路器）等。

开关有有载运行操作、无载运行操作、选择性运行操作之分；又有正面操作、侧面操作、背面操作几种；还有不带灭弧装置和带灭弧装置之分。刀口接触有面接触和线接触两种，线接触形式刀片容易插入，接触电阻小，制造方便。开关常采用弹簧片以保证接触良好。

一、低压刀开关

低压刀开关常用的 HD 系列和 HS 系列刀开关的外形如图 1-26 所示。刀开关的图形和文字符号如图 1-27 所示。

刀开关是手动电器中结构最简单的一种，主要用作电源隔离开关，也可用来非频繁地接通和分断容量较小的低压配电线路。接线时应将电源线接在上端，负载接在下端，这样拉闸后刀片与电源隔离,可防止意外事故发生。

刀开关的主要类型有大电流刀开关、负荷开关、熔断器式刀开关。常用的产品有HD11～HD14系列和HS11～HS13系列刀开关。

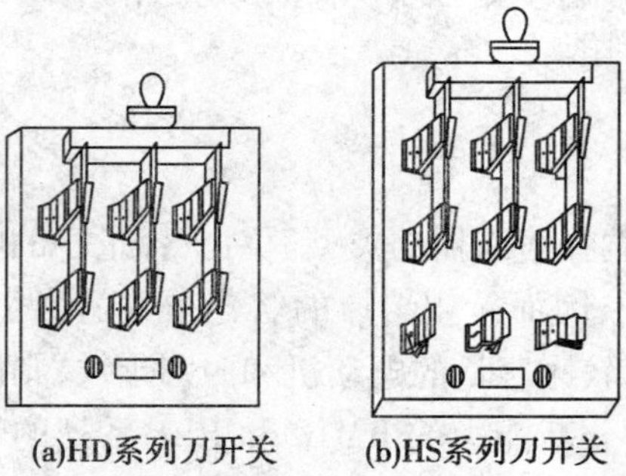

图1-26　HD系列、HS系列刀开关外形图

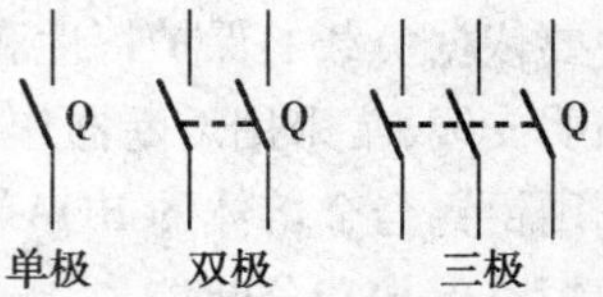

图1-27　刀开关的图形、文字符号

刀开关选择时应考虑以下两个方面:

(1)刀开关结构形式的选择。应根据刀开关的作用和装置的安装形式来选择如是否带灭弧装置,若分断负载电流时,应选择带灭弧装置的刀开关。根据装置的安装形式来选择,是否是正面、背面或侧面操作形式,是直接操作还是杠杆传动,是板前接线还是板后接线的结构形式。

(2)刀开关的额定电流的选择。一般应等于或大于所分断电路中各个负载额定电流的总和。对于电动机负载,应考虑其启动电流,所以应选用额定电流大一级的刀开关。若再考虑电路出现的短路电流,还应选用额定电流更大一级的刀开关。

QA系列、QF系列QSA(HH15)系列隔离开关用在低压配电中,HY122带有明显断口的数模化隔离开关,广泛用于楼层配电、计量箱、终端组电器中。

HR3熔断器式刀开关、具有刀开关和熔断器的双重功能,采用这种组合开关电器可以简化配电装置结构,经济实用,越来越广泛地用在低压配电屏上。

HK1、HK2系列开启式负荷开关(胶壳刀开关),用作电源开关和小容量电动机非频繁启动的操作开关。

HH3、HH4系列封闭式负荷开关(铁壳开关),操作机构具有速断弹簧与机械连锁,用于非频繁启动、28kW以下的三相异步电动机。

二、低压断路器

低压断路器也称为自动空气开关,可用来接通和分断负载电路,也可用来控制不频繁启动的电动机。它的功能相当于闸刀开关、过电流继电器、失压继电器、热继电器及漏电保护器等电器部分或全部的功能总和,是低压配电网中一种重要的保护电器。

低压断路器具有多种保护功能(过载、短路、欠电压保护等)、动作值可调、分断能力高、操作方便、安全等优点,所以目前被广泛应用。

(一)结构和工作原理

低压断路器由操作机构、触点、保护装置(各种脱扣器)、灭弧系统等组成。低压断路器工作原理如图1-28所示。

低压断路器的主触点是靠手动操作或电动合闸的。主触点闭合后,自由脱扣机构将主触点锁在合闸位置上。过电流脱扣器的线圈和热脱扣器的热元件与主电路串联,欠电压脱扣器的线圈和电源并联。当电路发生短路或严重过载时,过电流脱扣器的衔铁吸合,使自由脱扣机构动作,主触点断开主电路。当电路过载时,热脱扣器的热元件发热使双金属片上弯曲,推动自由脱扣机构动作。当电路欠电压时,欠电压脱扣器的衔铁释放。也使自由脱扣机构动作。分励脱扣器则作为远距离控制用,在正常工作时,其线圈是断电的,在需要距离控制时,按下启动按钮,使线圈通电,衔铁带动自由脱扣机构动作,使主触点断开。

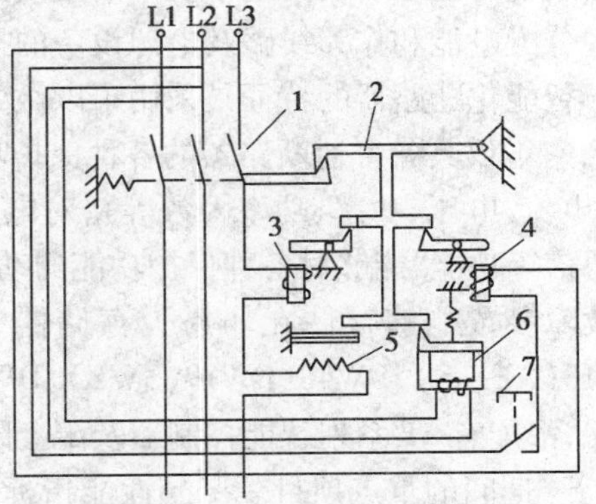

1—主触点;2—自由脱扣机构;3—过电流脱扣器;4—分励扣器脱;5—热脱扣器;6—欠电压脱扣器;7—停止按钮

图1-28 低压断路器工作原理图

(二)低压断路器典型产品

低压断路器主要分类方法是以结构形式分类,即开启式和装置式两种。开启式又称为框架式或万能式,装置式又称为塑料壳式。

1. 装置式断路器

装置式断路器有绝缘塑料外壳,内装触点系统、灭弧室及脱扣器等,可手动或电动(对大容量断路器而言)合闸。有较高的分断能力和动稳定性,有较完善的选择性保护功能,广泛用于配电线路。

目前常用的有DZ15、DZ20、DZX19和C45N(目前已升级为C65N)等系列产品。其中C45N(C65N)断路器具有体积小,分断能力高、限流性能好、操作轻便,型号规格齐全、可以方便地在单极结构基础上组合成二极、三极、四极断路器的优点,广泛使用在60A及以下的民用照明支干线及支路中(多用于住宅用户的进线开关及商场照明支路开关)。

2. 框架式低压断路器

框架式断路器一般容量较大,具有较高的短路分断能力和较高的动稳定性,适用于交流50Hz,额定电流380V的配电网络中作为配电干线的主保护。

框架式断路器主要由触点系统、操作机构、过电流脱扣器、分励脱扣器及欠压脱扣器、附件及框架等部分组成,全部组件进行绝缘后装于框架结构底座中。

目前,我国常用的有DW15、ME、AE、AH等系列的框架式低压断路器。DW15系列断路器是我国自行研制生产的,全系列具有1000A、1500A、2500A和4000A等几个型号。

ME、AE、AH等系列断路器是利用引进技术生产的。它们的规格型号较为齐全(ME开关电流等级从630~5000A共13个等级),额定分断能力较DW15更强,常用于低压配电干线的主保护。

3. 智能化断路器

目前,国内生产的智能化断路器有框架式和塑料外壳式两种。框架式智能化断路器主要用于智能化自动配电系统中的主断路器,塑料外壳式智能化断路器主要用在配电网络中分配电能和作为线路及电源设备的控制与保护,亦可用作三相笼型异步电动机的控制。智能化断路器的特征是采用了以微处理器或单片机为核心的智能控制器(智能脱扣器),它不仅具备普通断路器的各种保护功能,同时还具备实时显示电路中的各种电气参数(电流、电压、功率、功率因数等),对电路进行在线监视、自行调节、测量、试验、自诊断、可通信等功能,能够对各种保护功能的动作参数进行显示、设定和修改,保护电路动作时的故障参数能够存储在非易失存储器中以便查询,国内 DW45、DW40、DW914(AH)、DW18(AE-S)、DW48、DW19(3WE)、DW17(ME)等智能化框架断路器和智能化塑壳断路器,都配有 ST 系列智能控制器及配套附件,ST 系列智能控制器是国家机械部"八五"至"九五"期间的重点项目。产品性能指标达到国际 20 世纪 90 年代先进水平。它采用积木式配套方案,可直接安装于断路器本体中,无需重复二次接线,并可多种方案任意组合。

(三)低压断路器的选用原则

(1)根据线路对保护的要求确定断路器的类型和保护形式(确定选用框架式、装置式或限流式等)。

(2)断路器的额定电压 U_N应等于或大于被保护线路的额定电压。

(3)断路器欠压脱扣器额定电压应等于被保护线路的额定电压。

(4)断路器的额定电流及过流脱扣器的额定电流应大于或等于被保护线路的计算电流。

(5)断路器的极限分断能力应大于线路的最大短路电流的有效值。

(6)配电线路中的上、下级断路器的保护特性应协调配合,下级的保护特性应位于上级保护特性的下方且不相交。

(7)断路器的长延时脱扣电流应小于导线允许的持续电流。

小　结

常用的电器按工作电压等级分为高压电器和低压电器;按动作原理分为手动电器和自动电器;按用途分为控制电器、主令电器、保护电器、执行电器和配电电器;按工作原理分为电磁式电器和非电量控制电器。低压电器能够依据操作信号或外界现场信号的要求,自动或手动地改变电路的状态、参数,实现对电路或被控对象的控制、保护、测量、指示、调节。

接触器,是一种用来自动接通或断开大电流电路的电器。其主要控制对象是电动机,也可用于电热设备、电焊机、电容器组等其他负载。它还具有低电压释放保护功能,接触器具有控制容量大、过载能力强、寿命长、设备简单经济等特点,是电力拖动自动控制线路中使用最广泛的电器元件。按照所控制电路的种类、接触器可分为交流接触器和直流接触器两大类。

继电器是根据某种输入信号的变化,接通或断开控制电路,实现自动控制和保护电力装置的自动电器。继电器的种类很多,按输入信号的性质分为:电压继电器、电流继电器、时间继电器、温度继电器、速度继电器、压力继电器等;按工作原理可分为:电磁式继电器、感应式继电器、电动式继电器、热继电器和电子式继电器等;按输出形式可分为:有触点和无触点两类,按用途可分为:控制用与保护用继电器等。

控制系统中,主令电器是一种专门发布命令、直接或通过电磁式电器间接作用于控制电路的电器。常用来控制电力拖动系统中电动机的启动、停车、调速及制动等。常用的主令电器有:控制按钮、行程开关、接近开关、万能转换开关、主令控制器及其他主令电器如脚踏开关、倒顺开关、紧急开关、钮子开关等。

熔断器是一种简单而有效的保护电器。在电路中主要起短路保护作用。熔断器主要由熔体和安装熔体的绝缘管(绝缘座)组成。使用时,熔体串接于被保护的电路中,当电路发生短路故障时,熔体被瞬时熔断而分断电路,起到保护作用。

开关是最普通、使用最早的电器。其作用是分合电路、开断电流。常用的有刀开关、隔离开关、负荷开关、转换开关(组合开关)、自动空气开关(空气断路器)等。开关有有载运行操作、无载运行操作、选择性运行操作之分;又有正面操作、侧面操作、背面操作几种;还有不带灭弧装置和带灭弧装置之分。刀口接触有面接触和线接触两种,线接触形式,刀片容易插入,接触电阻小,制造方便。开关常采用弹簧片以保证接触良好。

习　题

1-1　交流接触器在衔铁吸合前的瞬间,为什么在线圈中产生很大的冲击电流?直流接触器会不会出现这种现象?为什么?

1-2　交流电磁线圈误接入直流电源,直流电磁线圈误接入交流电源,会发生什么问题?为什么?

1-3　在接触器标准中规定其适用工作制有什么意义?

1-4　交流接触器在运行中有时在线圈断电后,衔铁仍掉不下来,电动机不能停止,这时应如何处理?故障原因在哪里?应如何排除?

1-5　继电器和接触器有何区别?

1-6　电压、电流继电器各在电路中起什么作用?它们的线圈和触点各接于什么电路中?如何调节电压(电流)继电器的返回系数?

1-7　时间继电器和中间继电器在控制电路中各起什么作用?如何选用时间继电器和中间继电器?

1-8　电动机的启动电流很大,当电动机启动时,热继电器会不会动作?为什么?

1-9　既然在电动机的主电路中装有熔断器,为什么还要装热继电器?装有热继电器是否就可以不装熔断器?为什么?

1-10　分析感应式速度继电器的工作原理,它在线路中起何作用?

1-11　在交流电动机的主电路中用熔断器作短路保护,能否同时起到过载保护作用?为什么?

1-12　低压断路器在电路中的作用如何?如何选择低压断路器?怎样实现干、支线断路器的级间配合?

第二章　电气控制基本规律

内容提要　本章主要介绍电器控制线路的绘制原理及方法、电气控制电路基本控制规律、三相异步电动机的启动与制动控制,并简要介绍了电气控制系统常用的保护环节。

课程重点　电气控制电路基本控制规律、三相异步电动机的启动与制动控制。

课程难点　自耦变压器减压启动控制、相绕线转子异步电动机的启动控制、固态降压启动器的启动控制、电动机可逆运行反接制动控制。

教学目标　能熟练掌握电气图常用的图形符号、文字符号和接线端子标记,做到能识图和绘制简单的电气图、掌握电气控制电路基本控制规律,初步掌握三相异步电动机的启动与制动控制方法、基本了解电气控制系统常用的保护环节。

在国民经济各行业的生产机械上广泛使用着电力拖动自动控制设备。它们主要是以各类或其他执行电器为控制对象,采用电器控制的方法来实现对电动机或其他执行电器的启动、停止、正反转、调速、制动等运行方式的控制,并以此来实现生产过程自动化,满足生产加工工艺的要求。电器控制电路可由上一章所述的开关电器等按一定逻辑规律组合而成。

第一节　电器控制线路的绘制原理

电气控制系统是由电气控制元件按一定要求连接而成。为了清晰地表达生产机械电气控制系统的工作原理,便于系统的安装、调整、使用和维修,将电气控制系统中的各电气元件用一定的图形符号和文字符号表达出来,再将其连接情况用一定的图形表达出来,这种图形就是电气控制系统图。

常用的电气控制系统图有电气原理图、电器布置图与安装接线图。

一、电气图常用的图形符号、文字符号和接线端子标记

电气控制系统图中,电气元件的图形符号、文字符号必须采用国家最新标准,即GB/T 4728—1996 ~ 2000《电气简图用图形符号》、GB/T 6988.1 ~ 4—2002《电气技术文件的编制》、GB/T 6988.6—1993《控制系统功能图表的绘制》、GB/T 7159—1987《电气技术中的文字符号制定通则》,并按照 GB/T 6988—1997《电气制图》要求来绘制电气控制系统图。

二、电气原理图

电气原理图是用来表示电路各个电气元件导电部件的连接关系和工作原理的图。该图应根据简单、清晰的原则,采用电气元件展开形式来绘制,它不按电气元件的实际位置

来画,也不反映电气元件的大小、安装位置,只用电气元件的导电部件及其接线端钮表示电气元件,用导线将这些导电部件连接起来,反映其连接关系。所以,电气原理图结构简单、层次分明,关系明确,适用于分析研究电路的工作原理,且为其他电气图的依据,在设计部门和生产现场获得广泛的应用。

现以图 2-1 CW6132 普通车床电气原理图为例来阐明绘制电气原理图的原则和注意事项。

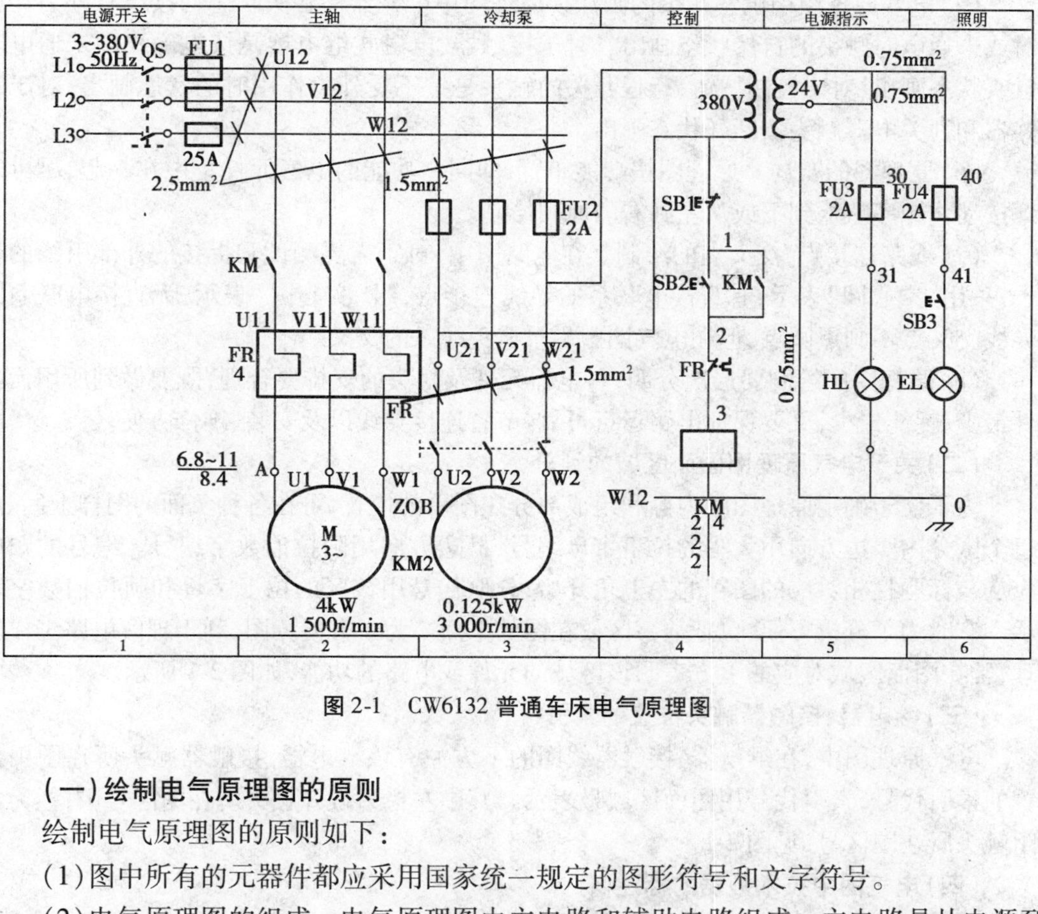

图 2-1　CW6132 普通车床电气原理图

(一)绘制电气原理图的原则

绘制电气原理图的原则如下:

(1)图中所有的元器件都应采用国家统一规定的图形符号和文字符号。

(2)电气原理图的组成。电气原理图由主电路和辅助电路组成。主电路是从电源到电动机的电路,其中有刀开关、熔断器、接触器助触头、热继电器发热元件与电动机等。主电路用粗线绘制在图面的左侧或上方。辅助电路包括控制电路、照明电路、信号电路及保护电路等。它们由继电器、接触器的电磁线圈、继电器、接触器辅助触头、控制按钮、其他控制元件触头、控制变压器、熔断器、照明灯、信号灯及控制开关等组成,用细实线绘制在图面的右侧或下方。

(3)电源线的画法。原理图中直流电源用水平线画出,一般直流电源的正极画在图面上方,负极画在图面的下方。三相交流电源线集中水平画在图面的上方,顺序自上而下依 L1、L2、L3 排列,中性线(N 线)和保护接地线(PE 线)排在相线之下。主电路垂直于电源线画出,控制电路与信号电路垂直在两条水平电源线之间。耗电元件(如接触器、继电器的线圈、电磁铁线圈、照明灯、信号灯等）直接与下方水平电源线相接，控制触头接在上下方电路水平线与耗电元件之间。

（4）原理图中电气元件的画法。原理图中的各电气元件均不画实际的外形图，原理图中只画出其带电部件，同一电气元件上的不同带电部件是按电路中的连接关系画出，但必须按国家标准规定的图形符号画出，并且用同一文字符号表明。对于几个同类电器，在表示名称的文字符号后加上数字符号，以示区别。

（5）电气原理图中电气触头的画法。原理图中个元器件触头状态均按没有外力作用时或未通电时触头的自然状态画出。对于接触器、电磁式继电器是按电磁线圈未通电时触头状态画出；对于控制按钮、行程开关的触头是按不受外力作用时的状态画出；对于断路器和开关电器触头按断开状态画出。

（6）原理图的布局。原理图按功能布置，即同一功能的电气元件集中在一起，尽可能地按动作顺序从上到下或从左到右的原则绘制。

（7）线路连接点、交叉点的绘制。在电路图中，对于需要测试和拆接的外部引线的端子，采用"空心圆"表示；有直接电联系的导线连接点，用"实心圆"表示；无直接电联系的导线交叉点不画黑圆点，但在电气图中尽量避免线条的交叉。

（8）原理图的绘制要层次分明，各电器元件及触头的安排要合理，既要做到所用元器件最少、耗能最少，又要保证电路运行可靠，节省连接导线以及安装、维修方便。

（二）关于电气原理图图面区域的划分

为了便于确定原理图的内容和组成部分在图中的位置，可在各种负面的图样上区分。每个区分内竖边方向用大写的拉丁字母编号，横边方向用阿拉伯数字编号。编号的顺序应从与标题栏相对应的图符的左上角开始，分取代号用该区的拉丁字母和阿拉伯数字表示。有时为了分析方便，也把数字区放在图的下面。为了方便读图，利于理解电路工作原理，常在图面区域对应的上方表明该区域的元件或电路的功能，如图 2-1 所示。

（三）继电器、接触器触头位置的索引

电气原理图中，在继电器、接触器线圈的下方注有该继电器、接触器触头所在图中位置的索引代号，索引代号用图面区域号表示。其中左栏为敞开触头所在图区号，右栏为常闭触头所在图区号，见图 2-1。

（四）电气图中技术数据的标注

电气原理中电气元件的相关数据，常在电气原理图中电器元件文字符号下方标注出来。如图 2-1 中热继电器为字符号 FR 下方标有 6.8～11A，该数据为该热继电器的动作电流值范围，而 8.4A 为该继电器的整定电流值。

三、电器布置图

电器元件布置图是用来表明电气原理图中各元器件的实际安装位置，可按实际情况分别绘制，如电气控制箱中的电器元件布置图、控制面板图等。电器元件布置图是控制设备生产及维护的技术文件，电器元件的布置应注意以下几个方面：

（1）体积大和较重的电器元件应安装在电器安装板的下方，而发热元件应安装在电器安装板的上面。

(2)强电、弱电应分开,弱电应屏蔽,防止外界干扰。

(3)需要经常维护、检修、调整的电器元件安装位置不宜过高或过低。

(4)电器元件的布置应考虑整齐、美观、对称。外形尺寸与结构类似的电器安装在一起,以利安装和配线。

(5)电器元件布置不宜过密,应留有一定间距。如有走线槽,应加大各排电器间距,以利布线和维修。

电器布置图根据电器元件的外形尺寸绘出,并表明各元件间距尺寸。控制盘内电器元件与盘外电器元件的连接应经接线端子进行,在电器布置图中应画出接线端子板并按一定的顺序标出接线号。图 2-2 为 CW6132 普通车床控制盘电器布置图,图 2-3 为 CW6132 普通车床电气设备安装布置图。

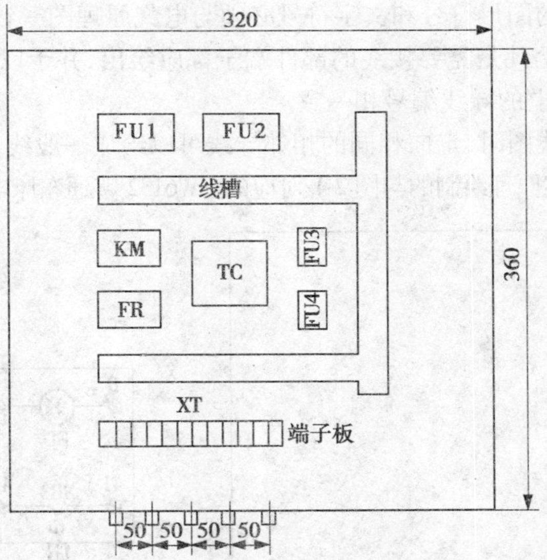

图 2-2　CW6132 普通车床控制盘电器布置图(单位:mm)

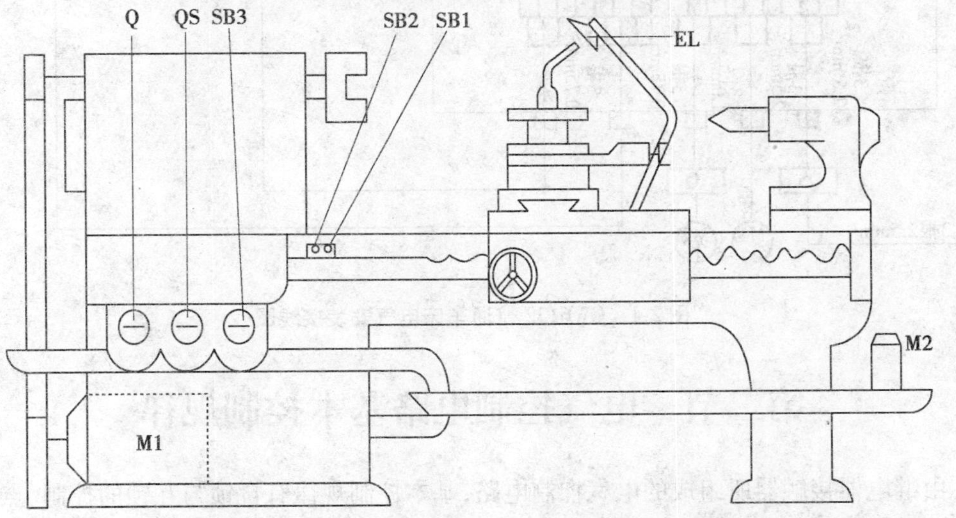

图 2-3　CW6132 普通车床电气设备安装布置图

四、电气安装接线图

电气安装接线图主要用于电器的安装接线、线路检查、线路维修和故障处理，通常接线图与电气原理图和元件布置图一起使用。电气安装接线图表示出项目的相对位置、项目代号、端子号、导线号、导线型号、导线截面等内容。接线图中的各个项目（如元件、器件、部件、组件、成套设备等）采用简化外形（如正方形、矩形、圆形）表示，简化外形旁应标注项目代号，并应与电气原理图中的标注一致。

电气安装接线图的绘制原则是：

(1)各电气元件均按实际安装位置绘出，元件所占图面按实际尺寸以统一比例绘制。

(2)一个元件中所有的带电部件均画在一起，并用点画线框起来，即采用集中表示法。

(3)各电气元件的图形符号和文字符号必须与电气原理图一致，并符合国家标准。

(4)各电气元件上凡是需要接线的部件端子都应绘出，并予以编号，各接线端子的编号必须与电气原理图上的导线编号相一致。

(5)绘制安装接线图时，走向相同的相邻导线可以绘成一股线。

图 2-4 是根据上述原理绘制的与图 2-1 对应的 CW6132 普通车床电气安装接线图。

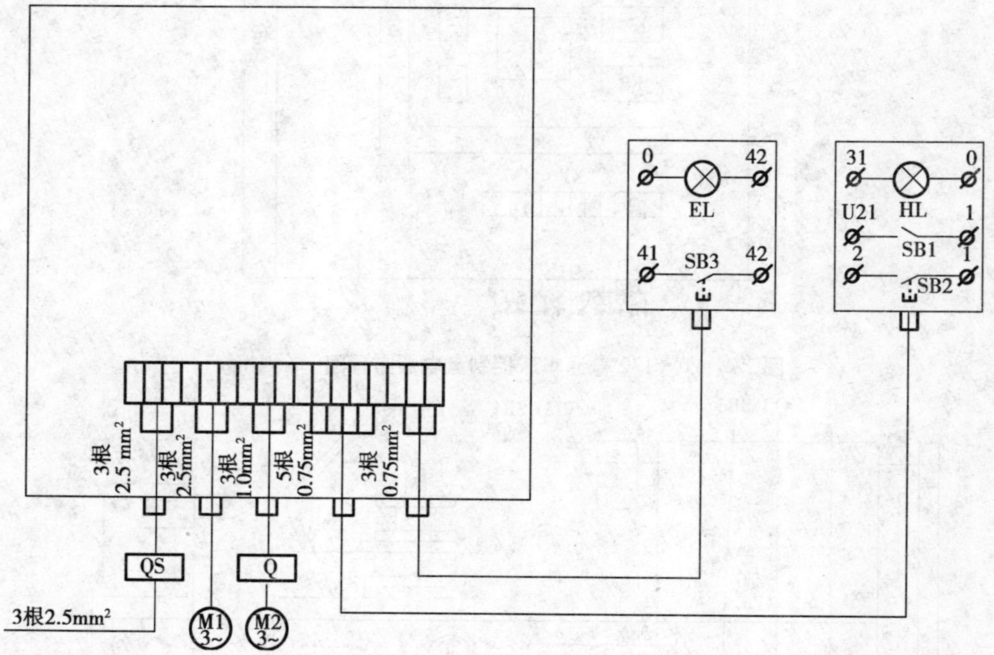

图 2-4　CW6132 普通车床电气安装接线图

第二节　电气控制电路基本控制规律

由继电器接触器所组成的电气控制电路，基本控制规律有自锁与互锁的控制、点动与连续运转的控制、多地连锁控制、顺序控制与自动循环的控制等。

一、自锁与互锁的控制

自锁与互锁的控制统称为电气的连锁控制，在电气控制电路中应用十分广泛。

图 2-5 为三相笼型异步电动机全压启动单向运转控制电路。电动机启动时，合上电源开关 Q，接通控制电路电源，按下启动按钮 SB2，其常开触头闭合，接触器 KM 线圈通电吸合，KM 常开主触头与常开辅助触头同时闭合，前者使电动机接入三相交流电源启动旋转；后者并接在启动按钮 SB2 两端，从而使 KM 线圈经 SB2 常开触头与 KM 自身的常开辅助触头两路供电。松开启动按钮 SB2 时，虽然 SB2 这一路已断开，但 KM 线圈仍通过自身常开触头这一通路而保持通电，使电动机继续运转，这种依靠接触器自身辅助触头而保持通电的现象称为自锁，这对起自锁作用的辅助触头称为自锁触头，这段电路称为自锁电路。要使电动机停止运转，可按下停止按钮 SB1，KM 线圈断电释放，主电路及自锁电路均断开，电动机断电停止。上述电路是一个典型的有自锁控制的单向运转电路，也是一个具有最基本的控制功能的电路。

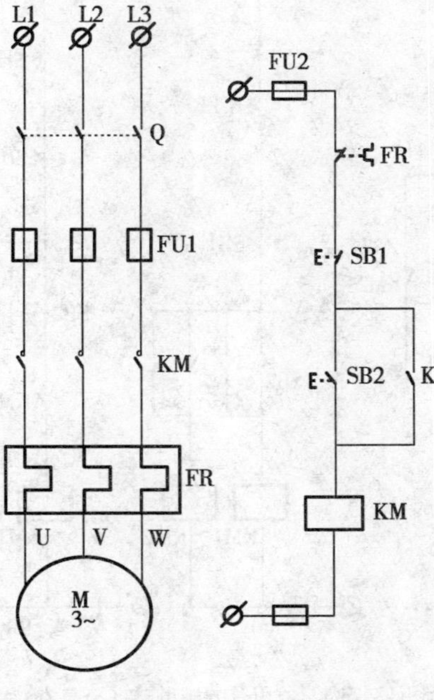

图 2-5　三相笼型异步电动机全压启动单向运转控制电路

图 2-6 为三相异步电动机正反转控制电路，图左方为其主电路图，右方为三种控制电路图。图 2-6(a)是将两个单向旋转控制电路组合而成。主电路由正、反转接触器 KM1、KM2 的主触头来实现电动机三项电源任意两项的换相，从而实现电动机正反转。当正转启动时，按下正转启动按钮 SB2，KM1 线圈通电吸合并自锁，电动机正向启动并运转；当反转启动时，按下反转启动按钮 SB3，KM2 线圈通电吸合并自锁，电动机便反向启动并运转。但若在按下正转启动按钮 SB2，电动机已进入正转运行后，接着又按下反转启动按钮 SB3 的误操作时，由于正反转接触器 KM1、KM2 线圈均通电吸合，其主触头均闭合，于是发生

电源两相短路，致使熔断器 FU1 熔体熔断，电动机无法工作。因此，该电路在任何时候只能允许一个接触器通电工作。因此，通常在控制电路中将 KM1、KM2 正反转接触器常闭辅助触头串接在对方线圈电路中，形成相互制约的控制，这种相互制约的控制关系称为互锁，这两对起互锁作用的常闭触头称为互锁触头。

图 2-6(b)是利用正反转接触器常闭辅助触头作互锁的，这种互锁称为电气互锁。这种电路要实现电动机由正转到反转，或由反转变正转，都必须先按下停止按钮，然后才可进行反向启动，这种电路称为正—停—反电路。

图 2-6(c)是在图 2-6(b)基础上又增加了一对互锁，这对互锁是将正、反转启动按钮的常闭辅助触头串接在对方接触器线圈电路中，这种互锁称为按钮互锁，又称机械互锁。所以图 2-6(c)是具有双重互锁的控制电路，该电路可以实现不按停止按钮，由正转直接变反转，这是因为按钮互锁触头可实现先断开正在运行的电路，再接通反向运转电路。这种电路称为正—反—停电路。

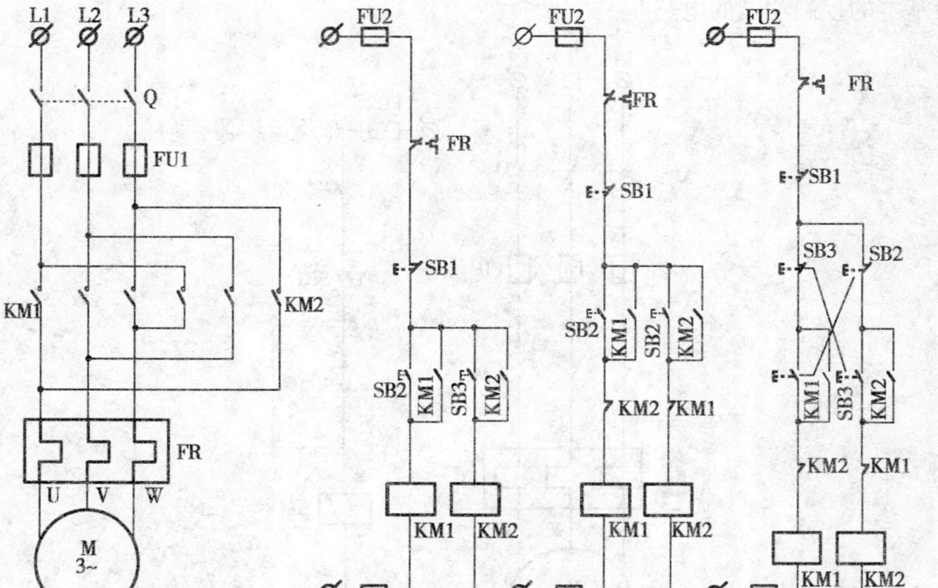

(a)无互锁电路；(b)具有电气互锁电路；(c)具有双重互锁电路

图 2-6　三相异步电动机正反转控制电路

二、点动与连续运转的控制

生产机械的运转状态有连续运转与短时间断运转，所以对其拖动电机的控制也有点动与连续运转两种控制电路。图 2-7 为电动机点动与连续运转控制电路，左方为主电路图，右方为三种控制形式的控制电路图。

图 2-7(a)是最基本的点动控制电路。按下点动按钮 SB，KM 线圈通电，电动机启动旋转；松开 SB 按钮，KM 线圈断电释放，电动机停转。所以，该电路为单纯的点动控制电路。

图 2-7(b)是用开关 SA 断开或接通自锁电路，可实现点动也可实现连续运转的电路。

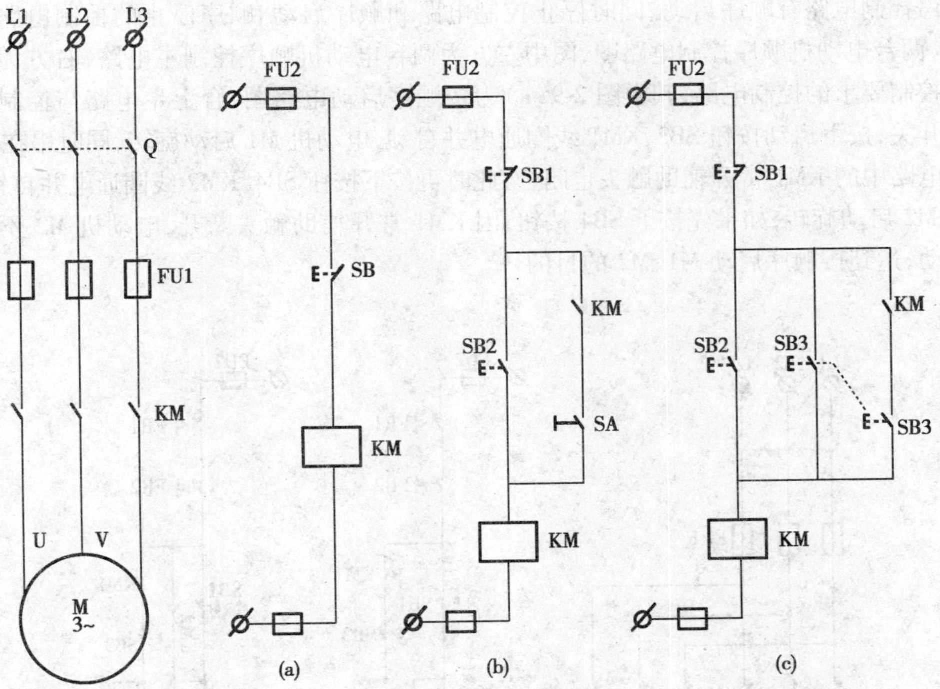

(a)基本点动控制电路;(b)开关选择运行状态的电路;(c)两个按钮控制的电路

图 2-7　电动机点动与连续运转控制电路

合上开关 SA 时,可实现连续运转;SA 断开时,可实现点动控制。图 2-7(c)是用复合按钮 SB3 实现点动控制,按钮 SB2 实现连续运转的电路。

三、多地连锁控制

在一些大型生产机械和设备上,要求操作人员在不同方位能进行操作与控制,即实现多地控制。多地控制是用多组启动按钮、停止按钮来进行的,这些按钮连接的原则是:启动按钮常开触头要并联,即逻辑或的关系;停止按钮常闭触头要串联,即逻辑与的关系。图 2-8 为多地控制电路图。

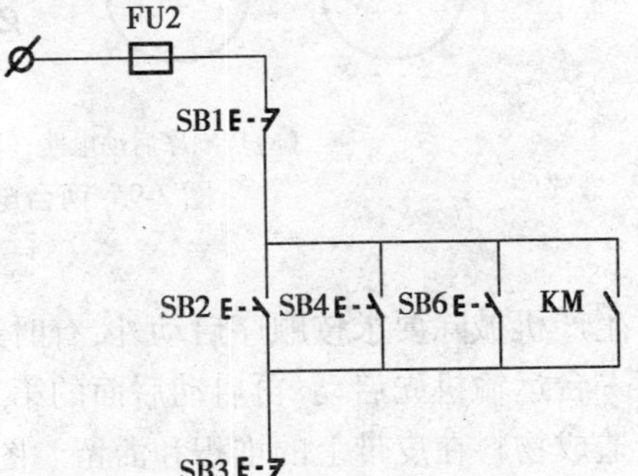

图 2-8　多地控制电路图

四、顺序控制

在生产实际中,有些设备往往要求其上的多台电动机按一定顺序实现其启动和停止,如磨床上的电动机就要求先启动液压泵电动机,再启动主触头电动机。顺序起停控制电路有顺序启动、同时停止控制电路和顺序启动、顺序停止的控制电路。图 2-9 为两台电动机顺序控制电路图，图中左方为两台电动机顺序控制主电路，右方为两种不同控制要求的控制电路，其中图 2-9(a)为按顺序启动电路图，合上主电路与控制电路电源开关，按下启动按钮 SB2，KM1 线圈通电并自锁，电动机 M1 启动旋转，同时串在 KM2 控制电路中的 KM1 常开辅助触头也闭合，此时再按下按钮 SB4，KM2 线圈通电并自锁，电动机 M2 启动旋转，如果先按下 SB4 按钮，因 KM1 常开辅助触头断开，电动机 M2 不可能先启动，达到按顺序启动 M1、M2 的目的。

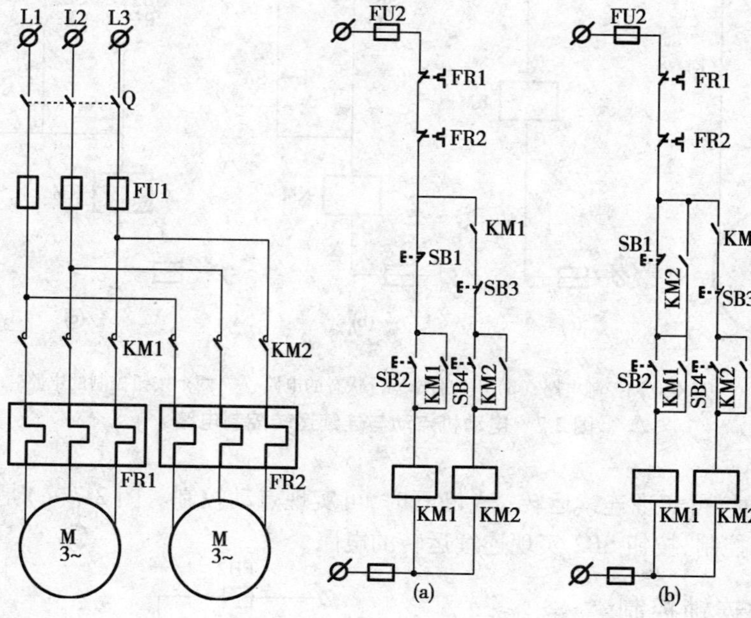

(a)按顺序启动电路；(b)按顺序启动、停止的控制电路

图 2-9 两台电动机顺序控制电路图

生产机械除要求按顺序启动外，有时还要求按一定顺序停止，如传送带运转机，前面的第一台运输机先启动，再启动后面的第二台；停车时应先停第二台，再停第一台，这样才不会造成物料在皮带上的堆积和滞留。图 2-9(b)为按顺序启动与停止的控制电路，为此在图 2-9(a)基础上，将接触器 KM2 的常开辅助触头并接在停止按钮 SB1 的两端，这样，即使先按下 SB1，由于 KM2 线圈仍通电，电动机 M1 不会停转，只有按下 SB3，电动机 M2 先停后，再按下 SB1 才能使 M1 停转，达到先停 M2，后停 M1 的要求。

在许多顺序控制中，要求有一定的时间间隔，此时往往用时间继电器来实现。图 2-10 为时间继电器控制的顺序启动电路，接通主电路与控制电路电源，按下起按钮 SB2、KM1、KT 同时通电并自锁，电动机 M1 启动运转，当通电延时型时间继电器 KT 延时时间到，其延时闭合的常开触头闭合，接通 KM2 线圈电路并自锁，电动机 M2 启动旋转，同时 KM2 常闭辅助触头断开将时间继电器 KT 线圈电路切断，KT 不再工作。

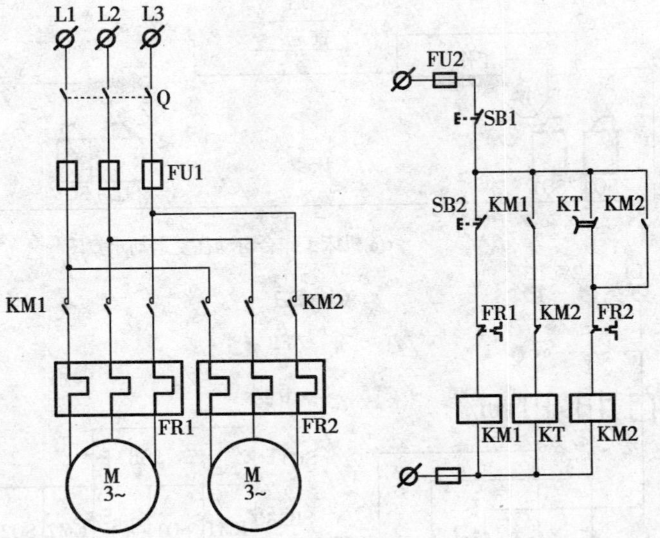

图 2-10　时间继电器控制的顺序启动电路

五、自动往复循环系统

在生产中，某些机床的工作台需要进行自动往复运行，而自动往复运行通常是利用行程开关来控制自动往复运动的相对位置，再来控制电动机的正反转或电磁阀的通断点来实现生产机械的自动往复运动的。图 2-11(a)为机床工作台自动往复运动示意图，在床身两端固定有行程开关 SQ1、SQ2，用来表明加工的起点与终点。在工作台上设有撞块 A 和 B，其随运动部件工作台一起移动，分别压下 SQ2、SQ1，来改变控制电路状态，实现电动机的正反向运转，实现工作台的自动往复运动。图 2-11(b)为自动往复循环控制电路，其中左方为主电路，右方为控制电路。图中 SQ1 为反向转正向行程开关，SQ2 为正向转反向行程开关，SQ3 为正向限位开关，SQ4 为反向限位开关。电路工作原理：合上主电路与控制电路电源开关，按下正转启动按钮 SB2，KM1 线圈通电并自锁，电动机正转启动旋转，拖动工作台前进向右移动，当移动到位时，撞块 A 压下 SQ2，其常闭触头断开，常开触头闭合，前者使 KM1 线圈断电，后者使 KM2 线圈通电并自锁，电动机由正转变为反转，拖动工作台由前进变为后退，工作台向左移动。当后退到位时，撞块 B 压下 SQ1，使 KM2 断电，KM1 通电，电动机由反转变为正转，拖动工作台变后退为前进，如此周而复始实现自动往返工作。当按下停止按钮 SB1 时，电动机停止，工作台停下。当行程开关 SQ1、SQ2 失灵时，由限位开关 SQ3、SQ4 来实现极限保护，避免运动部件因超出极限位置而发生事故。

第三节　三相异步电动机的启动控制

10kW 及其以下容量的三相异步电动机，通常采用全压启动，即启动时电动机的定子绕组直接接在额定电压的交流电源上，如图 2-5、图 2-6 等电路皆为全压电动机启动电路。

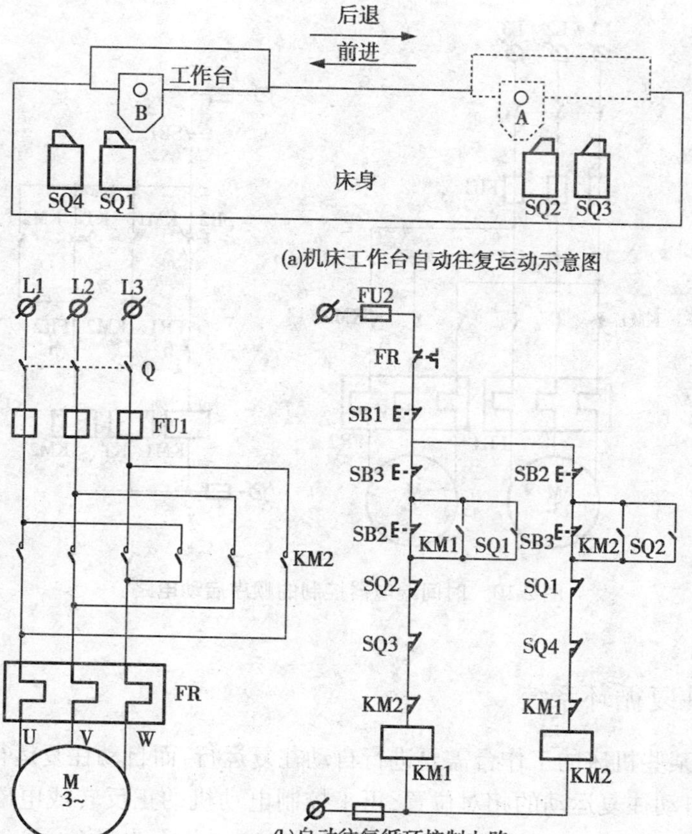

(a)机床工作台自动往复运动示意图

(b)自动往复循环控制电路

图 2-11　自动往复循环控制电路

但当电动机容量超过 10kW 时，因启动电流较大，一般采用减压启动。所谓减压启动，是指启动时降低加在电动机定子绕组上的电压，待电动机启动后再将电压恢复到额定值，使之运行在额定电压下。减压启动可以减少启动电流，减小线路电压降，也就减小了启动时对线路的影响。但电动机的电磁转矩是与定子端电压平方成正比，所以电动机的启动转矩对应减小，故减压启动适用于空载或轻载下启动。减压启动方式有星形—三角形减压启动、自耦变压器减压启动、软启动（固态减压启动）、延边三角形减压启动、定子串电阻减压启动等。常用的有星形—三角形减压启动与自耦变压器启动。软启动是一种当代电动机控制技术，正在一些场合推广使用，其余两种启动方式已很少采用。

一、星形—三角形减压启动控制

对于正常运行时定子绕组接成三角形的三相笼型异步电动机，均可采用星形—三角形减压启动。启动时，定子绕组先接成星形，待电动机转速上升到接近额定转速时，将定子绕组换接成三角形，电动机便进入全压下的正常运转。

图 2-12 为 QX4 系列自动星形—三角形启动器电路，适用于 125kW 及以下的三相笼型异步电动机作星形—三角形减压启动和停止的控制。

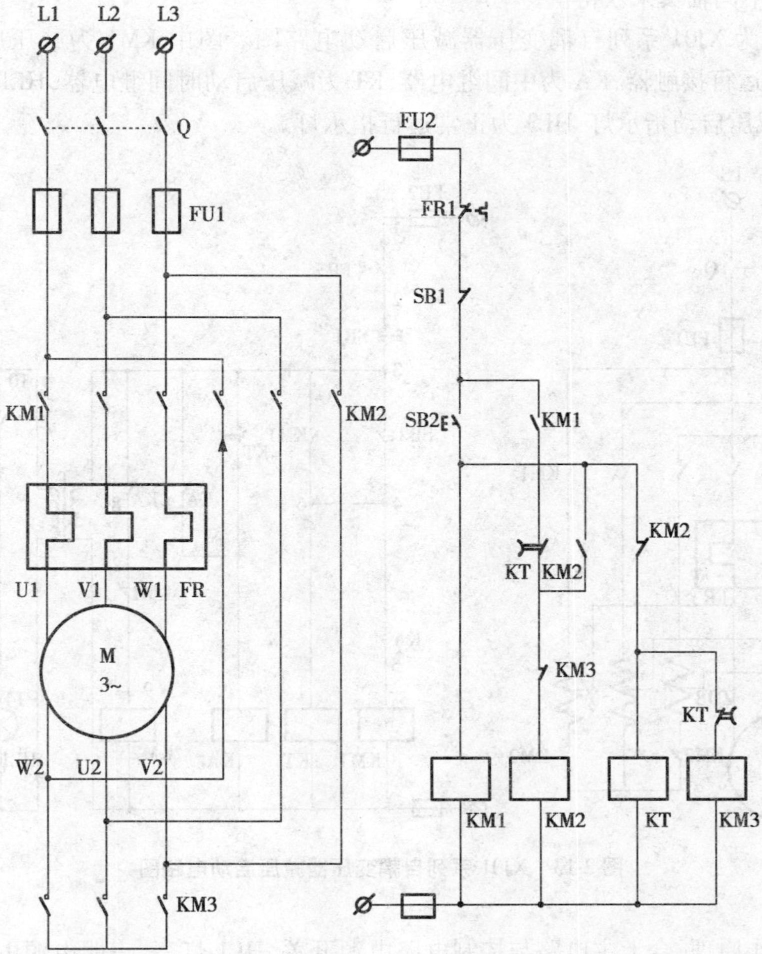

图 2-12　QX4 系列自动星形—三角形启动器电路

电路工作原理：合上电源开关 Q，按下启动按钮 SB2，KM1、KT、KM3 线圈同时接通并自锁，电动机三相定子绕组接成星形接入三相交流电源进行减压启动，当电动机转速接近额定转速时，通电延时型时间继电器动作，KT 常闭触头断开，KM3 线圈断电释放；同时 KT 常开触头闭合，KM2 线圈通电吸合并自锁，电动机绕组接成三角形全压运行。当 KM2 通电吸合后，KM2 常闭触头断开，使 KT 线圈断电，避免时间继电器长期工作。KM2、KM3 常闭触头为互锁触头，以防同时接成星形和三角形造成电源短路。

二、自耦变压器减压启动控制

电动机自耦变压器减压启动是将自耦变压器一次侧接在电网上，启动时定子绕组接在自耦变压器二次侧上。这样，启动时电动机获得的电压为自耦变压器的二次电压。待电动机转速接近电动机额定转速时，再将电动机定子绕组接在电网上即电动机额定电压上进入正常运转。这种减压启动适用于较大容量电动机的空载或轻载启动，启动转矩可以通过改变不同轴头来获得。

图 2-13 为 XJ01 系列自耦变压器减压启动电路图。图中 KM1 为减压启动接触器，KM2 为全压运行接触器，KA 为中间继电器，KT 为减压启动时间继电器，HL1 为电源指示灯，HL2 为减压启动指示灯，HL3 为正常运行指示灯。

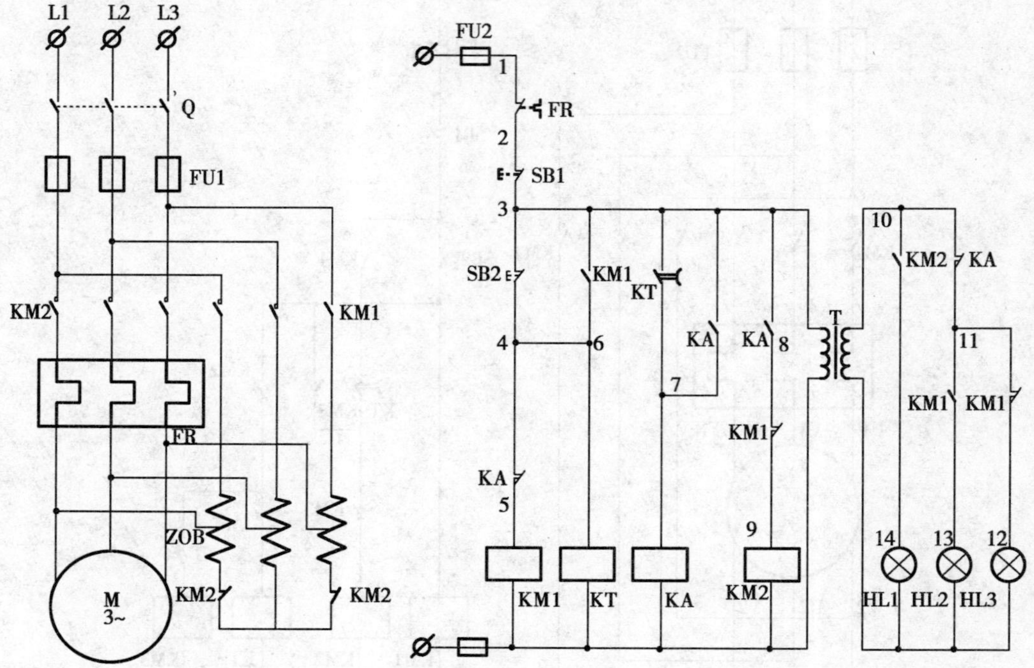

图 2-13　XJ01 系列自耦变压器减压启动电路图

电路工作原理：合上主电路与控制电路电源开关，HL1 灯亮，表明电源电压正常。按下启动按钮 SB2，KM1、KT 线圈同时通电并自锁，将自耦变压器接入，电动机由自耦变压器二次电压供电作减压启动，同时指示灯 HL1 灭，HL2 亮，显示电动机正进行减压启动。当电动机转速接近额定转速时，时间继电器 KT 通电延时闭合触头闭合，使 KA 线圈通电并自锁，其常闭触头断开 KM1 线圈电路，KM1 线圈断电释放，将自耦变压器从电路切除；KA 的另一对常闭触头断开，HL2 指示灯灭；KA 的常开触头闭合，使 KM2 线圈通电吸合，电源电压全部加在电动机定子上，电动机在额定电压下进入正常运转，同时 HL3 指示灯亮，表明电动机减压启动结束。由于自耦变压器星接部分的电流为自耦变压器一、二次电流之差，故用 KM2 辅助触头来连接。

三、三相绕线转子异步电动机的启动控制

三相绕线转子异步电动机转子绕组可通过铜环经电刷与外电路电阻相接，以减少启动电流，提高转子电路功率因数和启动转矩，故适用于重载启动的场合。

按绕线转子启动过程中串接装置不同分串电阻启动和串频敏变阻器启动电路，转子串电阻启动又有按时间原则和电流原则控制两种。下面仅分析按时间原则控制转子串电

阻启动电路。

图 2-14 为时间原则控制转子电阻启动电路。图中 KM1 为线路接触器，KM2、KM3、KM4 为短接电阻启动接触器，KT1、KT2、KT3 为短接转子电阻时间继电器。电路工作原理读者可自行分析。值得注意的是，电路在转子全部电阻串入情况下启动，且当电动机进入正常运行时，只有 KM1、KM4 两个接触器处于长期通电状态，而 KT1、KT2、KT3 与 KM2、KM3 线圈通电时间均压缩到最低限度，一方面节省电能，延长电器使用寿命，更为重要的是减少电路故障，保证电路安全可靠地工作。由于电路为逐级短接电阻，电动机电流与转矩突然增大，产生机械冲击。

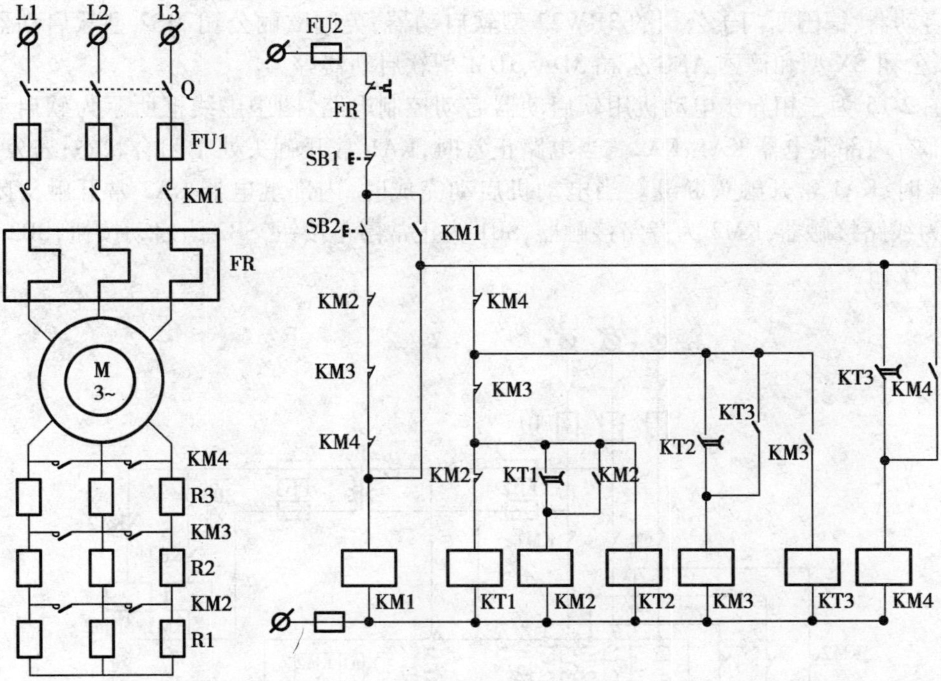

图 2-14　时间原则控制转子电阻启动电路

四、固态降压启动器的启动控制

前述的传统异步电动机启动方式的共同特点是电路简单，但启动转矩固定不可调，启动过程存在较大的冲击电流，使被拖动负载受到较大的机械冲击，且易受电网电压波动影响。固态减压启动器是一种集电机软启动、软停车、轻载节能和多种保护功能于一体的新颖电机控制装置。

固态减压启动器由电动机的起停控制装置和软启动控制器组成，其核心部件是软启动控制器。软启动控制器是利用电力电子技术与自动控制技术，将强电与弱电结合起来的控制技术，其主要结构是一组串接于电源与被控电动机之间的三相反并联晶闸管及其电子控制电路，利用晶闸管移相控制原理，控制三相反并联晶闸管的导通角，使被控电动机的输入电压按不同的要求而变化,从而实现不同的启动功能。启动时,使晶闸管的导通角从零开始,逐渐前移,电动机的端电压从零开始,按预设函数关系逐渐上升,直至达到满足启动转矩而使电动机顺利启动,再使电动机全电压运行。所以三相异步电动机在软启动过程中,软启动控制器是通过加到电动机上的平均电压来控制电动机的启动电流和转矩,也就控制了电动机的转速。一般软启动控制器可以通过设定得到不同的启动特性,以满足不同负载特性的要求。

我国软启动器有 JKR 软启动器及 JQ、JQZ 型交流电动机固态节能启动器等。国外产品有 ABB 公司的 PSA、PSD 和 PSDH 型软启动器,美国罗克韦尔公司的 STC、SMC-2、SMCPLUS 和 SMC Dialog PLUS 等 4 个系列软启动器,以及法国施耐德电气公司 Altistart46 型软启动器、德国西门子公司的 3RW22 型软启动器、英国欧丽公司 MS2 型软启动器、英国 CT 公司 SX 型和德国 AEG 公司 3DA、3DM 型软启动器等。

图 2-15 为三相异步电动机用软启动器启动控制电路,图中虚线框所示为软启动器,其内部有内部继电器 KA1、KA2。当电路正常时,KA1 常开触头处于闭合状态;若发生过载故障时,KA1 常开触头断开。当电动机启动完成时,内部继电器 KA2 常开触头闭合。KM1 为线路接触器,KM2 为旁路接触器,SB1 为正常停车按钮,SB2 为启动按钮,SB3 为紧急停车按钮。

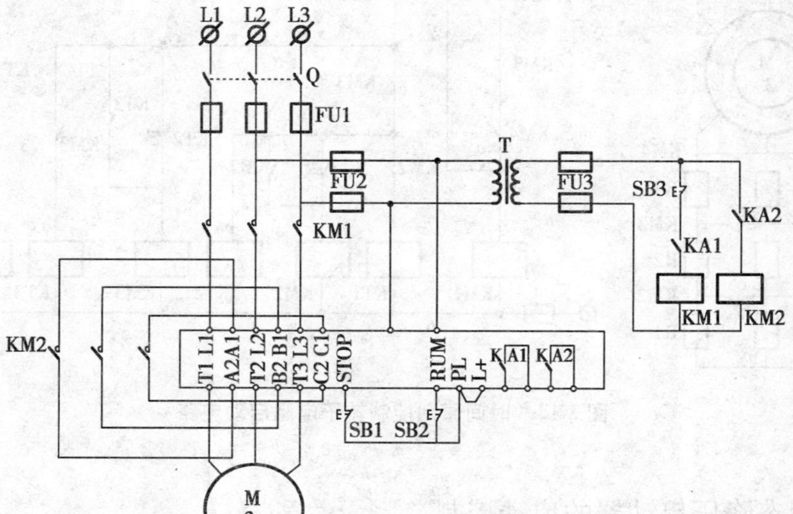

图 2-15　三相异步电动机用软启动器启动控制电路

电路工作原理:合上电源开关 Q,KM1 线圈通电吸合,其主触头闭合,三相电源送入软启动器,电动机由软启动器供电。按下启动按钮 SB2,电动机按设定的启动方式启动,当启动完成后,内部继电器 KA2 常开触头闭合,KM2 线圈通电吸合,电动机转由旁路接触器 KM2 主触头供电,同时将软启动器内部的功率晶闸管短接,电动机经 KM1 主触头由电网直接供电,实现在额定电压下运行。但此时过载保护仍起作用,当发生过载,KA1 常开触头断开,KM1 线圈断电释放,软启动器进线电源切除,因此电动机不需另加过载保护电路。正常停车时，按下停车按钮 SB1，停止指令使旁路接触器 KM2 跳闸，软启动器重新工作，电动机在可控的状态下减速停车。当需紧急停车时，按下 SB3 按钮，接触器 KM1 直接跳闸，软启动器内部的 KA2 触头复位，KM2 跳闸，电动机自由停转。

第四节　三相异步电动机的制动控制

三相异步电动机从切除电源到完全停止旋转，由于机械惯性，总需要经过一定的时间，这往往不能满足生产机械要求迅速停车的要求，也影响生产率的提高。因此，应对电动机进行制动控制，制动控制方法有机械制动和电气制动。所谓机械制动，用机械装置来强迫电动机迅速停车；电气制动是使电动机的电磁转矩方向与电动机旋转方向相反，起制动作用。电气制动有反接制动、能耗制动、再生制动以及派生的电容制动等，这些制动方法各有特点，适用不同场合，本节介绍几种典型的制动控制电路。

一、电动机单向反接制动控制

反接制动是利用改变电动机电源的相序，使定子绕组产生相反方向的旋转磁场，因而产生制动转矩的一种制动方法。电源反接制动时，转子与定子旋转磁场的相对转速接近两倍的电动机同步转速，所以定子绕组中流过的反接制动电流相当于全压启动时启动电流的两倍，因此反接制动制动转矩大。制动迅速，冲击大，通常适用于 10kW 以下的小容量电动机。为了减小冲击电流，通常在笼型异步电动机定子电路中串入反接制动电阻。另外，当电动机转速接近零时，要及时切断反相序电源，以防电动机反向再启动，通常用速度继电器来检测电动机转速并控制电动机反相序电源的断开。

图 2-16 为电动机单向反接制动控制电路。图中 KM1 为电动机单向运行接触器，KM2 为反接制动接触器，KS 为速度继电器，R 为反接制动电阻。启动电动机时，合上开

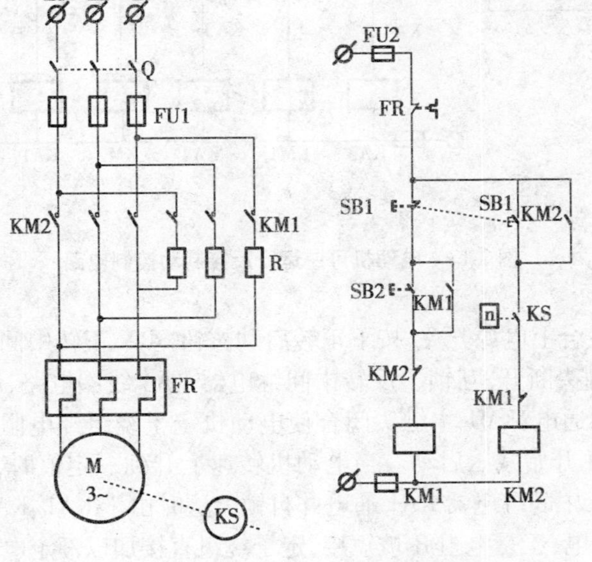

图 2-16　电动机单向反接制动控制电路

关,按下 SH2,KM1 线圈通电并自锁,主触头闭合,电动机全压下启动,当与电动机有机械联结的速度继电器 KS 转速超过其动作值 140r/min 时,其相应触头闭合,为反接制动作准备。停止时,按下停止按钮 SB1,SB1 常闭触头断开,使 KM1 线圈断电释放,KM1 主触头断开,切断电动机原相序三相交流电源,电动机仍以惯性高速旋转。当将停止按钮 SB1 按到底时,当常开触头闭合,使 KM2 线圈通电并自锁,电动机定子串入三相对称电阻接入反相序三相交流电源进行反接制动,电动机转速迅速下降。当转速下降到 KS 释放转速即 100r/min 时,KS 释放,KS 常开触头复位,断开 KM2 线圈电路,KM2 断开释放,主触头断开电动机反相序交流电源,反接制动结束,电动机自然停车至零。

二、电动机可逆运行反接制动控制

图 2-17 为电动机可逆运行反接制动控制电路。图中 KM1、KM2 为电动机正、反转接触器,KM3 为短接制动电阻接触器,KA1、KA2、KA3、KA4 为中间继电器,KS 为速度继电器,其中 KS-1 为正转闭合触头,KS-2 为反转闭合触头。R 电阻启动时定子串电阻减压启动用,停车时,R 电阻又作为反接制动电阻。

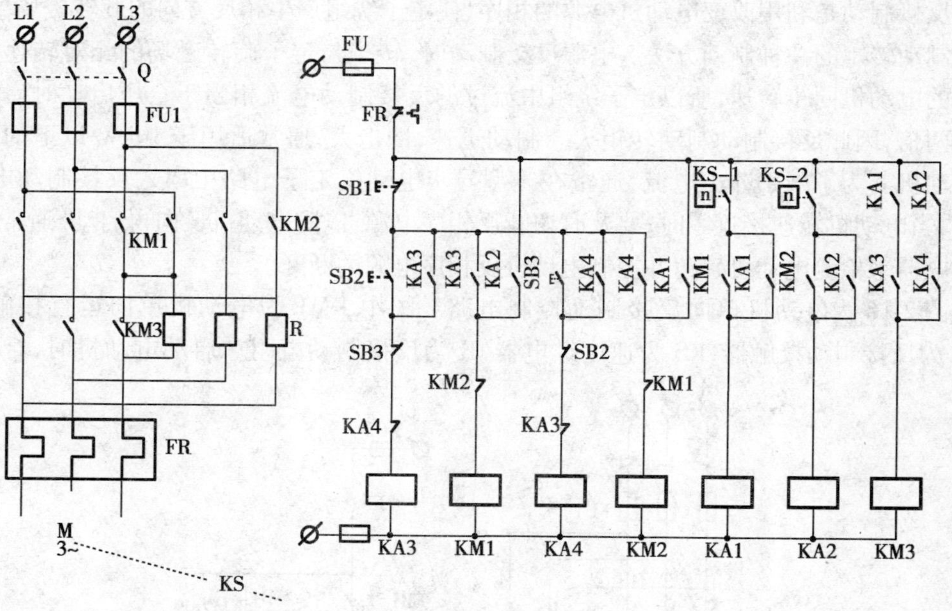

图 2-17 电动机可逆运行反接制动控制电路

电路工作原理:合上电源开关,按下正转启动按钮 SB2,正转中间继电器 KA3 线圈通电并自锁,其常闭触头断开,互锁了反转中间继电器 KA4 线圈电路,KA3 常开触头闭合,使接触器 KM1 线圈通电,KM1 主触头闭合使电动机定子绕组经电阻 R 接通正相序三相交流电源,电动机 M 开始减压启动。当电动机转速上升到一定值时,速度继电器正转常开触头 KS-1 闭合,中间继电器 KA1 通电并自锁。这时由于 KA1、KA3 的常开触头闭合,接触器 KM3 线圈通电,于是电阻 R 被短接,定子绕组直接加以额定电压,电动机转速上升到稳定工作转速。所以,电动机转速从零上升到转速继电器 KS 常开触头闭合这一区间是定子串电阻降压启动。

在电动机正转运转过程中，若按下停止按钮 SB1，则 KA3、KM1、KM3 线圈相继断电释放，但此时电动机转子仍以惯性高速旋转，使 KS－1 仍维持闭合状态，中间继电器 KA1 仍处于吸合状态，所以在接触器 KM1 常闭触头复位后；接触器 KM2 线圈便通电吸合，其常开主触头闭合，使电动机定子绕组经电阻 R 获得反相序三相交流电源，对电动机进行反接制动，电动机转速迅速下降，当电动机转速低于速度继电器释放值时，速度继电器常开触头 KS－1 复位，KA1 线圈断电，接触器 KM2 线圈断电释放，反接制动过程结束。

电动机反向启动和反接制动停车过程与正转时相同，在此不再复述。

三、电动机单向运行能耗制动控制

能耗制动是在电动机脱离三相交流电源后，向定子绕组内通入直流电流，建立静止磁场，利用转子感应电流与静止磁场的作用产生制动的电磁制矩，达到制动的目的。在制动过程中，电流、转速和时间三个参量都在变化，可任取一个作为控制信号。按时间作为变化参量，控制电路简单，实际应用较多。图 2-18 为电动机单向运行时间原则控制能耗制动电路图。

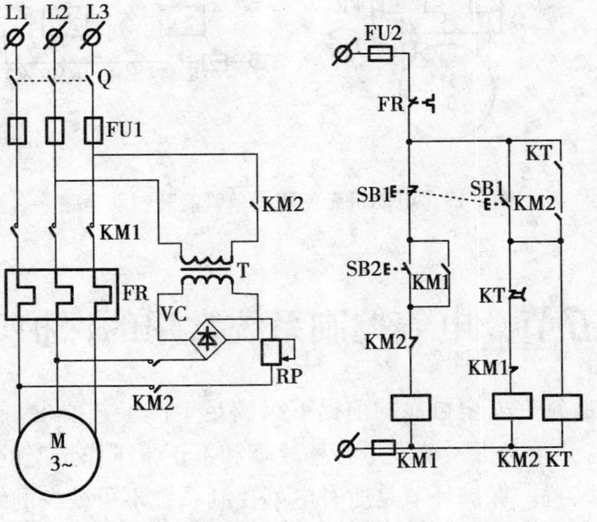

图 2-18　电动机单向运行时间原则控制能耗制动电路

电路工作原理：电动机现已处于单向运行状态，所以 KM1 通电并自锁。若要使电动机停转，只要按下按钮 SB1，KM1 线圈断电释放，其主触头断开，电动机断开三相交流电源。同时，KM2、KT 线圈同时通电并自锁，KM2 主触头将电动机定子绕组接入直流电源进行能耗制动，电动机转速迅速降低，当转速接近零时通电延时型时间继电器 KT 延时时间到，KT 常闭延时断开触头动作，使 KM2、KT 线圈相继断电释放，能耗制动结束。

四、无变压器单管能耗制动控制

对于 10kW 以下电动机，在制动要求不高时，可采用无变压器单管能耗制动。图 2-19

为电动机无变压器单管能耗制动电路，图中 KM1 为线路接触器，KM2 为制动接触器，KT 为能耗制动时间继电器。该电路整流电源电压为 220V，由 KM2 主触头接至电动机定子绕组，经整流二极管 VD 接至电源中性线 N 构成闭合电路。制动时电动机 U、V 相由 KM2 主触头短接，因此只要单方向制动转矩。电路工作原理与图 2-18 所示电路相似，读者可自行分析。

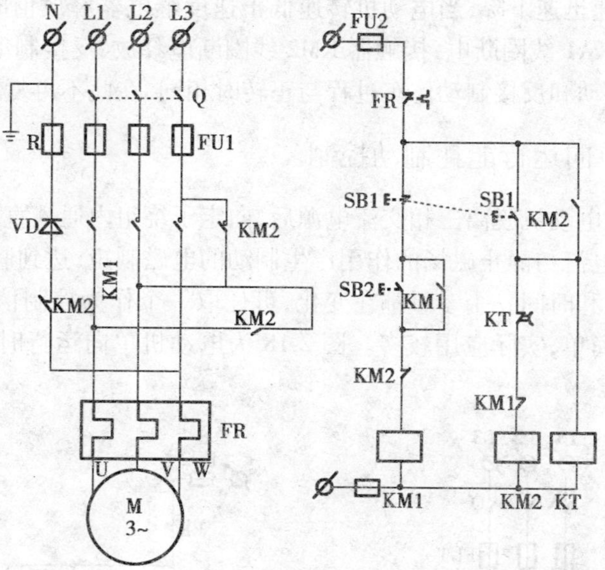

图 2-19　电动机无变压器单管能耗制动电路

第五节　电气控制系统常用的保护环节

电气控制系统必须在安全可靠的前提下来满足生产工艺要求。为此，在电气控制系统的设计与运行中，必须考虑系统发生各种故障和不正常工作情况的可能性，在控制系统中设置有各种保护装置。保护环节是所有电气控制系统不可缺少的组成部分。常用的保护环节有过电流、过载、短路、过电压、失电压、断相、弱磁场与超速保护等，本节主要介绍低压电动机常用的保护环节。

一、短路保护

当电器或线路绝缘遭到破坏、负载短路、接线错误都将产生短路现象。短路时产生的瞬时故障电流可达到额定电流的十几倍，使电气设备或配电线路因过流而产生电动力而损坏，甚至因电弧而引起火灾。短路保护要求具有瞬动特性，即要求在很短时间内切断电源。短路保护的常用方法有熔断器保护和低压断路器保护。熔断器熔体的选择见上一章有关内容。低压断路器动作电流按电动机启动电流的 1.2 倍来整定，相应低压断路器切断短路电流的触头容量应加大。

二、过电流保护

过电流保护是区别于短路保护的一种电流型保护。所谓过电流是指电动机或电器元件超过其额定电流的运行状态，其一般比短路电流小，不超过6倍额定电流。在过电流情况下，电器元件并不是马上损坏，只要在达到最大允许温升之前，电流值能恢复正常，还是允许的。但过大的冲击负载，使电动机流过过大的冲击电流，以致损坏电动机。同时，过大的电动机电磁转矩也会使机械的传动部件受到损坏，因此要瞬时切断电源。电动机在运行中产生过电流的可能性要比发生短路的可能性大，特别是频繁启动和正反转、重复短时工作电动机中更是如此。

过电流保护常用过电流继电器来实现，通常过电流继电器与接触器配合使用，即将过电流继电器线圈串接在被保护电路中，当电路电流达到其整定值时，过电流继电器动作，而过电流继电器常闭触头串接在接触器线圈电路中，使接触器线圈断电释放，接触器主触头断开切断电动机电源。这种过电流保护环节常用于直流电动机和三相绕线转子异步电动机的控制电路中。若过电流继电器动作电流为1.2倍电动机电流，则过流继电器也可实现短路保护作用。

三、过载保护

过载保护是过电流保护中的一种。过载是指电动机的运行电流大于其额定电流，但在1.5倍额定电流以内。引起电动机过载的原因很多，如负载的突然增加，缺相运行或电源电压降低等。若电动机长期过载运行，其绕组的温升将超过允许值而使绝缘老化、损坏。过载保护装置要求具有反时限特性，且不会受到电动机短时过载冲击电流或短路电流的影响而瞬时动作，所以通常用热继电器作过载保护。当有6倍以上额定电流通过热继电器时，需经5s后才动作，这样在热继电器未动作前，可能使热继电器的发热元件先烧坏，所以在使用热继电器作过载保护时，还必须装有熔断器或低压断路器的短路保护装置。由于过载保护特性与过电流保护不同，故不能用过电流保护方法来进行过载保护。

对于电动机进行断相保护，可选用带断相保护的热继电器来实现过载保护。

四、失电压保护

电动机应在一定的额定电压下才能正常工作，电压过高、过低或者工作过程中非人为因素的突然断电，都可能造成生产机械损坏或人身事故。因此在电气控制电路中，应根据要求设置失电压保护、过电压保护和欠电压保护。

电动机正常工作时，如果因为电源电压消失而停转，一旦电源电压恢复时，有可能自行启动，电动机的自行启动将造成人身事故或机械设备损坏。为防止电压恢复时电动机自行启动或电器元件自行投入工作而设置的保护，称为失电压保护。采用接触器和按钮控制的启动、停止，就具有失电压保护作用。这是因为当电源电压消失时，接触器就会自动释放而切断电动机电源，当电源电压恢复时，由于接触器自锁触头已断开，不会自行启动。如果不是采用按钮而是用不能自动复位的手动开关、行程开关来控制接触器，必须采用专门的零电压继电器。工作过程中一旦失电，零压继电器释放，其自锁电路断开，电源电压恢复时,不会自行启动。

五、欠电压保护

电动机运转时,电源电压过分降低引起电磁转矩下降,在负载转矩不变情况下,转速下降,电动机电流增大。此外,由于电压的降低引起控制电器释放,造成电路不正常工作。因此,当电源电压降到60% ~80%额定电压时,将电动机电源切除而停止工作,这种保护称欠电压保护。

除上述采用接触器及按钮控制方式,利用接触器本身的欠电压保护作用外,还可采用欠电压继电器来进行欠电压保护,吸合电压通常整定为$0.8 \sim 0.85U_N$,释放电压通常整定为$0.5 \sim 0.7U_N$。其方法是将电压继电器线圈跨接在电源上,其常开触头串接在接触器线圈电路中,当电源电压低于释放值时,电压继电器动作使接触器释放,接触器主触头断开电动机电源实现欠电压保护。

六、过电压保护

电磁铁、电磁吸盘等大电感负载及直流电磁机构、直流继电器等,在通断时会产生较高的感应电动势,将使电磁线圈绝缘击穿而损坏。因此,必须采用过电压保护措施。通常过电压保护是在线圈两端并联一个电阻,电阻串电容或二极管串电阻,以形成一个放电回路,实现过电压的保护。

七、直流电动机的弱磁保护

直流电动机磁场的过度减少会引起电动机超速,需设置弱磁保护,这种保护是通过在电动机励磁线圈回路中串入电流继电器来实现的。在电动机运行时,若励磁电流过小,欠电流继电器释放,其触头断开电动机电枢回路线路接触器线圈电路,接触器线圈断电释放,接触器主触头断开电动机电枢回路,电动机断开电源,实现保护电动机之目的。

八、其他保护

除上述保护外,还有超速保护、行程保护、油压(水压)保护等,这些都是在控制电路中串接一个受这些参量控制的常开触头或常闭触头来实现对控制电路的电源控制来实现的。这些装置有离心开关、测速发电机、行程开关、压力继电器等。

小　结

电气控制系统是由电气控制元件按一定要求连接而成。为了清晰地表达生产机械电气控制系统的工作原理,便于系统地安装、调整、使用和维修,将电气控制系统中的各电气元件用一定的图形符号和文字符号表达出来,再将其连接情况用一定的图形表达出来,这种图形就是电气控制系统图。

常用的电气控制系统图有电气原理图、电器布置图与安装接线图。

由继电器接触器所组成的电气控制电路,基本控制规律有自锁与互锁的控制、点动与连续运转的控制、多地连锁控制、顺序控制与自动循环的控制等。

减压启动方式有星形—三角形减压启动、自耦变压器减压启动、软启动(固态减压启动)、延边三角形减压启动、定子串电阻减压启动等。

三相异步电动机从切除电源到完全停止旋转,由于机械惯性,总需要经过一定的时间,这往往不能满足生产机械要求迅速停车的要求,也影响生产率的提高。因此应对电动机进行制动控制,制动控制方法有机械制动和电气制动。所谓机械制动,用机械装置来强迫电动机迅速停车;电气制动是使电动机的电磁转矩方向与电动机旋转方向相反,起制动作用。电气制动有反接制动、能耗制动、再生制动,以及派生的电容制动等。这些制动方法各有特点,适用不同场合。

电气控制系统必须在安全可靠的前提下来满足生产工艺要求。为此,在电气控制系统的设计与运行中,必须考虑系统发生各种故障和不正常工作情况的可能性,在控制系统中设置有各种保护装置。保护环节是所有电气控制系统不可缺少的组成部分。常用的保护环节有过电流、过载、短路、过电压、失电压、断相、弱磁场与超速保护等。

习　题

2-1　常用的电气控制系统图有哪三种?

2-2　何为电气原理图? 绘制电气原理图的原则是什么?

2-3　何为电器布置图? 电器元件的布置应注意哪几方面?

2-4　何为电气安装接线图? 绘制电气安装接线图应注意哪几个方面?

2-5　电动机点动控制与连续运转控制在电气控制电路上有何不同,其关键控制环节是什么?

2-6　采用接触器与按钮控制的电路是如何实现电动机的失电压与欠电压保护的?

2-7　何为互锁控制? 实现电动机正、反转互锁控制的方法有哪两种? 为何有了机械互锁还要有电气互锁?

2-8　指出电动机正、反转控制电路中的控制关键环节是哪两处?

2-9　设计一个电气控制电路:三台三相笼型异步电动机启动时,M1 先启动,经 10s 后 M2 自行启动,运行 30s 后 M1 停止并同时使 M3 自行启动,再运行 30s 后其余两台电动机全部停止。

2-10　为两台三相笼型异步电动机设计电气控制电路,其要求如下:

(1)两台电动机互不影响地独立操作;

(2)能同时控制两台电动机的启动和停止;

(3)当任一台电动机发生过载时,两台电动机均停止。

2-11　某水泵由一台三相笼型异步电动机拖动,按下列要求设计电气控制电路:

(1)采用 Y—△减压启动;

(2)三处控制电动机的启动和停止。

2-12　某机床有主轴电动机 M1、液压泵电动机 M2,均采用直接启动,生产工艺要求:主轴必须在液压泵开动后,方可启动;主轴要求正、反向运转,但为测试方便,要求能实现正、反向点动；主轴停止后，才允许液压泵停止；电路具有短路保护、过载保护及失电压保护。试设计电气控制电路。

2-13　某一三相笼型异步电动机采用Y—△减压启动，能耗制动停车，试画出其电气控制电路图。

2-14　某一三相笼型异步电动机要求正、反向运转，定子串电阻减压启动，反接制动停车，试画出电气控制电路图。

2-15　试分析图2-16直流电动机单向反接制动电气控制电路工作原理。

2-16　电气控制系统常用的保护环节有哪些？他们各采用什么电器元件？

第三章　电气控制电路实例分析

内容提要　本章主要对典型机械生产设备的结构、生产工艺、主电路和电气控制电路进行分析和讨论。

课程重点　卧式车床电气控制电路分析、钻床电气控制电路分析。

课程难点　电气控制电路分析。

教学目标　能熟练分析典型机械生产设备的电气控制电路，并能根据生产设备的生产工艺要求设计简单的控制电路。

前面已经介绍和讨论了电气控制线路的基础知识（常用低压电器，电器控制线路的基本规律），本章将对典型机械生产设备的电气控制进行分析和讨论。根据加工对象、加工工艺、生产机械和机械运动类型等的不同，对控制电路提出了不同的控制要求，所以产生了各种形式的控制电路，即使对于相同的控制要求仍然可以采用不同的控制电路实现。本章将以典型的电气设备的控制电路为例，详细讨论每种设备的工作原理以及对控制电路的要求，介绍电路的各电路的功能，分析控制电路和主电路的特点。

第一节　卧式车床电气控制电路

在众多的车床中卧式车床是机械加工中应用最广泛的一种机床，可以用来加工各种内圆、外圆、螺纹和端面。卧式车床通常由一台主电动机拖动，并经机械传动链接，实现加工运动，通过手柄操作变速齿轮箱调整运动速度。不同型号的卧式车床因工作要求不同，而采用不同的控制电路。由于卧式车床运动变速是由机械系统完成，所以机床的运动形式比较简单，控制电路的设计也比较简单，本节以 C650 卧式车床电气控制系统为例，进行控制电路的分析。

C650 型卧式机床主要由进给箱、挂轮箱、主轴变速箱、溜板与刀架、溜板箱、尾架、丝杠、光杠、床身等部分组成，如图 3-1 所示。

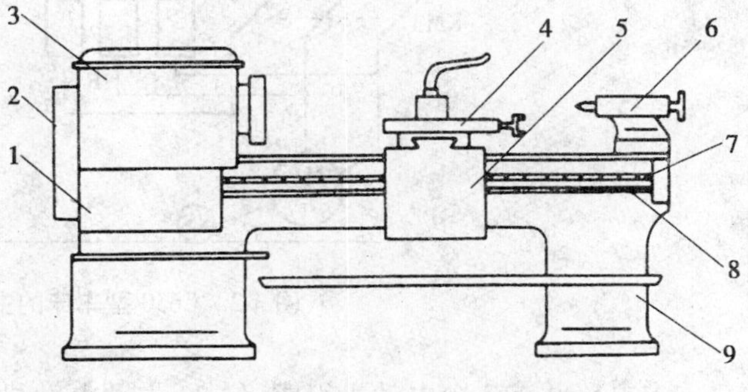

1—进给箱；2—挂轮箱；3—主轴变速箱；4—溜板与刀架；5—溜板箱；6—尾架；7—丝杠；8—光杠；9—床身

图 3-1　C650 型车床的结构示意图

C650 的车床工作原理：车床工作时，先由主轴上的夹头夹紧工件，再由主电动机驱动旋转（正转或反转），向加工部件的加工位置喷洒冷却液后，开始进刀进行加工。加工完毕，将刀具退回原位，关闭冷却液，待主轴停转后，取下工件，完成加工工作。主轴电动机控制主轴的正向转动和反向转动。为了提高设备的工作效率必须使主轴快速停转、刀具位置快速调整，所以主电动机采用了反接制动，使用快速移动电动机调整刀具位置，但必须待冷却液喷流后，才可启动进刀。为便于操作和维修，车床的位置调整采取点动控制。车床工作时刀具会产生高温需要对其进行冷却，冷却泵电动机控制冷却液的喷洒。

根据车床加工工艺，电气控制要求如下：①主轴能够正、反转，所以主电动机也要求能正、反转；②为了便于调整车床位置，应能实现点动控制，点动运行时为了限制电流要串电阻；③为实现主轴快速停转，主电动机采用反接制动；④暂停工作时，可单独停下快进电动机和冷却泵电动机；⑤电动机都有短路保护，其中 M1、M2 电动机有过载保护；⑥为防止发生意外应有急停按钮。

一、主电路分析

C650 型车床的主电路图，如图 3-2 示。

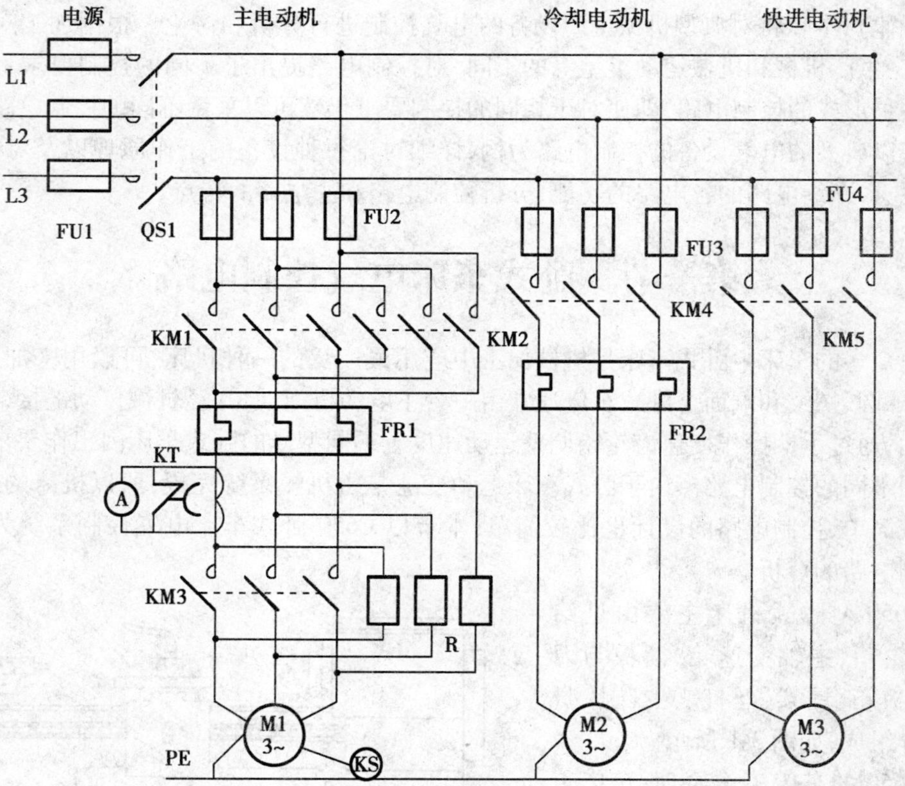

图 3-2　C650 型车床的主电路图

主电路共有 3 台电动机组成，包括：主轴电动机、冷却泵电动机和快进电动机。主轴电动机 M1 通过接触器 KM1、KM2、KM3 控制，保证电动机的正转、反转、点动和快速制动。

制动过程为：通过与主电动机同轴连接的速度继电器检测速度信号，正转时，速度继电器正转触点动作闭合，当制动转速接近零时，速度继电器断开，切断三相电源，主电动机停转，反转时亦然。

接触器 KM4 控制冷却泵电动机 M2；KM5 控制快进电动机 M3；R 为制动限流电阻，热继电器 FR1、FR2 分别作 M1、M2 的过载保护元件，KS 为速度继电器。

二、控制电路分析

C650 型车床的控制电路图，如图 3-3 所示。

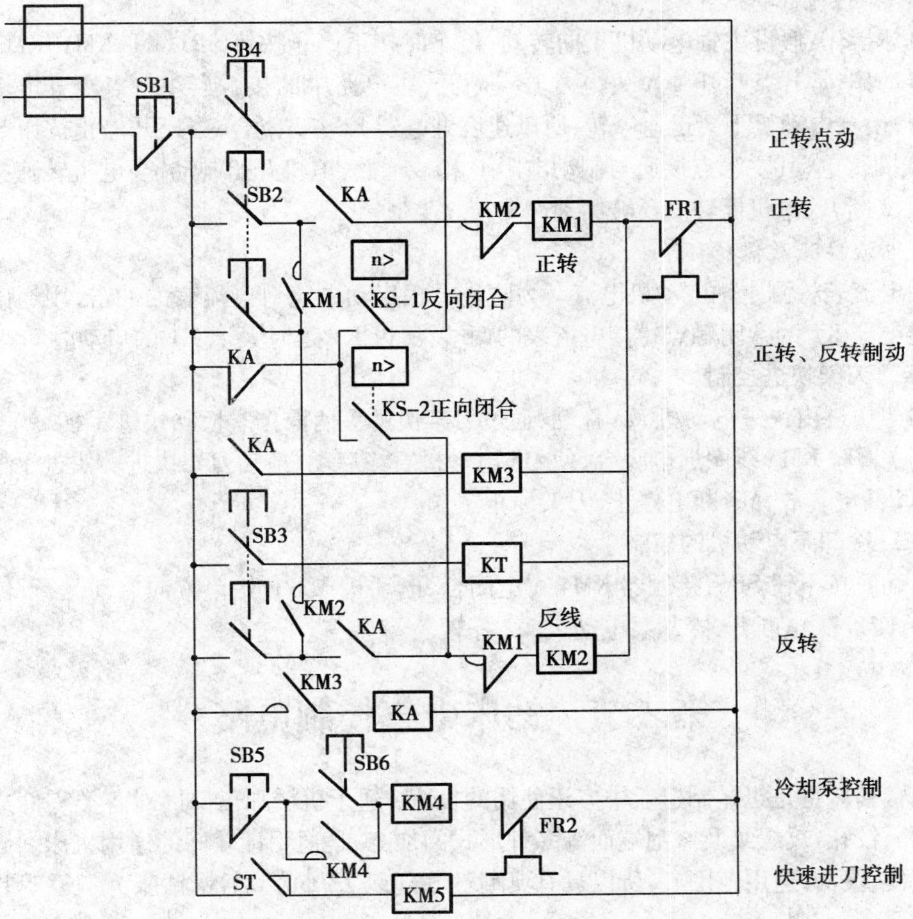

图 3-3 C650 型车床的控制电路图

(一)主轴电动机的控制

1. 主轴正反转控制

由 KM1、KM3 组合控制正转；KM2、KM3 组合控制反转，实现全压直接启动。

具体操作：正转按一下按钮 SB2(反转按 SB3)，KT、KM3 的线圈得电动作，KM3 的常开点闭合，引起中间继电器 KA 动作，KA 常开点闭合，KM1 线圈得电动作。KM1、KM3 主触点组成的电动机正转主电路。KM3 的作用是短接电阻 R，实现全压直接启动运转。反转运行的控制类似,只是接触器 KM1 换成了 KM2。

2. 主轴的点动控制

主轴的点动控制由按钮 SB4 与接触器 KM1 控制。

具体操作:按一下按钮 SB4,KM1 线圈得电动作,KM1 的主触点接通并与主电路中串入的电阻 R 组成减压启动和低速运转电路,获得正方向的低速点动。

3. 主轴电动机的制动控制

主轴电动机的制动控制由停止按钮 SB1 与正反转接触器 KM1、KM2 及电阻 R、速度继电器 KS 控制。

具体操作:假设主轴电动机正向转动,停车时按下停止按钮 SB1,KT、KM1、KM3 的线圈失电动作,常开点断开,KA 失电常开点断开,主电路中的接触器主触点断开电动机失去动力;由于电动机不会迅速停转,所以速度继电器 KS-2 闭合,当松开停止按钮 SB1 时 KM2 线圈得电,其主触点接通与制动电阻 R 构成通路,电机开始制动,当电机转速接近零时 KS-2 断开,电机停转。反转制动停车与之类似。

4. 电流检测及保护环节

用电流表检测主轴电动机电流。为防止电机启动电流对电流表的冲击,用通电延时时间继电器 KT 的常闭触点短接电流表的两端,所以 KT 延时大于 M1 的启动时间。

(二)刀架快进控制

刀架快进由快进电动机 M3 拖动,通过刀架快进手柄操作。扳动快进手柄,就会压下行程开关 ST, KM5 线圈通电吸合,使 M3 电动机直接启动,拖动刀架快进。快进手柄回原位,KM5 断电释放,M3 断电停止,刀架停止。

(三)冷却泵电动机的控制

启动时按下钮 SB6,接触器 KM4 得电闭合,电动机 M2 开始单方向启动运行;停转时按 SB5,KM4 失电断开,冷却泵电动机 M2 停转。

第二节　钻床电气控制电路

摇臂钻床也是机械制造业中广泛使用的机床,适于机械加工部门对各类零件进行钻孔、扩孔、铰孔、攻螺纹及修刮端面等多种形式的加工,是通用性较好的通用机床。因为其操作方便、灵活,适用范围广,所以具有典型性。现以 Z3050 型摇臂钻床为例说明其电气控制的原理。

Z3050 摇臂钻床的主要结构由底座、内立柱、外立柱、摇臂、主轴箱及工作台等部分组成,如图 3-4 所示。内立柱固定在底座上,外面套着的外立柱,可绕内立柱回转 360°,摇臂的一端套在外立柱上,利用丝杠的正反转控制摇臂沿外立柱作上下移动。主轴箱由主传动电动机、主轴和主轴传动机构、进给和变速机构以及机床的操作机构等部分组成。主轴箱安装在摇臂的水平导轨上,通过手轮操作在水平导轨上沿摇臂移动。

工作时调整摇臂到合适的高度,外立柱固定在内立柱上,摇臂固定在外立柱上,然后将零件固定在工作台上;然后进行加工。主轴旋转为主运动,主轴的纵向进给。主轴箱由夹紧装置将其固定在摇臂水平导轨上。

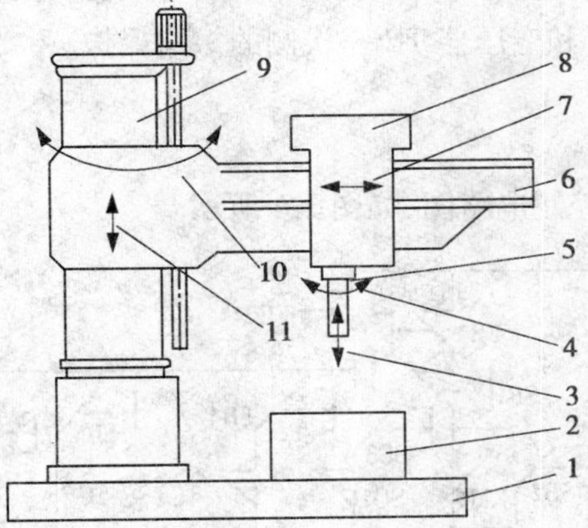

1—底座;2—工作台;3—主轴纵向进给;4—主轴旋转运动;5—主轴;
6—摇臂;7—主轴箱沿摇臂径向运动;8—主轴箱;9—内外立柱;
10—摇臂回转运动;11—摇臂垂直运动

图 3-4　Z3050 型摇臂钻床的结构图

根据加工工艺,摇臂钻床的控制要求如下:①加工时需要对刀具冷却,冷却泵电动机负责喷洒冷却液;②摇臂的升降控制电动机要求能正、反转;③内外立柱的夹紧与放松夹紧与放松由液压泵提供压力油来控制;④摇臂的调整严格按照放松—调整—夹紧顺序进行。因此摇臂的升降按自动控制进行;⑤具有信号指示、连锁和保护环节。

一、主电路电路分析

Z3050 型钻床的主电路图如图 3-5 所示,四台电动机组成主电路。

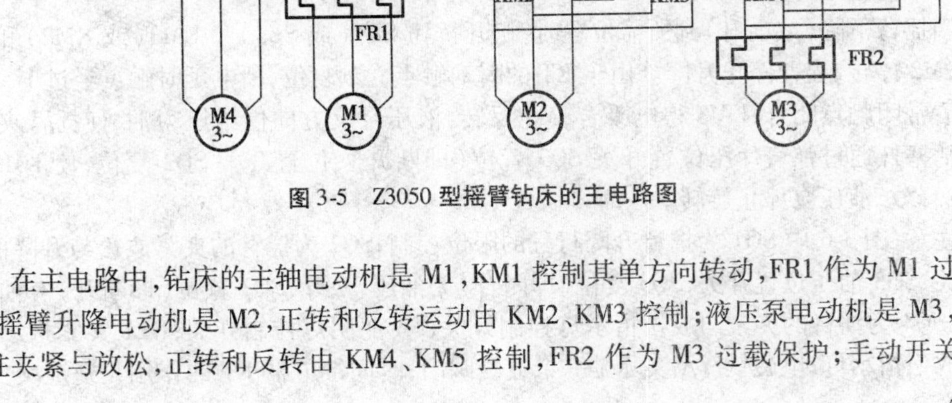

图 3-5　Z3050 型摇臂钻床的主电路图

在主电路中,钻床的主轴电动机是 M1,KM1 控制其单方向转动,FR1 作为 M1 过载保护;摇臂升降电动机是 M2,正转和反转运动由 KM2、KM3 控制;液压泵电动机是 M3,用于立柱夹紧与放松,正转和反转由 KM4、KM5 控制,FR2 作为 M3 过载保护;手动开关 QS2

控制冷却泵电动机 M4;电路中 QS1 为电源总开关;FU1 为总熔断器,同时作为 M1 、M4 的短路保护;FU2 为 M2 、M3 和变压器 TC 一次侧的短路保护。

二、控制电路分析

Z3050 型摇臂钻床的控制电路图,如图 3-6 所示。

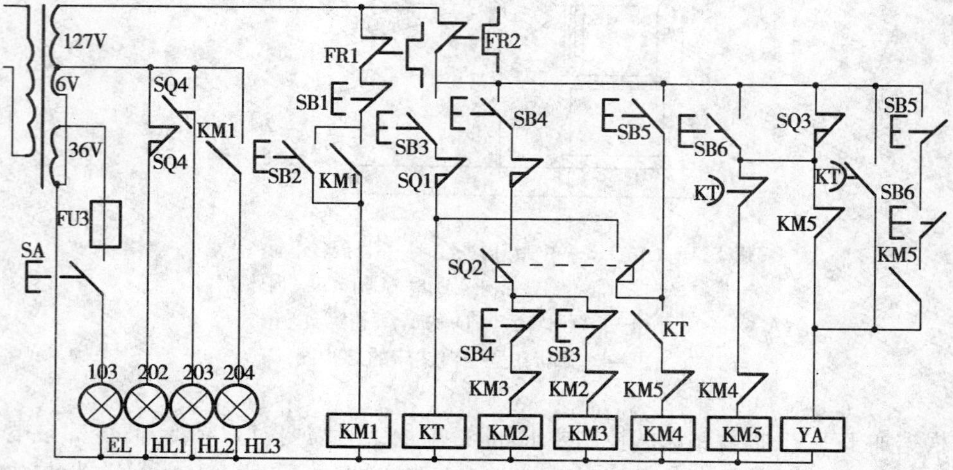

图 3-6 Z3050 型摇臂钻床的控制电路图

(一)主轴电动机 M1 的控制

具体操作:合上开关 QS1,按启动按钮 SB2,KM1 线圈吸合并连锁,M1 启动运转,指示灯 HL3 亮。按下 SB1, KM1 释放,M1 停转,HL3 熄灭。

(二)摇臂的升降控制

具体操作:按摇臂下降(或上升)按钮 SB4(或 SB3),时间继电器 KT 吸合。由于选用的时间继电器有瞬动触点和断电延时触点,故通电瞬间的常开触点和常闭触点同时动作。电磁铁 YA 和接触器 KM4 同时吸合,液压泵电动机 M3 旋转,供给压力油,压力油经二位六通阀进入摇臂松开油腔,推动活塞和菱形块,使摇臂松开。摇臂松开后,活塞通过弹簧片使位置开关 SQ3 复位(即闭合),并压位置开关 SQ2,使 KM4 释放,而使 KM3(或 KM2)吸合,M3 停转,升降电动机 M2 运转,带动摇臂下降(或上升)。

当摇臂下降(或上升)到所需位置时,松开按钮 SB4(或 SB3) , KM3(或 KM2)和 KT 释放,M2 停转,摇臂停止升降。由于 KT 的瞬动触点立刻复位,断电延时触点经过 1 ~ 3 s 延时后常闭触点闭合,KM5 得电吸合,M3 反转,液压泵反方向供给压力油,使摇臂夹紧,同时活塞杆通过弹簧片压位置开关 SQ3 置位(即断开),位置开关 SQ2 复位,使 KM5 和 YA 都释放,液压泵停止旋转。

注意:图 3-6 中 SQ1 为摇臂升降行程的限位控制;SQ2 为摇臂的夹紧放松与升降的转换开关;SQ3 油压位置开关,SQ3 复位(即闭合)无油压、松开,SQ3 置位(即断开)有油压、夹紧;SQ4 为摇臂的夹紧与放松指示灯控制开关;SA 照明灯控制开关;HL1 夹紧指示灯、HL2 放松指示灯;电磁铁 YA 实际是一个电磁阀门;时间继电器 KT 的作用是适应突然松开按钮 SB3（或 SB4）到摇臂升降之间的惯性时间。

（三）立柱和主轴箱的松开或夹紧控制

按松开按钮 SB5（或夹紧按钮 SB6），接触器 KM4（或 KM5））吸合，液压泵电机 M3 运转，供给压力油，使立柱和主轴箱分别松开（或夹紧）。

（四）冷却泵电动机的控制

手动开关 QS2 控制冷却泵电动机 M4。

小　结

卧式车床是机械加工中应用最广泛的一种机床，C650 型卧式机床主要由进给箱、挂轮箱、主轴变速箱、溜板与刀架、溜板箱、尾架、丝杠、光杠、床身等部分组成。其主电路共有 3 台电动机组成，包括主轴电动机、冷却泵电动机和快进电动机。主轴电动机 M1 通过接触器 KM1、KM2、KM3 控制，保证电动机的正转、反转、点动和快速制动。控制电路包括主轴电动机的控制、刀架快进控制、冷却泵电动机的控制。

摇臂钻床也是机械制造业中广泛使用的机床，适于机械加工部门对各类零件进行钻孔、扩孔、铰孔、攻螺纹及修刮端面等多种形式的加工，是通用性较好的通用机床。Z3050 摇臂钻床的主要结构：主要由底座、内立柱、外立柱、摇臂、主轴箱及工作台等部分组成。其主电路图则由四台电动机组成。控制电路包括：主轴电动机 M1 的控制、摇臂的升降控制、立柱和主轴箱的松开或夹紧控制、冷却泵电动机的控制。

习　题

3-1　分析 M7130 型卧轴矩台平面磨床电气控制电路，磨床的外形图如图 3-7（a）所示、电路如图 3-7（b）所示。

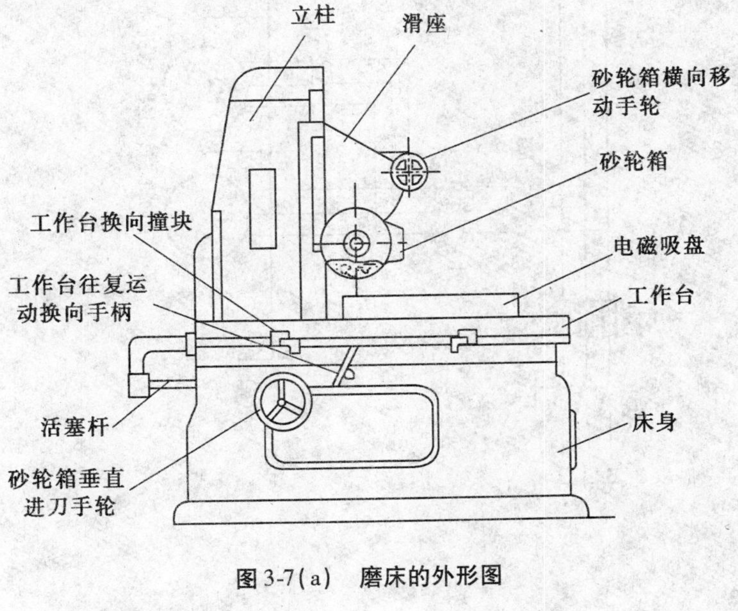

图 3-7（a）　磨床的外形图

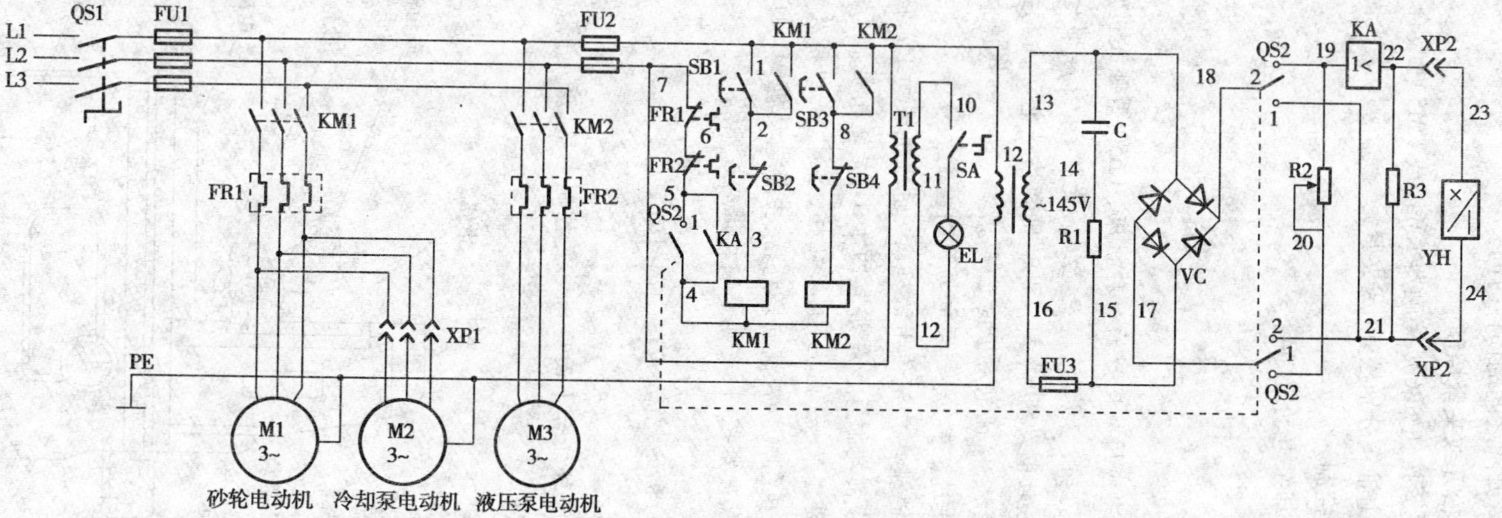

图3-7(b) M7130型卧铺矩台平面磨床控制线路

3-2 分析 X62W 型万能卧式铣床电气控制电路。铣床结构图如图 3-8(a)所示、电路如图 3-8(b)所示。

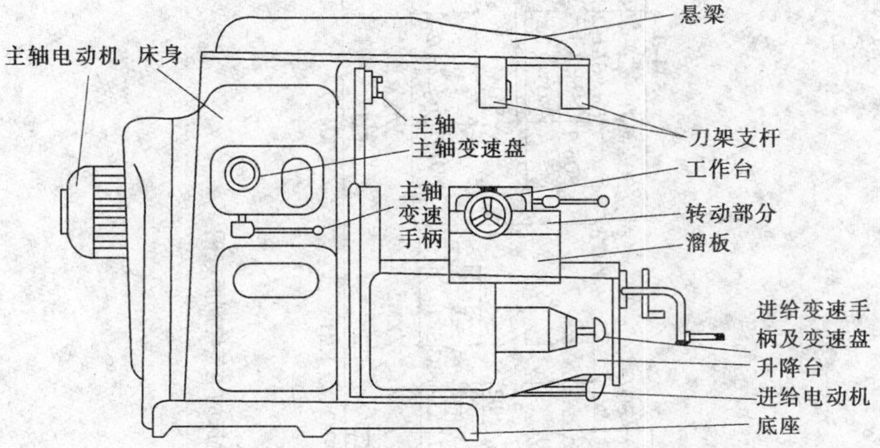

图 3-8(a) X62W 万能卧式铣床结构示意图

3-3 设计 CM6132 型车床电气控制线路。

CM6132 型车床主要由 3 台电动机组成,它们分别是:主轴电动机 M1、冷却泵电动机 M2、液压启动电动机 M3。其设计任务如下:

(1)设计要求:①M1 ~ M3 均采用直接启动;②主轴电动机 M1 具有正、反向运行功能,并可以实施反接制动;③转换开关 SA1 为 M1 启动、停止控制和正、反转控制的开关;④冷却泵电动机 M2 由转换开关 SA2 进行控制;⑤只有 M1 启动后,M2 才能启动;⑥液压启动电动机 M3 由中间继电器 KA 进行控制;⑦电动机 M2、M3 具有短路保护功能,整个线路具有短路保护、过载保护功能;⑧正反转时要具备“互锁”功能;⑨信号灯 HL1 为电源显示,电压为 220V;⑩HL2 为主轴变速显示,变速完成 SQ1、SQ2 压合,灯 HL2 亮,电压为 220V;⑪通过 SA3 控制照明灯 HL3,电压为 220V。

(2)思考:①列出转换开关 SA1 的动作表;②CM6132 型车床共有几个动作?

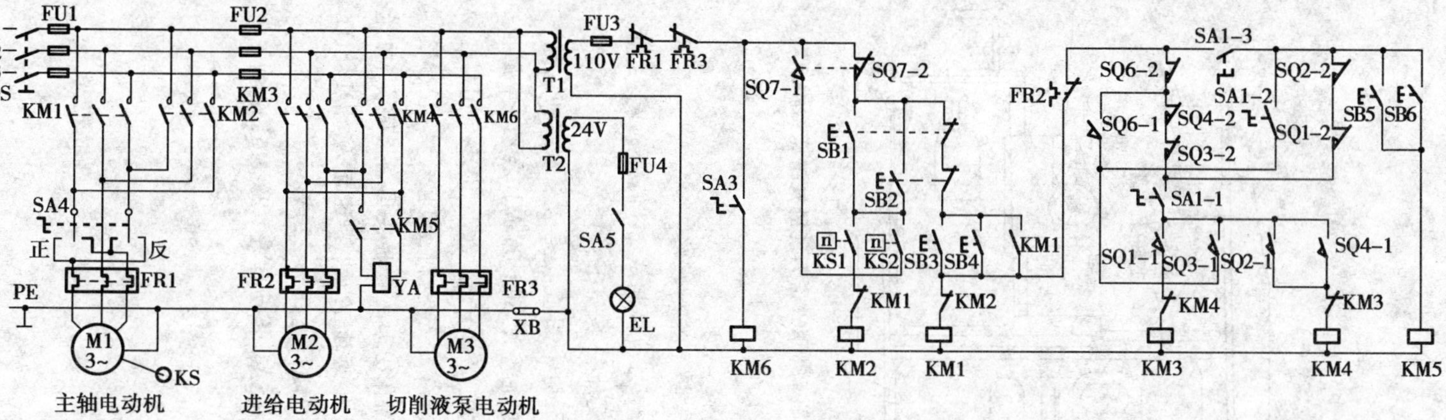

图3-8（b） X62W型万能卧式铣床的电气控制原理图

第四章 可编程控制器概述

内容提要 本章阐述了可编程控制器的产生及定义、可编程控制器的特点及应用、可编程控制器的分类和发展，着重介绍了可编程控制器的基本组成和工作原理及主要性能指标。

课程重点 可编程控制器的基本组成和工作原理及主要性能指标。

课程难点 可编程控制器的工作原理。

教学目标 重点掌握可编程控制器的定义、基本组成和工作原理；了解可编程控制器的特点及应用、可编程控制器的分类。

第一节 可编程控制器的产生及定义

一、可编程控制器的产生

在20世纪60年代，汽车生产流水线的自动控制系统基本上都是由继电器控制装置构成的。当时汽车的每一次改型都直接导致继电器控制装置的重新设计和安装。随着生产的发展，汽车型号更新的周期愈来愈短，这样，继电器控制装置就需要经常地重新设计和安装，十分费时、费工、费料，甚至阻碍了更新周期的缩短。为了改变这一现状，美国通用汽车公司在1969年公开招标，要求用新的控制装置取代继电器控制装置，并提出了10项招标指标，即：

(1)编程方便，现场可修改程序；

(2)维修方便，采用模块化结构；

(3)可靠性高于继电器控制装置；

(4)体积小于继电器控制装置；

(5)数据可直接送入管理计算机；

(6)成本可与继电器控制装置竞争；

(7)输入可以是交流115V；

(8)输出为交流115V、2A以上，能直接驱动电磁阀、接触器等；

(9)在扩展时，原系统只要很小变更；

(10)用户程序存储器容量至少能扩展到4K。

1969年，美国数字设备公司(DEC)研制出第一台PLC，在美国通用汽车自动装配线上试用，获得了成功。这种新型的工业控制装置以其简单易懂、操作方便、可靠性高、通用灵活、体积小、使用寿命长等一系列优点，很快地在美国其他工业领域推广应用；到1971年，已经成功地应用于食品，饮料，冶金，造纸等工业。这一新型工业控制装置的出现，也受到了世界其他国家的高度重视。1971 年,日本从美国引进了这项新技术,并很快研制出了日本第一台 PLC;1973 年,西欧国家也研制出它们的第一台 PLC;我国从 1974 年开始研制,于 1977 年开始工业应用。

二、可编程控制器概念

PLC 问世以来,尽管时间不长,但发展迅速。为了使其生产和发展标准化,国际电工委员会(IEC)先后颁布了 PLC 标准的草案第一稿和第二稿,并在 1987 年 2 月通过了对它的定义:“可编程控制器是一种数字运算操作的电子系统,专为在工业环境应用而设计的。它采用一类可编程的存储器,用于其内部存储程序,执行逻辑运算、顺序控制、定时、计数与算术操作等面向用户的指令,并通过数字或模拟式输入/输出控制各种类型的机械或生产过程。可编程控制器及其有关外部设备,都按易于与工业控制系统联成一个整体,易于扩充其功能的原则设计。”

为了避免与个人计算机 PC(Personal Computer)相混淆,所以改为 PLC(Programmable Logic Controller)即可编程逻辑控制器,但从功能上讲,现在的 PLC 早已不是原来意义上的“PLC”了。

总之,可编程控制器是一台计算机,它是专为工业环境应用而设计制造的计算机。可编程控制器具有丰富的输入、输出接口,并且具有较强的驱动能力,但它的产品并不针对某一具体工业应用,在实际应用时,其硬件需根据实际需要进行选用配置,其软件需根据控制要求进行设计编制。

第二节　可编程控制器的特点及应用

一、可编程控制器的特点

PLC 技术之所以高速发展,除了工业自动化的客观需要外,主要是因为它具有许多独特的优点,并且较好地解决了工业领域中普遍关心的可靠、安全、灵活、方便、经济等问题。PLC 主要有以下特点。

(一)可靠性高、抗干扰能力强

可靠性高、抗干扰能力强是 PLC 最重要的特点之一。PLC 的平均无故障时间可达几十万个小时,之所以有这么高的可靠性,是由于它采用了一系列的硬件和软件的抗干扰措施。

1. 硬件方面

I/O 通道采用光电隔离,有效地抑制了外部干扰源对 PLC 的影响;对供电电源及线路采用多种形式的滤波,从而消除或抑制了高频干扰;对 CPU 等重要部件采用良好的导电、导磁材料进行屏蔽,以减少空间电磁干扰;对有些模块设置了连锁保护、自诊断电路等。

2. 软件方面

PLC 采用扫描工作方式,减少了由于外界环境干扰引起故障;在 PLC 系统程序中设有故障检测和自诊断程序,能对系统硬件电路等故障实现检测和判断;当由外界干扰引起故障时,能立即将当前重要信息加以封存,禁止任何不稳定的读写操作,一旦外界环境正常后,便可恢复到故障发生前的状态,继续原来的工作。

(二)编程简单、使用方便

目前,大多数 PLC 采用的编程语言是梯形图语言,它是一种面向生产、面向用户的编程语言。梯形图与电器控制线路图相似,形象、直观,不需要掌握计算机知识,很容易让广大工程技术人员掌握。当生产流程需要改变时,可以现场改变程序,使用方便、灵活。同时,PLC 编程器的操作和使用也很简单,这也是 PLC 获得普及和推广的主要原因之一。

许多 PLC 还针对具体问题,设计了各种专用编程指令及编程方法,进一步简化了编程。

(三)功能完善、通用性强

现代 PLC 不仅具有逻辑运算、定时、计数、顺序控制等功能,而且还具有 A/D 和 D/A 转换、数值运算、数据处理、PID 控制、通信联网等许多功能。同时,由于 PLC 产品的系列化、模块化,有品种齐全的各种硬件装置供用户选用,可以组成满足各种要求的控制系统。

(四)设计安装简单、维护方便

由于 PLC 用软件代替了传统电气控制系统的硬件,控制柜的设计、安装接线工作量大为减少。PLC 的用户程序大部分可在实验室进行模拟调试,缩短了应用设计和调试周期。在维修方面,由于 PLC 的故障率极低、维修工作量很小,而且 PLC 具有很强的自诊断功能,如果出现故障,可根据 PLC 上指示或编程器上提供的故障信息,迅速查明原因,这样维修极为方便。

(五)体积小、重量轻、能耗低

由于 PLC 采用了集成电路,其结构紧凑、体积小、能耗低,因而是实现机电一体化的理想控制设备。

二、可编程控制器的应用领域

目前,在国内外 PLC 已广泛应用冶金、石油、化工、建材、机械制造、电力、汽车、轻工、环保及文化娱乐等各行各业,随着 PLC 性能价格比的不断提高,其应用领域不断扩大。从应用类型看,PLC 的应用大致可归纳为以下几个方面。

(一)开关量逻辑控制

利用 PLC 最基本的逻辑运算、定时、计数等功能实现逻辑控制,可以取代传统的继电器控制,用于单机控制、多机群控制、生产自动线控制等,例如:机床、注塑机、印刷机械、装配生产线、电镀流水线及电梯的控制等。这是 PLC 最基本的应用,也是 PLC 最广泛的应用领域。

(二)运动控制

大多数 PLC 都有拖动步进电机或伺服电机的单轴或多轴位置控制模块。这一功能广泛用于各种机械设备,如对各种机床、装配机械、机器人等进行运动控制。

（三）过程控制

大、中型 PLC 都具有多路模拟量 I/O 模块和 PID 控制功能，有的小型 PLC 也具有模拟量输入输出。所以 PLC 可实现模拟量控制，而且具有 PID 控制功能的 PLC 可构成闭环控制，用于过程控制。这一功能已广泛用于锅炉、反应堆、水处理、酿酒以及闭环位置控制和速度控制等方面。

（四）数据处理

现代的 PLC 都具有数学运算、数据传送、转换、排序和查表等功能，可进行数据的采集、分析和处理，同时可通过通信接口将这些数据传送给其他智能装置，如计算机数值控制（CNC）设备，进行处理。

（五）通信联网

PLC 的通信包括 PLC 与 PLC、PLC 与上位计算机、PLC 与其他智能设备之间的通信，PLC 系统与通用计算机可直接或通过通信处理单元、通信转换单元相连构成网络，以实现信息的交换，并可构成“集中管理、分散控制”的多级分布式控制系统，满足工厂自动化（FA）系统发展的需要。

第三节　可编程控制器的分类和发展

一、可编程控制器的分类

PLC 产品种类繁多，其规格和性能也各不相同。对 PLC 的分类，通常根据其结构形式的不同、功能的差异和 I/O 点数的多少等进行大致分类。

（一）按结构形式分类

根据 PLC 的结构形式，可将 PLC 分为整体式和模块式两类。

1. 整体式 PLC

整体式 PLC 是将电源、CPU、I/O 接口等部件都集中装在一个机箱内，具有结构紧凑、体积小、价格低的特点，小型 PLC 一般采用这种整体式结构。整体式 PLC 由不同 I/O 点数的基本单元（又称主机）和扩展单元组成。基本单元内有 CPU、I/O 接口、与 I/O 扩展单元相连的扩展口，以及与编程器或 EPROM 写入器相连的接口等。扩展单元内只有 I/O 和电源等，没有 CPU。基本单元和扩展单元之间一般用扁平电缆连接。整体式 PLC 一般还可配备特殊功能单元，如模拟量单元、位置控制单元等，使其功能得以扩展。

2. 模块式 PLC

模块式 PLC 是将 PLC 各组成部分，分别作成若干个单独的模块，如 CPU 模块、I/O 模块、电源模块（有的含在 CPU 模块中）以及各种功能模块。模块式 PLC 由框架或基板和各种模块组成。模块装在框架或基板的插座上。这种模块式 PLC 的特点是配置灵活，可根据需要选配不同规模的系统，而且装配方便，便于扩展和维修。大、中型 PLC 一般采用模块式结构。

还有一些 PLC 将整体式和模块式的特点结合起来，构成所谓叠装式 PLC。叠装式 PLC 其 CPU、电源、I/O 接口等也是各自独立的模块，但它们之间是靠电缆进行连接，并且各模块可以一层层地叠装。这样,不但系统可以灵活配置,还可做得体积小巧。

(二)按功能分类

根据 PLC 所具有的功能不同,可将 PLC 分为低档、中档、高档三类。

1. 低档 PLC

低档 PLC 具有逻辑运算、定时、计数、移位以及自诊断、监控等基本功能,还可有少量模拟量输入/输出、算术运算、数据传送和比较、通信等功能;主要用于逻辑控制、顺序控制或少量模拟量控制的单机控制系统。

2. 中档 PLC

中档 PLC 除具有低档 PLC 的功能外,还具有较强的模拟量输入/输出、算术运算、数据传送和比较、数制转换、远程 I/O、子程序、通信联网等功能;有些还可增设中断控制、PID 控制等功能,适用于复杂控制系统。

3. 高档 PLC

高档 PLC 除具有中档机的功能外,还增加了带符号算术运算、矩阵运算、位逻辑运算、平方根运算及其他特殊功能函数的运算、制表及表格传送功能等。高档 PLC 机具有更强的通信联网功能,可用于大规模过程控制或构成分布式网络控制系统,实现工厂自动化。

(三)按 I/O 点数分类

根据 PLC 的 I/O 点数的多少,可将 PLC 分为小型、中型和大型三类。

1. 小型 PLC

I/O 点数为 256 点以下的为小型 PLC。其中,I/O 点数小于 64 点的为超小型或微型 PLC。

2. 中型 PLC

I/O 点数为 256 点以上、2048 点以下的为中型 PLC。

3. 大型 PLC

I/O 点数为 2048 以上的为大型 PLC。其中,I/O 点数超过 8192 点的为超大型 PLC。

在实际中,一般 PLC 功能的强弱与其 I/O 点数的多少是相互关联的,即 PLC 的功能越强,其可配置的 I/O 点数越多。因此,通常我们所说的小型、中型、大型 PLC,除指其 I/O 点数不同外,同时也表示其对应功能为低档、中档、高档。

二、可编程控制器的发展

1969 年美国数字设备公司(DEC)根据美国通用汽车公司的这种要求,成功研制了世界上第一台可编程控制器,并在通用汽车公司的自动装配线上试用,取得很好的效果。从此这项技术迅速发展起来。PLC 的发展大体上可分为 3 个阶段。

(一)形成期(1970~1974 年)

在这一期间 PLC 以准计算的面貌与用户见面。在软件上采用机器码和汇编语言编写应用程序,在硬件上采用中小规模集成电路构成系统。其功能仅限于开关逻辑控制,且价格昂贵,只在一些大型生产设备和自动生产线上使用。

（二）成熟期（1974～1978年）

在这一时期，一方面随着大规模集成电路的出现，出现了以微处理器为核心的新一代PLC；另一方面采用了梯形图语言，通俗易懂。由此称为PLC，且技术也日趋完善。

（三）大发展时期（1978年至今）

由于PLC技术的发展始终保持两个特点：一是继承继电器控制系统的特点；二是应用了计算机技术。所以随着PLC应用的扩大，全面促进了PLC的生产和研究，产品的品种也越来越多，需求量也越来越大，而且很受欢迎，PLC也成为工业控制领域中占主导地位的基础自动化设备，已形成为国家的重要产业。据不完全统计，世界PLC总销售额1987年为25亿美元，1988年为31亿美元，比前一年增长24%；1989年为36亿美元，比上一年增长16%。而且新的生产家不断涌现，产量产值大幅度增加，价格也普遍下降。

第四节　可编程控制器的基本组成和工作原理

一、PLC的硬件组成

PLC是微机技术和控制技术相结合的产物，是一种以微处理器为核心的用于控制的特殊计算机，因此PLC的基本组成与一般的微机系统类似。PLC的硬件主要由中央处理器（CPU）、存储器、输入单元、输出单元、通信接口、扩展接口电源等部分组成。其中，CPU是PLC的核心，输入单元与输出单元是连接现场输入/输出设备与CPU之间的接口电路，通信接口用于与编程器、上位计算机等外设连接。其组成框图如图4-1所示。

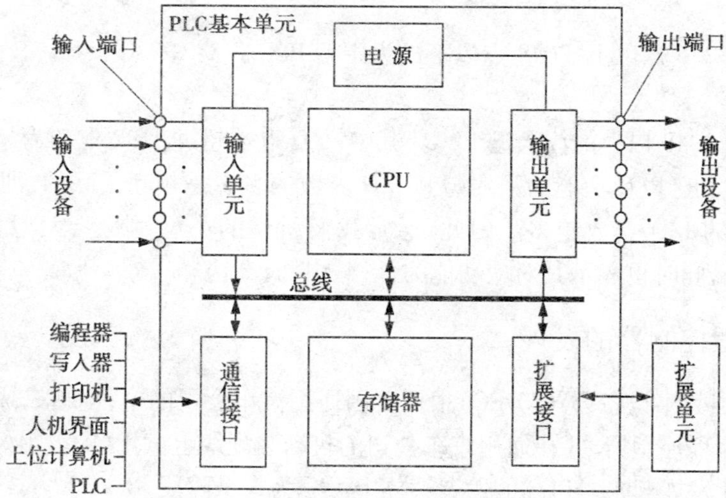

图4-1　PLC组成框图

下面对PLC主要组成各部分进行简单介绍。

（一）中央处理单元（CPU）

同一般的微机一样，CPU 是 PLC 的核心。PLC 中所配置的 CPU 随机型不同而不同，常用 CPU 有三类：通用微处理器（如 Z80、8086、80286 等）、单片微处理器（如 8031、8096 等）和位片式微处理器（如 AMD29W 等）。小型 PLC 大多采用 8 位通用微处理器和单片微处理器；中型 PLC 大多采用 16 位通用微处理器或单片微处理器；大型 PLC 大多采用高速位片式微处理器。

目前，小型 PLC 为单 CPU 系统，而中、大型 PLC 则大多为双 CPU 系统，甚至有些 PLC 中多达 8 个 CPU。对于双 CPU 系统，一般一个为字处理器，一般采用 8 位或 16 位处理器；另一个为位处理器，采用由各厂家设计制造的专用芯片。字处理器为主处理器，用于执行编程器接口功能，监视内部定时器，监视扫描时间，处理字节指令以及对系统总线和位处理器进行控制等。位处理器为从处理器，主要用于处理位操作指令和实现 PLC 编程语言向机器语言的转换。位处理器的采用，提高了 PLC 的速度，使 PLC 更好地满足实时控制要求。

在 PLC 中 CPU 按系统程序赋予的功能，指挥 PLC 有条不紊地进行工作，归纳起来主要有以下几个方面：

（1）接收从编程器输入的用户程序和数据。

（2）诊断电源、PLC 内部电路的工作故障和编程中的语法错误等。

（3）通过输入接口接收现场的状态或数据，并存入输入映像寄存器或数据寄存器中。

（4）从存储器逐条读取用户程序，经过解释后执行。

（5）根据执行的结果，更新有关标志位的状态和输出映像寄存器的内容，通过输出单元实现输出控制。有些 PLC 还具有制表打印或数据通信等功能。

（二）存储器

存储器主要有两种：一种是可读/写操作的随机存储器 RAM；另一种是只读存储器 ROM、PROM、EPROM 和 EEPROM。在 PLC 中，存储器主要用于存放系统程序、用户程序及工作数据。

（三）输入/输出单元

输入/输出单元通常也称 I/O 单元或 I/O 模块，是 PLC 与工业生产现场之间的连接部件。PLC 通过输入接口可以检测被控对象的各种数据，以这些数据作为 PLC 对被控制对象进行控制的依据；同时 PLC 又通过输出接口将处理结果送给被控制对象，以实现控制目的。

由于外部输入设备和输出设备所需的信号电平是多种多样的，而 PLC 内部 CPU 的处理的信息只能是标准电平，所以 I/O 接口要实现这种转换。I/O 接口一般都具有光电隔离和滤波功能，以提高 PLC 的抗干扰能力。另外，I/O 接口上通常还有状态指示，工作状况直观，便于维护。

PLC 提供了多种操作电平和驱动能力的 I/O 接口，有各种各样功能的 I/O 接口供用户选用。I/O 接口的主要类型有：数字量（开关量）输入、数字量（开关量）输出、模拟量输入、模拟量输出等。

常用的开关量输入接口按其使用的电源不同有三种类型：直流输入接口、交流输入接口和交/直流输入接口。其基本原理电路如图 4-2 所示。

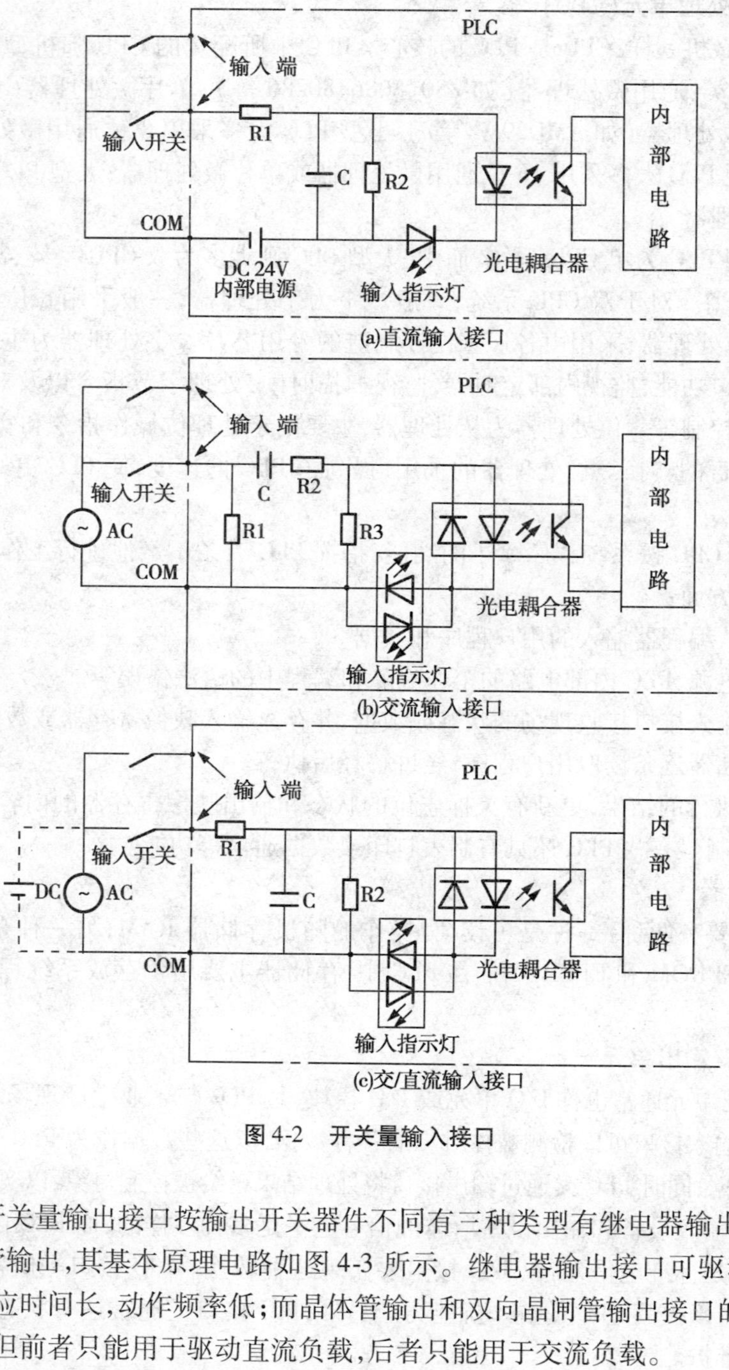

图 4-2　开关量输入接口

常用的开关量输出接口按输出开关器件不同有三种类型有继电器输出、晶体管输出和双向晶闸管输出，其基本原理电路如图 4-3 所示。继电器输出接口可驱动交流或直流负载，但其响应时间长，动作频率低；而晶体管输出和双向晶闸管输出接口的响应速度快，动作频率高，但前者只能用于驱动直流负载，后者只能用于交流负载。

PLC 的 I/O 接口所能接受的输入信号个数和输出信号个数称为 PLC 输入/输出(I/O)点数。I/O 点数是选择 PLC 的重要依据之一。当系统的 I/O 点数不够时，可通过 PLC 的 I/O 扩展接口对系统进行扩展。

(四)编程装置

编程装置的作用是编辑、调试、输入用户程序，也可在线监控 PLC 内部状态和参数，

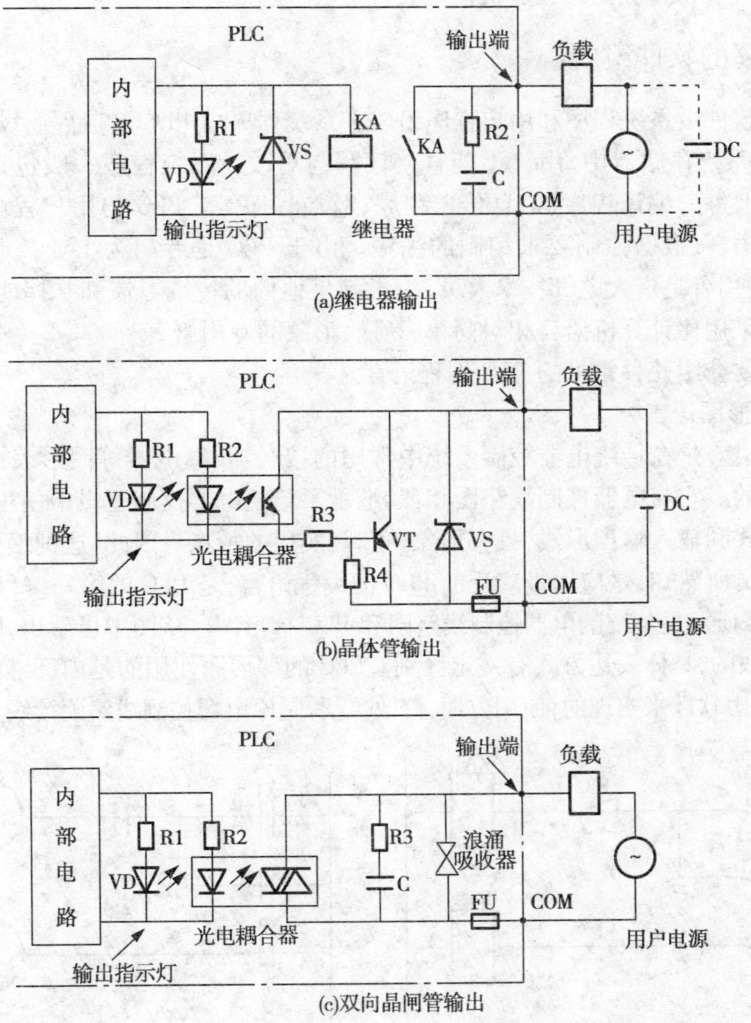

图 4-3　开关量输出接口

与 PLC 进行人机对话。它是开发、应用、维护 PLC 不可缺少的工具。编程装置可以是专用编程器，也可以是配有专用编程软件包的通用计算机系统。专用编程器是由 PLC 厂家生产，专供该厂家生产的某些 PLC 产品使用，主要由键盘、显示器和外存储器接插口等部件组成。专用编程器有简易编程器和智能编程器两类。

(五) 电源

PLC 配有开关电源，以供内部电路使用。与普通电源相比，PLC 电源的稳定性好、抗干扰能力强。对电网提供的电源稳定度要求不高，一般允许电源电压在其额定值 ±15% 的范围内波动。许多 PLC 还向外提供直流 24V 稳压电源，用于对外部传感器供电。

(六) 其他外部设备

除了以上所述的部件和设备外，PLC 还有许多外部设备，如 EPROM 写入器、通信接口、智能接口模块、外存储器、人/机接口装置等。

二、PLC 的软件组成

PLC 的软件由系统程序和用户程序组成。系统程序由 PLC 制造厂商设计编写的,并存入 PLC 的系统存储器中,用户不能直接读写与更改。系统程序一般包括系统诊断程序、输入处理程序、编译程序、信息传送程序、监控程序等。PLC 的用户程序是用户利用 PLC 的编程语言,根据控制要求编制的程序。由于 PLC 是专门为工业控制而开发的装置,其主要使用者是广大电气技术人员,为了满足他们的传统习惯和掌握能力,PLC 的主要编程语言采用比计算机语言相对简单、易懂、形象的专用语言。

以下简要介绍几种常见的 PLC 编程语言。

(一)梯形图语言

梯形图语言是在传统电器控制系统中常用的接触器、继电器等图形表达符号的基础上演变而来的。它与电器控制线路图相似,继承了传统电器控制逻辑中使用的框架结构、逻辑运算方式和输入输出形式,具有形象、直观、实用的特点。因此,这种编程语言为广大电气技术人员所熟知,是应用最广泛的 PLC 的编程语言,是 PLC 的第一编程语言。

如图 4-4 所示是传统的电器控制线路图和 PLC 梯形图。从图中可看出,两种图基本表示思想是一致的,具体表达方式有一定区别。PLC 的梯形图使用的是内部继电器,定时/计数器等,都是由软件来实现的,使用方便,修改灵活,是原电器控制线路硬接线无法比拟的。

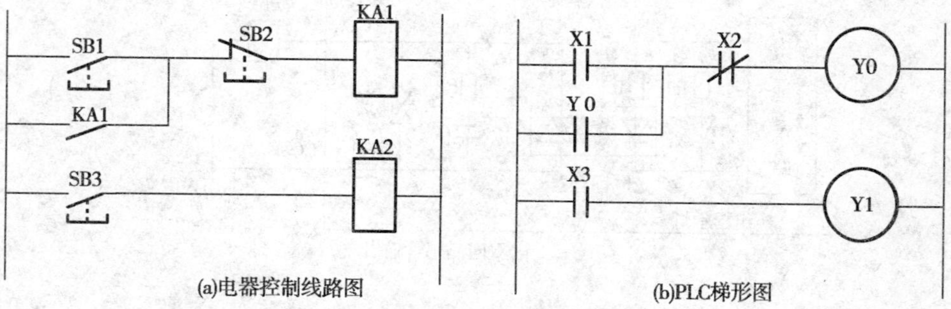

图 4-4 电器控制线路图与梯形图

(二)指令表语言

这种编程语言是一种与汇编语言类似的助记符编程表达方式。在 PLC 应用中,经常采用简易编程器,而这种编程器中没有 CRT 屏幕显示,或没有较大的液晶屏幕显示。因此,就用一系列 PLC 操作命令组成的语句表将梯形图描述出来,再通过简易编程器输入到 PLC 中。虽然各个 PLC 生产厂家的语句表形式不尽相同,但基本功能相差无几。以下是与图 4-4 中梯形图对应的(FX 系列 PLC)语句表程序。

步序号	指令	数据
0	LD	X1
1	OR	Y0

2	ANI	X2
3	OUT	Y0
4	LD	X3
5	OUT	Y1

从上可以看出,语句是语句表程序的基本单元,每个语句和微机一样也由地址(步序号)、操作码(指令)和操作数(数据)三部分组成。

(三)功能块图语言

功能块图是一种类似于数字逻辑电路结构的编程语言,由与门、或门、非门、定时器、计数器、触发器等逻辑符号组成。有数字电路基础的电气技术人员较容易掌握,如图4-5所示。

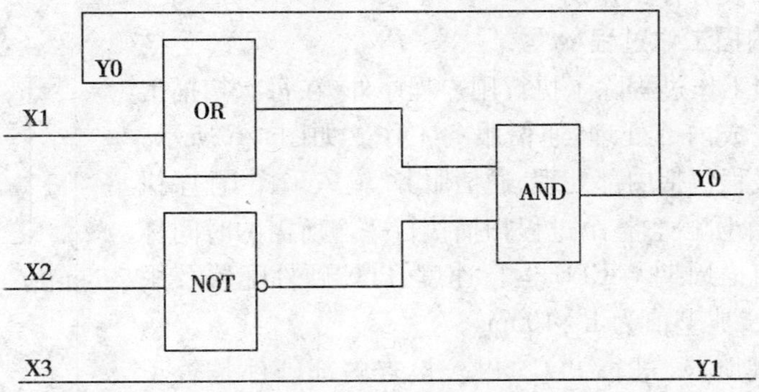

图4-5 逻辑图语言编程

(四)顺序功能图语言

顺序功能图语言(SFC语言)是一种较新的编程方法,又称状态转移图语言。它将一个完整的控制过程分为若干阶段,各阶段具有不同的动作,阶段间有一定的转换条件,转换条件满足就实现阶段转移,上一阶段动作结束,下一阶段动作开始。它是用功能表图的方式来表达一个控制过程,对于顺序控制系统特别适用。

(五)结构文本语言

随着PLC技术的发展,为了增强PLC的运算、数据处理及通信等功能,以上编程语言无法很好地满足要求。近年来推出的PLC,尤其是大型PLC,大都可用结构文本语言或高级语言,如BASIC语言、C语言、PASCAL语言等进行编程。采用高级语言后,用户可以像使用普通微型计算机一样操作PLC,使PLC的各种功能得到更好的发挥。

三、PLC的工作原理

(一)扫描工作原理

当PLC运行时,是通过执行反映控制要求的用户程序来完成控制任务的,需要执行众多的操作,但 CPU 不可能同时去执行多个操作,它只能按分时操作(串行工作)方式,每一次执行一个操作,按顺序逐个执行。由于 CPU 的运算处理速度很快,所以从宏观上来看,PLC 外部出现的结果似乎是同时(并行)完成的。这种串行工作过程称为 PLC 的扫描工作方式。

用扫描工作方式执行用户程序时,扫描是从第一条程序开始,在无中断或跳转控制的情况下,按程序存储顺序的先后,逐条执行用户程序,直到程序结束。然后,再从头开始扫描执行,周而复始重复运行。

PLC 的扫描工作方式与电器控制的工作原理明显不同。电器控制装置采用硬逻辑的并行工作方式,如果某个继电器的线圈通电或断电,那么该继电器的所有常开和常闭触点不论处在控制线路的哪个位置上,都会立即同时动作;而 PLC 采用扫描工作方式(串行工作方式),如果某个软继电器的线圈被接通或断开,其所有的触点不会立即动作,必须等扫描到该触点时才会动作。但由于 PLC 的扫描速度快,通常 PLC 与电器控制装置在 I/O 的处理结果上并没有什么差别。

(二)PLC 扫描工作过程

PLC 的扫描工作过程除了执行用户程序外,在每次扫描工作过程中还要完成内部处理、通信服务工作。如图 4-6 所示,整个扫描工作过程包括内部处理、通信服务、输入采样、程序执行、输出刷新五个阶段。整个过程扫描执行一遍所需的时间称为扫描周期。扫描周期与 CPU 运行速度、PLC 硬件配置及用户程序长短有关,典型值为 1 ~ 100ms。

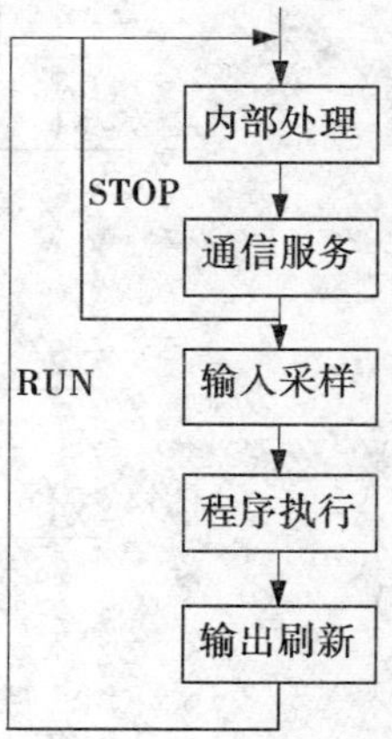

图 4-6　扫描过程示意图

在内部处理阶段,进行 PLC 自检,检查内部硬件是否正常,对监视定时器(WDT)复位以及完成其他一些内部处理工作。

在通信服务阶段,PLC 与其他智能装置实现通信,响应编程器键入的命令,更新编程器的显示内容等。

当 PLC 处于停止(STOP)状态时,只完成内部处理和通信服务工作。当 PLC 处于运行(RUN)状态时,除完成内部处理和通信服务工作外,还要完成输入采样、程序执行、输出刷新工作。

PLC 的扫描工作方式简单直观,便于程序的设计,并为可靠运行提供了保障。当 PLC 扫描到的指令被执行后,其结果马上就被后面将要扫描到的指令所利用,而且还可通过 CPU 内部设置的监视定时器来监视每次扫描是否超过规定时间,避免由于 CPU 内部故障使程序执行进入死循环。

(三)PLC 执行程序的过程及特点

PLC 执行程序的过程分为三个阶段,即输入采样阶段、程序执行阶段、输出刷新阶段,如图 4-7 所示。

1. 输入采样阶段

在输入采样阶段,PLC 以扫描工作方式按顺序对所有输入端的输入状态进行采样,并存入输入映像寄存器中,此时输入映像寄存器被刷新。接着进入程序处理阶段,在程序执

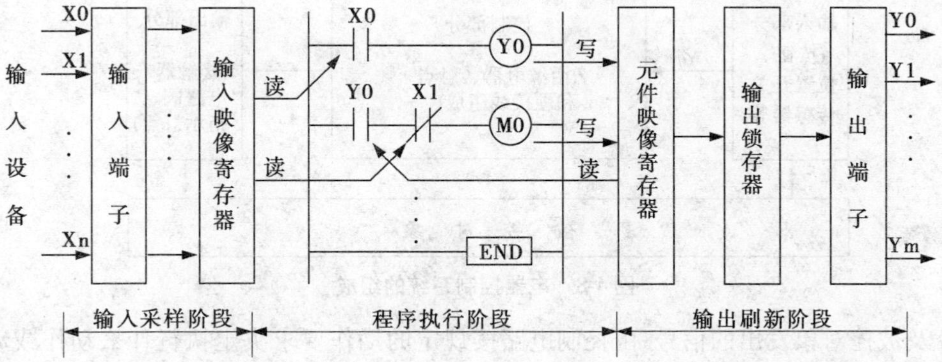

图 4-7　PLC 执行程序过程示意图

行阶段或其他阶段，即使输入状态发生变化，输入映像寄存器的内容也不会改变，输入状态的变化只有在下一个扫描周期的输入处理阶段才能被采样到。

2. 程序执行阶段

在程序执行阶段，PLC 对程序按顺序进行扫描执行。若程序用梯形图来表示，则总是按先上后下、先左后右的顺序进行。当遇到程序跳转指令时，则根据跳转条件是否满足来决定程序是否跳转。当指令中涉及到输入、输出状态时，PLC 从输入映像寄存器和元件映像寄存器中读出，根据用户程序进行运算，运算的结果再存入元件映像寄存器中。对于元件映像寄存器来说，其内容会随程序执行的过程而变化。

3. 输出刷新阶段

当所有程序执行完毕后，进入输出处理阶段。在这一阶段里，PLC 将输出映像寄存器中与输出有关的状态（输出继电器状态）转存到输出锁存器中，并通过一定方式输出，驱动外部负载。

从上述分析可知，当 PLC 的输入端输入信号发生变化到 PLC 输出端对该输入变化作出反应，需要一段时间，这种现象称为 PLC 输入/输出响应滞后。对一般的工业控制，这种滞后是完全允许的。应该注意的是，这种响应滞后不仅是由于 PLC 扫描工作方式造成，更主要是 PLC 输入接口的滤波环节带来的输入延迟，以及输出接口中驱动器件的动作时间带来输出延迟，同时还与程序设计有关。滞后时间是设计 PLC 应用系统时应注意把握的一个参数。

四、PLC 控制系统与电器控制系统的比较

（一）电器控制系统的组成

通过第一章的学习可知，任何一个电器控制系统，都是由输入部分、输出部分和控制部分组成，如图 4-8 所示。

其中输入部分是由各种输入设备，如按钮、位置开关及传感器等组成；控制部分是按照控制要求设计的，由若干继电器及触点构成的具有一定逻辑功能的控制电路；输出部分是由各种输出设备，如接触器、电磁阀、指示灯等执行元件组成。电器控制系统是根据操

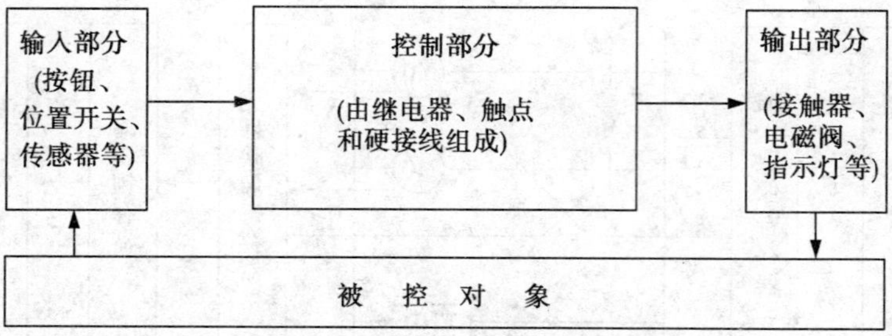

图 4-8　电器控制系统的组成

作指令及被控对象发出的信号,由控制电路按规定的动作要求决定执行什么动作或动作的顺序,然后驱动输出设备去实现各种操作。由于控制电路是采用硬接线将各种继电器及触点按一定的要求连接而成,所以接线复杂且故障点多,同时不易灵活改变。

(二) PLC 控制系统的组成

由 PLC 构成的控制系统也是由输入、输出和控制三部分组成,如图 4-9 所示。

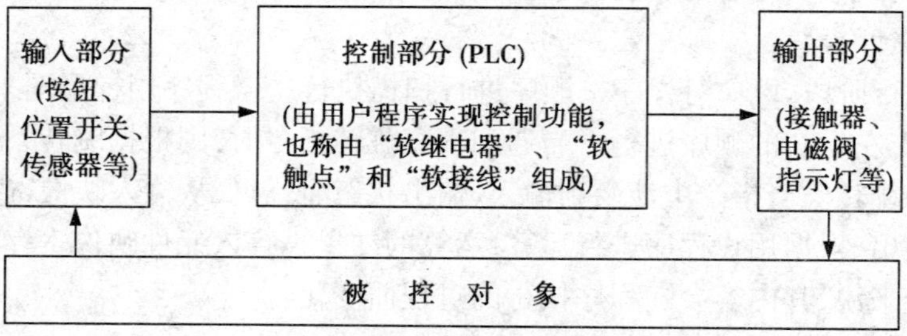

图 4-9　PLC 控制系统的组成

从图 4-9 中可以看出,PLC 控制系统的输入、输出部分和电器控制系统的输入、输出部分基本相同,但控制部分是采用"可编程"的 PLC,而不是实际的继电器线路。因此,PLC 控制系统可以方便地通过改变用户程序,以实现各种控制功能,从根本上解决了电器控制系统控制电路难以改变的问题。同时,PLC 控制系统不仅能实现逻辑运算,还具有数值运算及过程控制等复杂的控制功能。

(三) PLC 的等效电路

从上述比较可知,PLC 的用户程序(软件)代替了继电器控制电路(硬件)。因此,对于使用者来说,可以将 PLC 等效成是许许多多各种各样的"软继电器"和"软接线"的集合,而用户程序就是用"软接线"将"软继电器"及其"触点"按一定要求连接起来的"控制电路"。

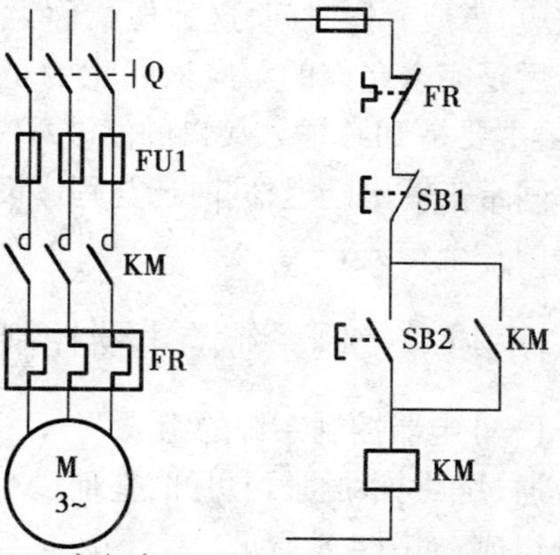

(a)主电路　(b)控制电路

图 4-10　三相异步电动机单向运行电器控制系统

为了更好地理解这种等效关系,下面通过一个例子来说明。如图 4-10 所示为三相异步电动机单向启动运行的电器控制系统。其中,由输入设备 SB1、SB2、FR 的触点构成系统的输入部分,由输出设备 KM 构成系统的输出部分。

如果用 PLC 来控制这台三相异步电动机,组成一个 PLC 控制系统,根据上述分析可知,系统主电路不变,只要将输入设备 SB1、SB2、FR 的触点与 PLC 的输入端连接,输出设备 KM 线圈与 PLC 的输出端连接,就构成 PLC 控制系统的输入、输出硬件线路。而控制部分的功能则由 PLC 的用户程序来实现,其等效电路如图 4-11 所示。

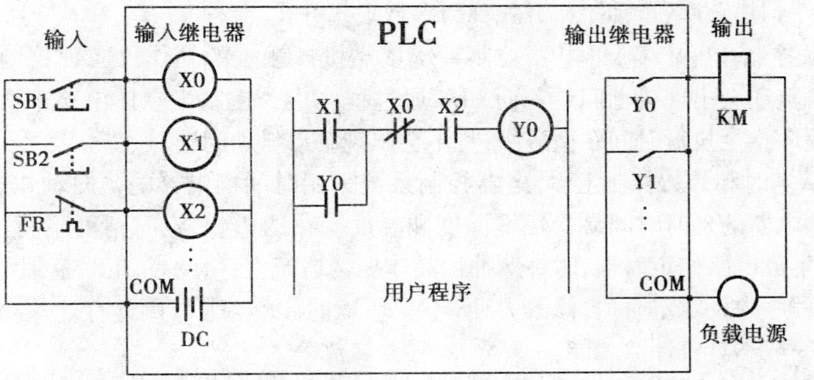

图 4-11　PLC 的等效电路

图 4-11 中,输入设备 SB1、SB2、FR 与 PLC 内部的"软继电器"X0、X1、X2 的"线圈"对应,由输入设备控制相对应的"软继电器"的状态,即通过这些"软继电器"将外部输入设备状态变成 PLC 内部的状态,这类"软继电器"称为输入继电器;同理,输出设备 KM 与 PLC 内部的"软继电器"Y0 对应,由"软继电器"Y0 状态控制对应的输出设备 KM 的状态,即通过这些"软继电器"将 PLC 内部状态输出,以控制外部输出设备,这类"软继电器"称为输出继电器。

因此,PLC 用户程序要实现的是:如何用输入继电器 X0、X1、X2 来控制输出继电器 Y0。当控制要求复杂时,程序中还要采用 PLC 内部的其他类型的"软继电器",如辅助继电器、定时器、计数器等,以达到控制要求。

要注意的是,PLC 等效电路中的继电器并不是实际的物理继电器,它实质上是存储器单元的状态。单元状态为"1",相当于继电器接通;单元状态为"0",则相当于继电器断开。因此,我们称这些继电器为"软继电器"。

(四)PLC 控制系统与电器控制系统的区别

PLC 控制系统与电器控制系统相比,有许多相似之处,也有许多不同。不同之处主要在以下几个方面:

(1)从控制方法上看,电器控制系统控制逻辑采用硬件接线,利用继电器机械触点的串联或并联等组合成控制逻辑,其连线多且复杂、体积大、功耗大,系统构成后,想再改变或增加功能较为困难。另外,继电器的触点数量有限,所以电器控制系统的灵活性和可扩展性受到很大限制。而 PLC 采用了计算机技术,其控制逻辑是以程序的方式存放在存储器中，要改变控制逻辑只需改变程序，因而很容易改变或增加系统功能。系统连线少、体积小、功耗小，而且 PLC 所谓“软继电器”实质上是存储器单元的状态，所以“软继电器”的触点数量是无限的，PLC 系统的灵活性和可扩展性好。

(2)从工作方式上看，在继电器控制电路中，当电源接通时，电路中所有继电器都处于受制约状态，即该吸合的继电器都同时吸合，不该吸合的继电器受某种条件限制而不能吸合，这种工作方式称为并行工作方式。而 PLC 的用户程序是按一定顺序循环执行，所以各软继电器都处于周期性循环扫描接通中，受同一条件制约的各个继电器的动作次序决定于程序扫描顺序，这种工作方式称为串行工作方式。

(3)从控制速度上看，继电器控制系统依靠机械触点的动作以实现控制，工作频率低，机械触点还会出现抖动问题。而 PLC 通过程序指令控制半导体电路来实现控制的，速度快，程序指令执行时间在微秒级，且不会出现触点抖动问题。

(4)从定时和计数控制上看，电器控制系统采用时间继电器的延时动作进行时间控制，时间继电器的延时时间易受环境温度和温度变化的影响，定时精度不高。而 PLC 采用半导体集成电路作定时器，时钟脉冲由晶体振荡器产生，精度高，定时范围宽，用户可根据需要在程序中设定定时值，修改方便，不受环境的影响，且 PLC 具有计数功能，而电器控制系统一般不具备计数功能。

(5)从可靠性和可维护性上看，由于电器控制系统使用了大量的机械触点，其存在机械磨损、电弧烧伤等，寿命短，系统的连线多，所以可靠性和可维护性较差。而 PLC 大量的开关动作由无触点的半导体电路来完成，其寿命长、可靠性高，PLC 还具有自诊断功能，能查出自身的故障，随时显示给操作人员，并能动态地监视控制程序的执行情况，为现场调试和维护提供了方便。

小　结

可编程控制器是一种数字运算操作的电子系统，专为在工业环境应用而设计的。它采用一类可编程的存储器，用于其内部存储程序，执行逻辑运算、顺序控制、定时、计数与算术操作等面向用户的指令，并通过数字或模拟式输入/输出控制各种类型的机械或生产过程。可编程控制器及其有关外部设备，都按易于与工业控制系统联成一个整体，易于扩充其功能的原则设计。

可编程控制器主要有以下特点：可靠性高、抗干扰能力强；编程简单、使用方便；功能完善、通用性强；设计安装简单、维护方便；体积小、重量轻、能耗低。

PLC 广泛应用冶金、石油、化工、建材、机械制造、电力、汽车、轻工、环保及文化娱乐等各行各业，随着 PLC 性能价格比的不断提高，其应用领域不断扩大。从应用类型看，PLC 的应用大致可归纳为以下几个方面：①开关量逻辑控制；②运动控制；③过程控制；④数据处理；⑤通信联网。

对 PLC 的分类，通常根据其结构形式的不同、功能的差异和 I/O 点数的多少等进行大致分类，根据 PLC 的结构形式，可将 PLC 分为整体式和模块式两类；根据 PLC 所具有的功能不同，可将 PLC 分为低档、中档、高档三类；根据 PLC 的 I/O 点数的多少，可将 PLC

分为小型、中型和大型三类。

PLC 的硬件主要由中央处理器(CPU)、存储器、输入单元、输出单元、通信接口、扩展接口电源等部分组成。其中,CPU 是 PLC 的核心,输入单元与输出单元是连接现场输入/输出设备与 CPU 之间的接口电路,通信接口用于与编程器、上位计算机等外设连接。

PLC 的软件由系统程序和用户程序组成。

常见的 PLC 编程语言:梯形图语言、指令表语言、功能块图语言、顺序功能图语言、结构文本语言。

当 PLC 运行时,是通过执行反映控制要求的用户程序来完成控制任务的,需要执行众多的操作,但 CPU 不可能同时去执行多个操作,它只能按分时操作(串行工作)方式,每一次执行一个操作,按顺序逐个执行。这种串行工作过程称为 PLC 的扫描工作方式。

PLC 的扫描工作方式与电器控制的工作原理明显不同。电器控制装置采用硬逻辑的并行工作方式,而 PLC 采用扫描工作方式(串行工作方式)。

习　题

4-1　什么是 PLC? 它与电器控制、微机控制相比主要优点是什么?

4-2　为什么 PLC 软继电器的触点可无数次使用?

4-3　PLC 的硬件由哪几部分组成? 各有什么作用? PLC 主要有哪些外部设备? 各有什么作用?

4-4　PLC 的软件由哪几部分组成? 各有什么作用?

4-5　PLC 主要的编程语言有哪几种? 各有什么特点?

4-6　PLC 开关量输出接口按输出开关器件的种类不同,有哪几种型式? 各有什么特点?

4-7　PLC 采用什么样的工作方式? 有何特点?

4-8　什么是 PLC 的扫描周期? 其扫描过程分为哪几个阶段,各阶段完成什么任务?

4-9　PLC 扫描过程中输入映像寄存器和元件映像寄存器各起什么作用?

4-10　什么是 PLC 的输入/输出滞后现象? 造成这种现象的主要原因是什么? 可采取哪些措施减少输入/输出滞后时间?

4-11　PLC 是如何分类的? 按结构形式不同,PLC 可分为哪几类? 各有什么特点?

4-12　PLC 有什么特点? 为什么 PLC 具有高可靠性?

4-13　PLC 主要性能指标有哪些? 各指标的意义是什么?

4-14　PLC 控制与电器控制比较,有何不同?

第五章　FX 系列可编程控制器的编程元件及指令系统

内容提要　本章阐述了FX系列可编程控制器型号命名的基本格式及含义、硬件组成、主要性能指标和FX系列PLC的特点，对FX系列可编程控制器的编程元件进行了分类介绍，着重讲解了FX系列可编程控制器的基本逻辑指令。

课程重点　FX系列可编程控制器的编程元件和基本逻辑指令。

课程难点　高速计数器、栈存储器与多重输出指令、主控与主控复位指令MC、MCR。

教学目标　重点掌握FX系列可编程控制器的基本逻辑指令，达到熟练应用程度；了解FX系列可编程控制器的编程元件，并能根据编程需要合理选择相应编程元件。

第一节　FX 系列可编程控制器概述

FX系列可编程控制器是当前国内外最新、最具特色、最具代表性的微型PLC，由日本三菱电机公司研制开发的。FX系列PLC基于“基本功能、高速处理、便于使用”的研发理念，使其具有数据传送与比较、四则运算与逻辑循环与移动等应用系统。除此之外，还具有输入输出刷新、中断、高速计数器比较指令、高速脉冲输出等高速处理指令，以及在SFC控制方面，将机械控制的标准动作封装化的状态初始化指令等，使功能大大增强。

一、FX 系列 PLC 型号的含义

FX系列可编程控制器型号命名的基本格式为：

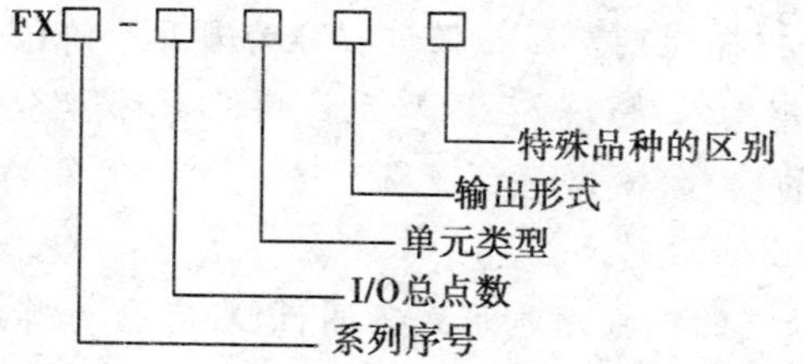

系列序号：0，0S，0N，1，2，2C，1S，2N，2NC。

I/O总点数：14～256。

单元类型：M——基本单元；E——输入输出混合扩展模块；

EX——输入专用扩展模块；EY——输出专用扩展模块。

输出形式：R——继电器输出；T——晶体管输出；S——晶闸管输出。

特殊品种区别：

D——DC电源，DC输入；AI——AC电源，AC输入；

H——大电流输出扩展模块；V——立式端子排的扩展模块；

C——接插口输入输出方式；F——输入滤波器 1ms 的扩展模块；

L——TTL 输入型扩展模块；S——独立端子扩展模块。

例如：FX_{2N}—32MRD 含义是：FX_{2N}系列，输入输出总点数为 32 点，继电器输出、DC 电源，DC 输入的基本单元；FX—4EYSH 含义是：FX 系列，输入点数 0 点，输出点数 4 点，晶闸管输出，大电流输出扩展模块。

二、FX 系列 PLC 的硬件组成

FX 系列 PLC 具有庞大的家族。基本单元（主机）有 FX_0、FX_{0S}、FX_{0N}、FX_1、FX_2、FX_{2C}、FX_{1S}、FX_{2N}、FX_{2NC}九个系列。每个系列又有 14、16、32、48、64、80、128 点等不同输入输出点数的机型，还有继电器输出、晶体管输出、晶闸管输出三种输出形式。

FX 系列 PLC 的硬件包括基本单元、扩展单元、扩展模块及特殊功能单元。基本单元（Basic Unit）是构成 PLC 系列的核心部件，内有 CPU、存储器、I/O 模块及电源、通信接口和扩展接口等，这些在 PLC 的基本结构中已经介绍。扩展单元（Extension Unit）是用于增加 PLC I/O 点数的装置，内部设有电源。扩展模块（Extension Module）用于增加 PLC 的 I/O点数及改变 PLC 的 I/O 点数比例，内部无电源，所用电源由基本单元或扩展单元供给。扩展单元及扩展模块无 CPU，所以它们必须与基本单元一起使用。特殊功能单元（Special Function Unit）是一些专门用途的装置。

三、主要性能指标

（一）硬件指标

硬件指标包括一般指标、输入特性和输出特性。

（二）软件指标

软件指标包括运行方式、速度、程序容量、元件种类和数量、指令类型等。

FX 系列 PLC 的一般技术指标包括基本性能指标、输入技术指标及输出技术指标，如表 5-1 ~ 表 5-3。

表 5-1　FX 系列 PLC 的基本性能指标

项目		FX_{1S}	FX_{1N}	FX_{2N}和 FX_{2NC}
运算控制方式		存储程序，反复运算		
I/O 控制方式		批处理方式（在执行 END 指令时），可以使用 I/O 刷新指令		
运算处理速度	基本指令	0.55 ~ 0.7μs/指令		0.08μs/指令
	应用指令	3.7μs/指令 ~ 数百微秒/指令		1.52μs/指令 ~ 数百微秒/指令
程序语言		逻辑梯形图和指令表，可以用步进梯形指令来生成顺序控制指令		
程序容量（EEPROM）		内置 2KB 步	内置 8KB 步	内置 8KB 步，用存储盒可达 16KB 步
指令数量	基本、步进	基本指令 27 条，步进指令 2 条		
	应用指令	85 条	89 条	128 条
I/O 设置		最多 30 点	最多 128 点	最多 256 点

表 5-2　FX 系列 PLC 的输入技术指标

输入电压	DC24V ± 10%	
元件号	X0 ~ X7	其他输入点
输入信号电压	DC24V ± 10%	
输入信号电流	DC24V,7mA	DC24V,5mA
输入开关电流 OFF→ON	>4.5mA	>3.5mA
输入开关电流 ON→OFF	<1.5mA	
输入响应时间	10ms	
可调节输入响应时间	X0 ~ X7 为 0 ~ 60mA(FX_{2N}),其他系列 0 ~ 15mA	
输入信号形式	无电压触点,或 NPN 集电极开路输出晶体管	
输入状态显示	输入 ON 时 LED 灯亮	

表 5-3　FX 系列 PLC 的输出技术指标

项目		继电器输出	晶闸管输出(仅 FX_{2N})	晶体管输出
外部电源		最大 AC240V 或 DC30V	AC85V ~ 242V	DC5 ~ 30V
最大负载	电阻负载	2A/1 点,8A/COM	0.3A/1 点,0.8A/COM	0.5A/1 点,0.8A/COM
	感性负载	80VA,120/240VAC	36VA/AC　240V	12W/24V　DC
	灯负载	100W	30W	0.9W/DC　240V (FX_{1S}),其他系列 1.5W/DC 24V
最小负载		电压 <5V　DC 时 2mA,电压 <24V DC 时 5mA(FX_{2N})	2.3VA/240V AC	…
响应时间	OFF→ON	10ms	1ms	<0.2ms; <5μs (仅 Y0,Y1)
	ON→OFF	10ms	10ms	<0.2ms; <5μs (仅 Y0,Y1)
开路漏电流		…	2mA/240V AC	0.1mA/30V DC
电路隔离		继电器隔离	光电晶闸管隔离	光耦合器隔离
输出动作显示		线圈通电时 LED 亮		

四、FX 系列 PLC 的特点

（一）体积极小的微型 PLC

FX_{1S}、FX_{1N}和 FX_{2N} 系列 PLC 的高度为 90mm，深度为 75mm（FX_{1S}和 FX_{1N} 系列）和 87mm（FX_{2N}和 FX_{2NC}系列），它们的体积小，很适合于在机电一体化产品中使用。内置的 DC24V 电源既可以作输入回路的电源又可以作传感器的电源。

（二）先进美观的外部结构

三菱公司的 FX 系列 PLC 吸收了整体式和模块式 PLC 的优点，它的基本单元、扩展单元和扩展模块的高度和深度相同、宽度不同，它们之间用扁平电缆连接，紧密拼装后可以组成一个整齐的长方体。

（三）提供多个供用户选用的子系列

FX 系列 PLC 的系列不同，其尺寸、性价比有很大的差异，详见表 5-4 所示。

表 5-4　FX_{1S}、FX_{1N}、FX_{2N}和 FX_{2NC}的性能比较

型号	I/O 点数	用户程序步数	应用指令	通信功能	基本指令执行时间
FX_{1S}	10～30	2K 步 EEPROM	85	较强	0.55～0.7μs
FX_{1N}	14～128	8K 步 EEPROM	89	强	0.55～0.7μs
FX_{2N}和 FX_{2NC}	16～256	内置 8K 步 RAM，最大 16K 步	128	最强	0.08μs

（四）灵活多变的系统配置

FX 系列 PLC 的系统配置灵活，用户除了可以选用不同的子系列外，还可以通过选用多种基本单元、扩展单元和扩展模块来组成不同的 I/O 点数和不同功能的控制系统。它还有许多特殊模块，例如模拟量输入输出模块、热电阻/热电偶温度传感器用模拟量输入模块、温度调节模块、高速计数模块、CC－Link 系统主站模块、各种通信接口模块等。

（五）功能强且使用方便

FX 系列 PLC 内置高速计数器，因此使用脉冲序列指令可以直接控制步进电机，脉冲宽度调制功能可以用于温度或照明灯的调光控制。FX_{1S}和 FX_{1N}系列 PLC 使用 EEPROM，不需要定期更换锂电池，成为几乎不需要维护的电子控制装置；FX_{2N}系列使用带电池后备的 RAM。

第二节　FX 系列可编程控制器的编程元件

一、FX 系列 PLC 的基本数据结构

FX 系列 PLC 内部的编程元件从物理实质上来说是电子电路及存储器，按通俗叫法称为输入继电器、输出继电器、辅助继电器、定时器、计数器等，鉴于它们的物理属性，称之为软继电器或软元件，它们与真实元件之间有很大的差别。这些编程用的继电器的工作

线圈没有工作电压等级、功耗大小和电磁惯性等问题,触点也没有数量限制、机械磨损和电蚀等问题。在不同的指令操作下,其工作状态可以无记忆也可以有记忆,还可以作脉冲数字元件使用。一般情况下,这些编程元件分为位元件和字元件两种。

(一)位元件

FX 系列 PLC 有 4 种基本编程位元件,为了分辨各种编程位元件,给它们指定了专用的字母符号:

X:代表输入继电器,用于直接输入给 PLC 的物理信号。

Y:代表输出继电器,用于从 PLC 直接输出物理信号。

M(辅助继电器)和 S(状态继电器):PLC 内部的运算标志。

上述的各种元件称为"位(bit)元件",它们只有两种不同的状态,即 ON 和 OFF,可以分别用二进制 1 和 0 来表示这两种状态。

(二)字元件

8 个连续的位组成一个字节(byte),16 个连续的位组成一个字(word),32 个连续的位组成一个双字(double word)。定时器和计数器的当前值和设定值均为有符号字,最高位(第十五位)为符号位,正数的符号位为 0,负数的符号位为 1。

二、FX 系列可编程控制器的编程元件

(一)输入继电器与输出继电器

FX 系列 PLC 梯形图中的编程元件的名称有字母和数字组成,他们分别表示元件的类型和元件号,如 Y10 和 M129。输入继电器与输出继电器的元件号用八进制数表示,例如,八进制数 X17 和 X20 是两个相邻的整数。

1. 输入继电器(X)

输入继电器是 PLC 接收外部输入的开关量信号的窗口。PLC 通过光耦合器,将外部信号的状态读入并存储在输入映像寄存器中。输入端可以外接常开触点或常闭触点,也可以接多个触点组成的串并联电路或电子传感器(如接近开关)。在梯形图中,可以多次使用输入继电器的常开触点和常闭触点。图 5-1 是一个 PLC 控制系统的示意图,X0 端子外接的输入电路接通时,它对应的输入映像寄存器为 1 状态,断开时为 0 状态。输入继电器的状态唯一地取决于外部输入信号的状态,不可能受用户程序的控制,因此在梯形图中绝对不能出现输入继电器的线圈。

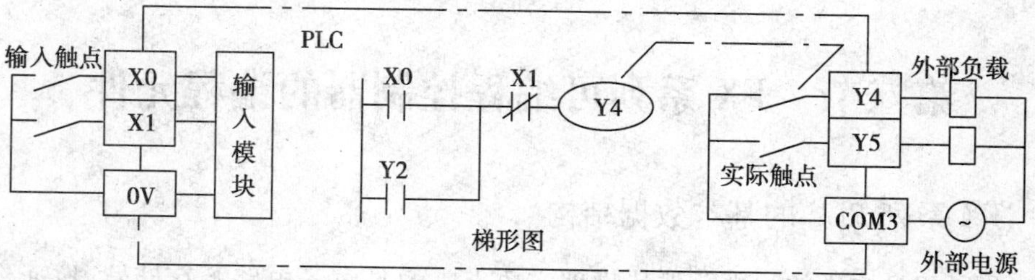

图 5-1 输入继电器与输出继电器

因为 PLC 只是在每一扫描周期开始时读取输入信号,输入信号为 ON 或 OFF 的持续时间应大于 PLC 的扫描周期。如果不满足这一条件,可能会丢失输入信号。

2. 输出继电器(Y)

输出继电器是 PLC 向外部负载发送信号的窗口。输出继电器用来将 PLC 的输出信号传送给输出模块,再由后者驱动外部负载。如果图 5-1 梯形图中 Y4 的线圈"通电",继电器型输出模块中对应的硬件继电器的常开触点闭合,使外部负载工作。输出模块中的每一个硬件继电器仅有一对常开触点,但是在梯形图中,每一个输出继电器的常开触点和常闭触点都可以多次使用。

(二)辅助继电器(M)

辅助继电器是用软件实现的,它们不能接收外部的输入信号,也不能直接驱动外部负载,是一种内部的状态标志,相当于继电器控制系统中的中间继电器。

PLC 内部有很多辅助继电器,其动作原理与输出继电器一样,只能由程序驱动。辅助继电器也称中间继电器,它没有向外的任何联系,只供内部编程使用,且其常开/常闭触点使用次数不受限制。辅助继电器不能直接驱动外部负载,外部负载的驱动必须通过输出继电器来实现。辅助继电器主要包含以下 3 类。

1. 通用辅助继电器

在 FX 系列 PLC 中,除了输入继电器和输出继电器的元件号采用八进制编码外,其他编程元件的元件号均采用十进制编码。

通用辅助继电器的线圈由用户程序驱动,若 PLC 在运行过程中突然断电,输出继电器和通用辅助继电器将全部变为 OFF。若电源再次接通,除了因外部输入信号而变为 ON 的以外,其余的仍将保持为 OFF。FX_{2N} 的 PLC 内部共有通用辅助继电器 500 点,从 M0 ~ M499。

2. 锁存(断电保持)辅助继电器

某些控制系统要求记忆电源中断瞬间时的状态,重新通电后再现其状态,锁存辅助继电器就可以用于这种场合。

FX_{2N} 的 PLC 内部共有锁存继电器 2572 点,从 M500 ~ M3071。

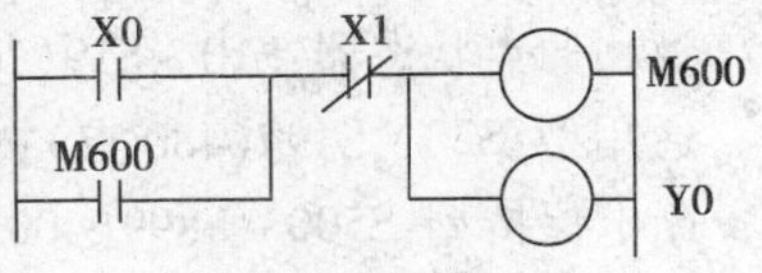

图 5-2 锁存辅助继电器的保持功能

在电源中断时,PLC 用锂电池保持 RAM 中寄存器的内容,它们只是在 PLC 重新上电后的第一个扫描周期保持断电瞬时的状态。为了利用它们的断电记忆功能,可以采用有记忆功能的电路。设图 5-2 中的 X0 和 X1 分别是启动按钮和停止按钮,M600 通过 Y0 控制外部的电动机,若电源中断时 M600 为 ON 状态,因为电路的记忆作用,重新通电后 M600 将保持 ON 状态,从而使 Y0 继续为 ON,电动机重新开始运行。这时若断开 X1,则 M600 失电,Y0 为 OFF。

3. 特殊辅助继电器

特殊辅助继电器共 256 点,它们用来表示 PLC 的某些状态,提供时钟脉冲和标志(如进位、借位标志),设定 PLC 的运行方式,或者用于步进顺控、禁止中断、设定计数器是加计数还是减计数等。特殊辅助继电器分为以下两类。

1）触点利用型

由 PLC 的系统程序来驱动触点利用型特殊辅助继电器的线圈，在用户程序中直接使用其触点，但是不能出现它们的线圈，下面是几个例子：

M8000（运行监视）：当 PLC 执行用户程序时，M8000 为 ON；停止执行时，M8000 为 OFF（见图 5-3）。

M8002（初始化脉冲）：M8002 仅在 M8000 由 OFF 变为 ON 状态的一个扫描周期内为 ON（见图 5-3），可以用 M8002 的常开触点来使有断电保持功能的元件初始化复位或给它们置初始值。

M8011 ~ M8014 分别是 10ms、100ms、1s 和 1min 时钟脉冲。

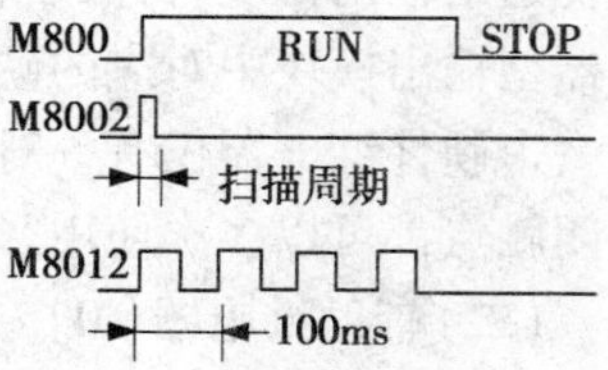

图 5-3　脉冲图

M8005（锂电池电压降低）：电池电压下降至规定值时变为 ON，可以用它的触点驱动输出继电器和外部指示灯，提醒工作人员更换锂电池。

2）线圈驱动型

由用户程序驱动其线圈，使 PLC 执行特定的操作，用户并不使用它们的触点。例如：

M8030 的线圈“通电”后，“电池电压降低”发光二极管熄灭；

M8033 的线圈“通电”时，PLC 进入 STOP 状态后，所有输出继电器的状态保持不变；

M8034 的线圈“通电”时，禁止所有的输出；

M8039 的线圈“通电”时，PLC 以 D8039 中指定的扫描时间工作。

（三）状态继电器（S）

状态继电器是用于编制顺序控制程序的一种编程元件（状态标志），常与 STL 指令（步进梯形指令）配合使用，主要用于编程过程中顺控状态的描述和初始化。它与 STL 指令组合使用，容易编制出易懂的顺控程序。当不对状态继电器使用步进梯形指令时，可以把它们当作普通辅助继电器（M）使用，其地址码按十进制编码。FX_{2N} 系列 PLC 的状态继电器通常分为以下几类：

初始化用：S0 ~ S9（10 点）；

返回原点状态器：S10 ~ S19（10 点）；

通用型：S20 ~ S499（480 点）；

断电保持型：S500 ~ S899（400 点）；

报警型：S900 ~ S999（100 点）。

（四）定时器（T）

定时器在 PLC 中的作用相当于一个时间继电器，它有一个设定值寄存器（一个字长），一个当前值寄存器（一个字长）以及无限个触头（一个位）。

定时器累计 PLC 内的 1ms、10ms、100ms 等的时钟脉冲，当达到所定的设定值时，输出触头动作。定时器可以使用用户程序存储器内的常数 K 作为设定值，也可以用后述的数据寄存器 D 的内容作为设定值。这里的数据寄存器应有断电保持功能。定时器的地址编号、设定值是按以下规定的。

1. 通用定时器 T0 ~ T245

100ms 定时器 T0 ~ T199 共 200 点，每个设定值范围为 0.1 ~ 3 276.7s；

10ms 定时器 T200 ~ T245 共 46 点，每个设定值范围 0.01 ~ 327.67s。

通用定时器没有保持功能，在输入电路断开或停电时被复位。FX 系列的定时器只能提供其线圈“通电”后延迟动作的触点，如果需要在输入信号变为 OFF 之后的延迟动作，可以使用图 5-4 所示的电路。

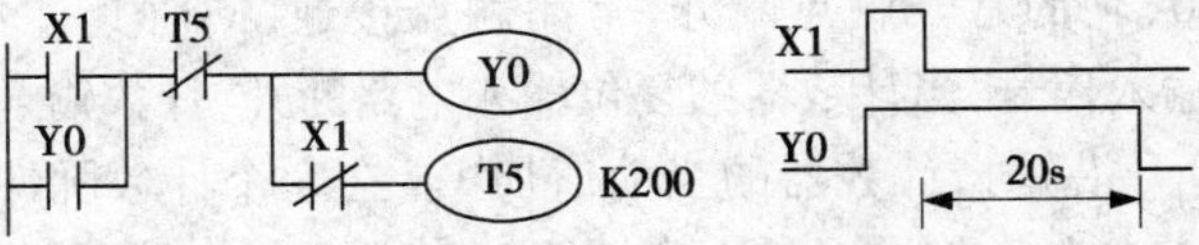

图 5-4　输入电路断开后的延时电路

2. 积算定时器 T246 ~ T255

1ms 积算定时器 T246 ~ T249 共四点，每点设定值范围 0.001s ~ 32.767s；

100ms 积算定时器 T250 ~ T255 共六点，每点设定值范围 0.1s ~ 3 276.7s。

X1 的常开触点接通时（见图 5-5），T250 的当前值计数器对 100ms 时钟脉冲进行累加计数。X1 的常开触点断开或停电时停止定时，当前值保持不变。X1 的常开触点再次接通或重新上电时继续定时，累计时间（$t_1 + t_2$）为 1 055 × 100ms = 105.5s 时，T250 的触点动作。因为积算定时器的线圈断电时不会复位，需要用 X2 的常开触点使 T250 强制复位。

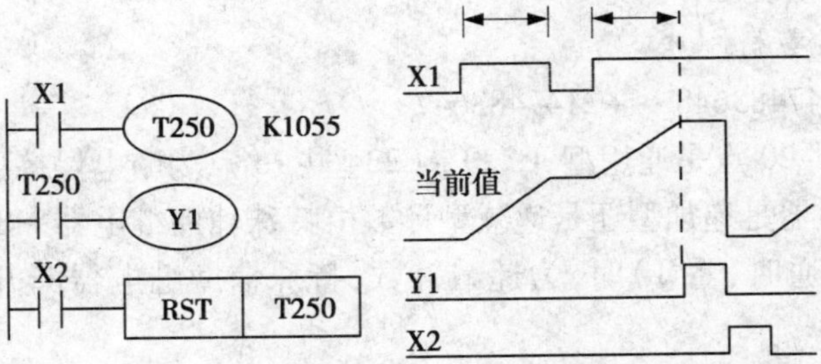

图 5-5　积算定时器

3. 使用定时器的注意事项

如果在子程序或中断程序中使用 T192 ~ T199 和 T246 ~ T249，在执行 END 指令时修改定时器的当前值。当定时器的当前值等于设定值时，其输出触点在执行定时器线圈指令或 END 指令时动作。如果不是使用上述的定时器，在特殊情况下，定时器的工作可能不正常。如果 1ms 定时器用于中断程序和子程序，在它的当前值达到设定值后，其触点在执行该定时器的第一条线圈指令时动作。

（五）计数器（C）

1. 内部计数器

内部计数器是在执行扫描操作时对内部器件（如 X、Y、M、S、T 和 C）的信号进行计数的计数器,其接通时间和断开时间应比 PLC 的扫描周期稍长。

1)16 位递加计数器

设定值为 1~32767。

C0~C99 共 100 点是通用型;

C100~C199 共 100 点是断电保持型。

图 5-6 给出了加计数器的工作过程,图中 X10 的常开触点接通后,C0 被复位,它对应的位存储单元被置 0,它的常开触点断开,常闭触点接通,同时其计数当前值被置为 0。X11 用来提供计数输入信号,当计数器的复位输入电路断开,计数输入电路由断开变为接通(即计数脉冲的上升沿)时,计数器的当前值加 1。在 5 个计数脉冲之后,C0 的当前值等于设定值 5,它对应的位存储单元的内容被置 1,其常开触点接通,常闭触点断开。再来计数脉冲时当前值不变,直到复位输入电路接通,计数器的当前值被置为 0。计数器也可以通过数据寄存器来指定设定值。

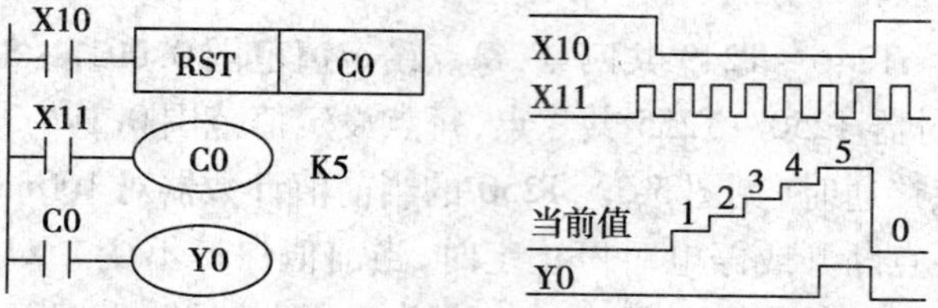

图 5-6　16 位加 1 计数器

具有电池后备/锁存功能的计数器在电源断电时可保持其状态信息,重新送电后能立即按断电时的状态恢复工作。

2)32 位双向计数器

设定值为 -2147483648 ~ +2147483647。

C200~C219 共 20 点是通用型,C220~C234 共 15 点为断电保持型计数器。

32 位双向计数器是递加型还是递减型计数由特殊辅助继电器 M8200~M8234 设定。特殊辅助继电器接通时(置 1)时,为递减计数;特殊辅助继电器断开(置 0)时,为递加计数。

32 位计数器的设定值除了可由常数 K 设定外,还可以通过指定数据寄存器来设定,32 位设定值存放在元件号相连的两个数据寄存器中。如果指定的是 D0,则设定值存放在 D1 和 D0 中。图 5-7 中 C200 的设定值为 5,在加计数时,若计数器的当前值由 4—5,计数器的输出触点 ON,当前值≥5 时,输出触点仍为 ON。当前值由 5—4 时,输出触点 OFF,当前值≤4 时,输出触点仍为 OFF。

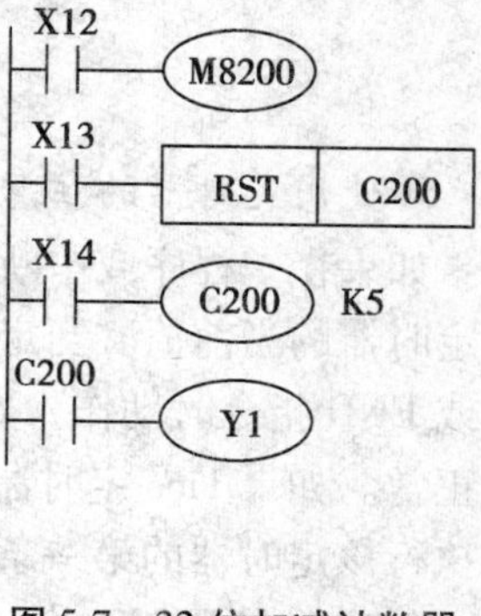

图 5-7　32 位加减计数器

计数器的当前值在最大值 2147483647 时加 1,将变为最小值 -2147483648,类似地,当前值 -2147483648 减 1 时,将变为最大值 2147483647,这种计数器称为“环形计数器”。图 5-6 中复位输入 X13 的常开触点接通时,C200 被复位,其常开触点断开,常闭触点接通,当前值被置为0。如果使用电池后备/锁存计数器,在电源中断时,计数器停止计数,并保持计数当前值不变,电源再次接通后在当前值的基础上继续计数,因此电池后备/锁存计数器可累计计数。

2. 高速计数器

21点高速计数器C235~C255共用PLC的8个高速计数器输入端X0~X7,某一输入端同时只能供一个高速计数器使用。这21个计数器均为32位加/减计数器)。不同类型的高速计数器可以同时使用,但是它们的高速计数器输入不能冲突。

高速计数器的运行建立在中断的基础上,这意味着事件的触发与扫描时间无关。在对外部高速脉冲计数时,梯形图中高速计数器的线圈应一直通电,以表示与它有关的输入点已被使用,其他高速计数器的处理不能与它冲突。可用运行时一直为ON的M8000的常开触点来驱动高速计数器的线圈。

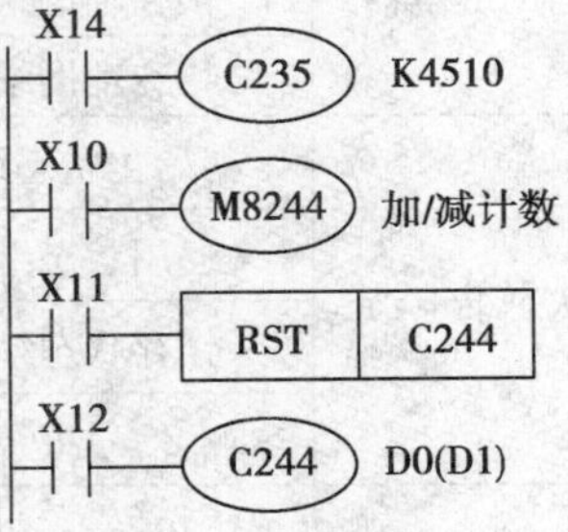

图5-8 一相高速计数器

例如在图5-8中,当X14为ON时,选择了高速计数器C235,C235的计数输入端是X0,但是它并不在程序中出现,计数信号不是X14提供的。

(六)数据寄存器D

(1)通用数据寄存器D0~D199共200点。当特殊辅助继电器M8033置1,PLC由运行转向停止时,数据可以保持。

(2)断电保持/锁存寄存器D200~D7999共7800点。断电保持/锁存寄存器有断电保持功能,PLC从RUN状态进入STOP状态时,断电保持寄存器的值保持不变。利用参数设定,可改变断电保持的数据寄存器的范围。

(3)特殊数据寄存器D8000~D8255共256点。这些数据寄存器供监视PLC中器件运行方式用。

(4)文件数据寄存器D1000~D7999共7000点。

(七)变址寄存器

变址寄存器除了和普通的数据寄存器有相同的使用方法外,还常用于修改器件的地址编号。V、Z都是16位的寄存器,可进行数据的读写。当进行32位操作时,将V、Z合并使用,指定Z为低位。

(八)指针P/I

分支指令用P0~P62、P64~P127共127点。指针P0~P62、P64~P127为标号,用来指定条件跳转,子程序调用等分支指令的跳转目标。P63为结束跳转用。

(九)常数

常数K用来表示十进制常数,16位常数的范围为-32768~+32767,32位常数的范围为-2147483648~+2147483647。

常数H用来表示十六进制常数,十六进制包括0~9和A~F这16个数字,16位常数的范围为0~FFFF,32位常数的范围为0~FFFFFFFF。

PLC内部的编程元件都有确定的地址编号,不同厂家,不同型号的PLC,其编程元件的数量、种类、地址编号都不一样，这对编程者是很重要的，表 5-5 以 FX_{2N} 系列 PLC 为例，列出了其相关的编程元件。

表 5-5 FX_{2N} 系列 PLC 内部各继电器的编号

元件名称		符号	元件编号	点数
输入继电器		X	X000 ~ X177（八进制）	128 点
输出继电器		Y	Y000 ~ Y177（八进制）	128 点
辅助继电器	通用辅助继电器	M	M0 ~ M499	500 点
	锁存辅助继电器		M500 ~ M3071	2572 点
	特殊辅助继电器		M8000 ~ M8255	256 点
状态继电器	初始化状态继电器	S	S0 ~ S9	10 点
	通用状态继电器		S10 ~ S499	490 点
	锁存状态继电器		S500 ~ S899	400 点
	信号报警器		S900 ~ S999	100 点
定时器	100ms 定时器	T	T0 ~ T199	200 点
	10ms 定时器		T200 ~ T245	46 点
	1ms 积算定时器		T246 ~ T249	4 点
	100ms 积算定时器		T250 ~ T255	6 点
计数器	16 位通用加计数器	C	C0 ~ C99	100 点
	16 位锁存加计数器		C100 ~ C199	100 点
	32 位通用加减计数器		C200 ~ C219	20 点
	32 位锁存加减计数器		C220 ~ C234	15 点
	高速计数器		C235 ~ C255	21 点
数据寄存器	通用数据寄存器	D	D0 ~ D199	16 位 200 点
	锁存数据寄存器		D200 ~ D7999	16 位 7800 点
	文件寄存器		D1000 ~ D7999	7000 点，以 500 个为单位设置文件寄存器
	特殊寄存器		D8000 ~ D8255	16 位 256 点
	变址寄存器		V0 ~ V7 ，Z0 ~ Z7	16 位 16 点
跳步指针	跳步和子程序调用	P	P0 ~ P127	128 点
常数	十进制常数	K	—	16 位：-32768 ~ +32768 32 位：-2147483648 ~ +2147483647
	十六进制常数	H		16 位：0 ~ FFFF 32 位：0 ~ FFFFFFFF

第三节　FX 系列可编程控制器的基本逻辑指令

一、FX 系列可编程控制器的基本逻辑指令

FX 系列 PLC 共有 27 条基本指令，可以完成基本的逻辑控制、顺序控制等程序的编写，同时也是编写复杂程序的基础指令，指令可驱动软元件和指令程序步。

（一）LD、LDI、OUT 指令

1. 指令功能

LD（Load）：电路开始的常开触点对应的指令，可以用于 X、Y、M、T、C 和 S。

LDI（Load Inverse）：电路开始的常闭触点对应的指令，可以用于 X、Y、M、T、C 和 S。

OUT（Out）：驱动线圈的输出指令，可以用于 Y、M、T、C 和 S。

2. 指令格式

LD、LDI、OUT 指令的格式、操作元件、所占的程序步如下表 5-6 所示。

表 5-6　LD、LDI、OUT 指令在梯形图中的表示

符号、名称	功能	电路表示及操作元件	程序步
LD（Load 取）	a 触点逻辑运算起始	X、Y、M、S、T、C 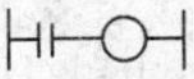	1
LDI（Load Inverse 取反转）	b 触点逻辑运算起始	X、Y、M、S、T、C 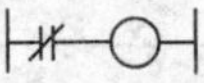	1
OUT（输出）	线圈驱动	Y、M、S、T、C 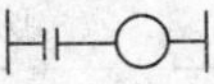	Y、M：1 特殊 M：2 T：3 C：3～5

3. 使用时注意事项

（1）LD 是电路开始的常开触点连到左母线上。

（2）LDI 是电路开始的常闭触点连到左母线上。

（3）OUT 是驱动线圈输出指令，输入继电器 X 不能用此指令。

（4）在 ANB、ORB 指令中，LD 与 LDI 用于串、并电路的起始触点。

（5）对于定时器，计数器线圈，必须在 OUT 指令后设定常数。

OUT 指令可以连续使用若干次，相当于线圈的并联（见图 5-9）。定时器和计数器的 OUT 指令之后应设置以字母 K 开始的十进制常数，常数占一个步序。定时器实际的定时时间与定时器的种类有关，图 5-9 中的 T0 是 100ms 定时器，K19 对应的定时时间为 19×100ms＝1.9s。也可以指定数据寄存器的元件号，用它里面的数作为定时器和计数器的设定值。

(二)触点的串并联指令

1. 指令功能

AND(And):常开触点串联连接指令。

ANI(And Inverse):常闭触点串联连接指令。

OR(Or):常开触点并联连接指令。

ORI(Or Inverse):常闭触点并联连接指令。

串、并联指令可以用于 X、Y、M、T、C 和 S。

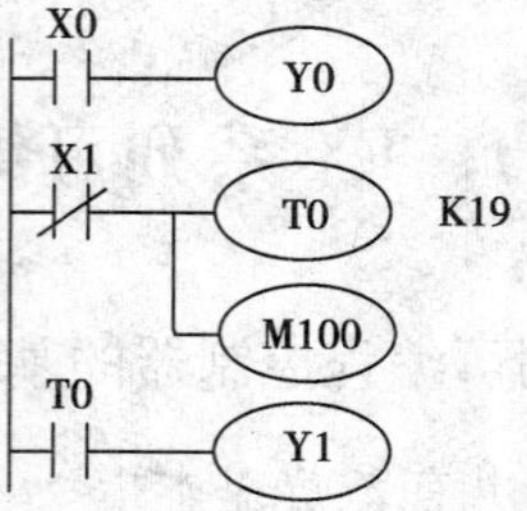

LD	X0
OUT	Y0
LDI	X1
OUT	T0
SP	K19
OUT	M100
LD	T0
OUT	Y1

图 5-9 LD、LDI、OUT 指令应用

2. 指令格式

AND、ANI OR、ORI 指令的格式、操作元件、所占的程序步如下表 5-7、5-8 所示。

表 5-7 AND、ANI 指令在梯形图中的表示

符号、名称	功能	电路表示及操作元件	程序步
AND(与)	a 触点串联连接	X、Y、M、S、T、C 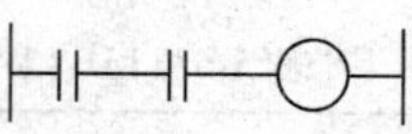	1
ANI(与非)(And Inverse)	b 触点串联连接	X、Y、M、S、T、C 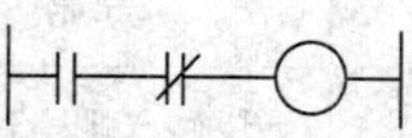	1

表 5-8 OR、ORI 指令在梯形图中的表示

符号、名称	功能	电路表示及操作元件	程序步
OR(或)	a 触点并联连接	X、Y、M、S、T、C 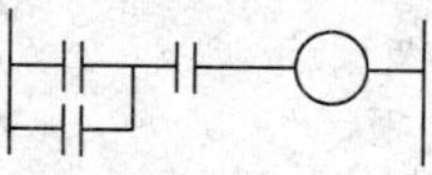	1
ORI(或非)(Or Inverse)	b 触点并联连接	X、Y、M、S、T、C 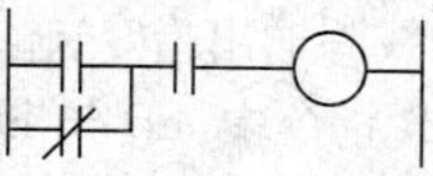	1

3. 使用时注意事项

(1)AND 常开触点串联连接指令,ANI 常闭触点串联连接指令。OR 常开触点并联连接指令,ORI 常闭触点并联连接指令。四条指令后面必须有被操作元件名称及元件号。

(2)在编程时考虑到图形编程器和打印器功能有限,AND、ANI 使用次数一行尽量不

超过 9 次，OR、ORI 并联连接次数不超过 24 次。

(3) 上述四个指令仅用于单个触点与前面电路连接，不适用于电路块与前面电路连接。

在图 5-10 中，OUT　M101 指令之后通过 T1 的触点去驱动 Y4，称为连续输出。只要按正确的次序设计电路，就可以重复使用连续输出。

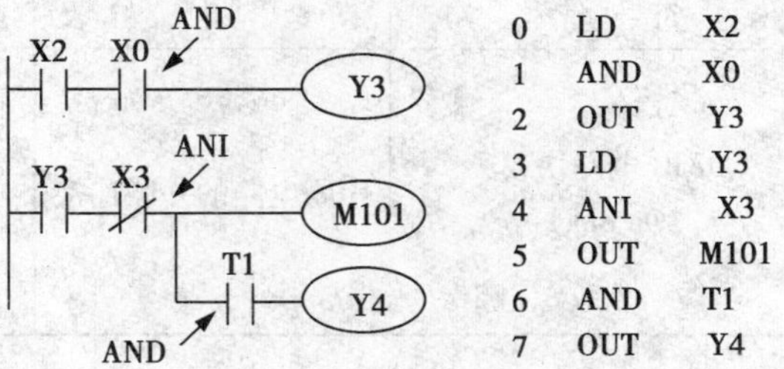

图 5-10　AND、ANI 指令应用

串联和并联指令是用来描述单个触点与别的触点或触点组成的电路的连接关系的。虽然 T1 的触点和 Y4 的线圈组成的串联电路与 M101 的线圈是并联关系，但是 T1 的常开触点与左边的电路是串联关系，所以对 Tl 的触点应使用串联指令。应该指出，图 5-10 中 M101 和 Y4 线圈所在的并联支路如果改为图 5-11 中的电路(不推荐)，必须使用后面要讲到的 MPS(进栈)和 MPP(出栈)指令。

OR 和 ORI 用于单个触点与前面电路的并联，并联触点的左端接到该指令所在的电路块的起始点(LD 点)上，右端与前一条指令对应的触点的右端相连。OR 和 ORI 指令总是将单个触点并联到它前面已经连接好的电路的两端，以图 5-12 中的 M110 的常闭触点为例，它前面的 4 条指令已经将 4 个触点串并联为一个整体，因此 ORI M110 指令对应的常闭触点并联到该电路的两端。

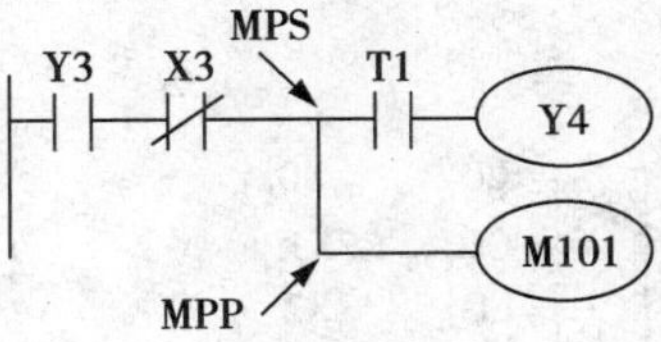

图 5-11　不推荐的电路

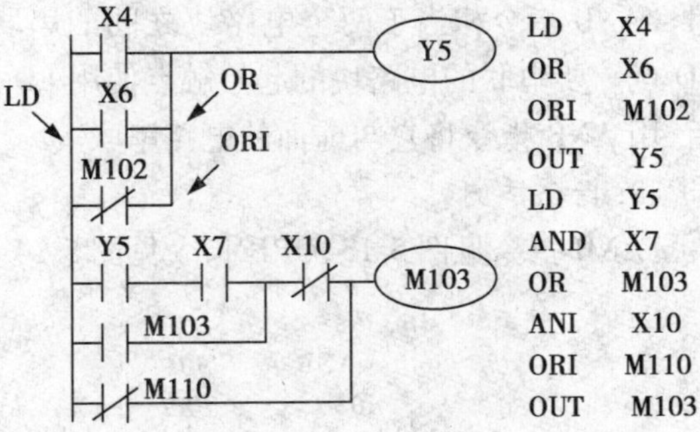

图 5-12　OR、ORI 指令应用

(三) 电路块的串并联指令

1. 指令功能

ORB(Or Block)：多触点电路块的并联连接指令。

ANB(And Block)：多触点电路块的串联连接指令。

2. 指令格式

ORB、ANB 指令的格式、操作元件、所占的程序步如下表 5-9、表 5-10 所示。

表 5-9　ORB 指令在梯形图中的表示

符号、名称	功能	电路表示及操作元件	程序步
ORB(电路块或) (Or Block)	串联电路的并联连接	操作元件:无 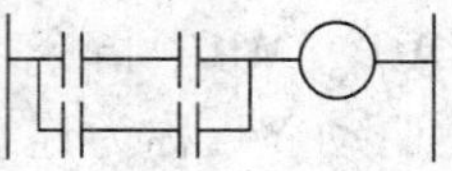	1

表 5-10　ANB 指令在梯形图中的表示

符号、名称	功能	电路表示及操作元件	程序步
ANB(电路块与) (And Block)	并联电路的串联连接	操作元件:无 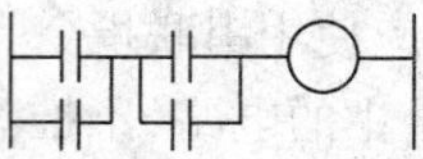	1

ORB 指令将多触点电路块(一般是串联电路块)与前面的电路块并联,它不带元件号,相当于电路块间右侧的一段垂直连线。要并联的电路块的起始触点使用 LD 或 LDI 指令,完成了电路块的内部连接后,用 ORB 指令将它与前面的电路并联。

ANB 指令将多触点电路块(一般是并联电路块)与前面的电路块串联,它不带元件号。ANB 指令相当于两个电路块之间的串联连线,该点也可以视为它右边的电路块的 LD 点。要串联的电路块的起始触点使用 LD 或 LDI 指令,完成了两个电路块的内部连接后,用 ANB 指令将它与前面的电路串联。

3. 指令举例

ANB 指令见图 5-13,ORB 指令见图 5-14。

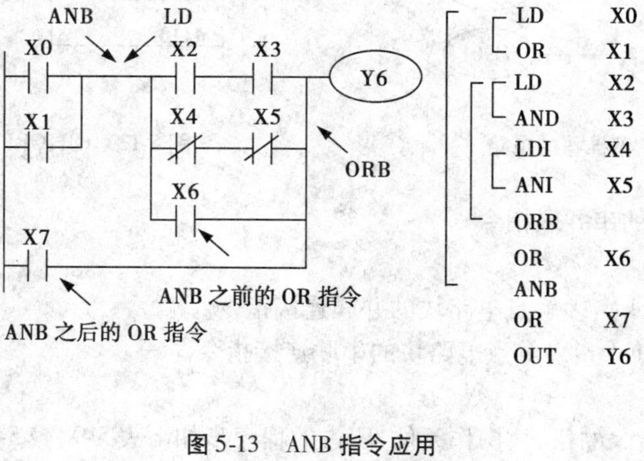

图 5-13　ANB 指令应用

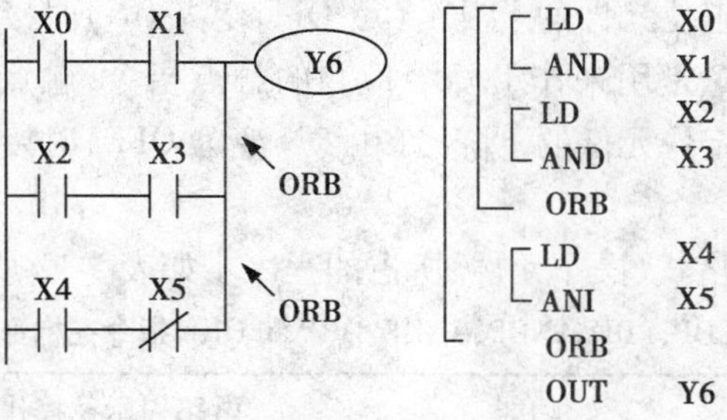

图 5-14　ORB 指令应用

（四）PLS 与 PLF 指令

1. 指令功能

PLS（Pulse）：上升沿微分输出指令。

PLF：下降沿微分输出指令。

2. 指令格式

PLS、PLF 指令的格式、操作元件、所占的程序步如表 5-11 所示。

表 5-11　PLS、PLF 指令在梯形图中的表示

符号、名称	功能	电路表示及操作元件	程序步
PLS	上升沿微分输出	PLS　Y、M	2
PLF	下降沿微分输出	PLF　Y、M	2

3. 使用时注意事项

PLS 和 PLF 指令只能用于输出继电器和辅助继电器（不包括特殊辅助继电器）。

图 5-15 中的 M0 仅在 X0 的常开触点由断开变为接通（即 X0 的上升沿）时的一个扫描周期内为 ON，M1 仅在 X0 的常开触点由接通变为断开（即 X0 的下降沿）时的一个扫描周期内为 ON。

当 PLC 从 RUN 到 STOP，然后又由 STOP 进入 RUN 状态时，其输入信号仍然为 ON，PLS M0 指令将输出一个脉冲。然而，如果用电池后备（锁存）的辅助继电器代替 M0，其 PLS 指令在这种情况下不会输出脉冲。

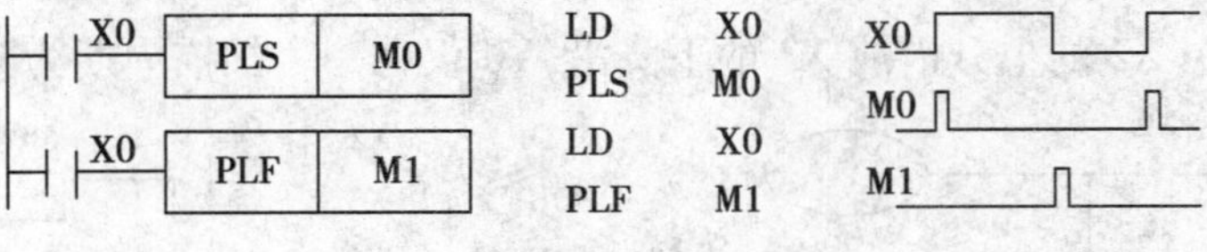

图 5-15　脉冲输出指令

（五）LDP、LDF、ANDP、ANDF、ORP 和 ORF 指令

1. 指令功能

LDP、ANDP 和 ORP 是用来作上升沿检测的触点指令，触点的中间有一个向上的箭

头，对应的触点仅在指定位元件的上升沿（由 OFF 变为 ON）时接通一个扫描周期。

LDF、ANDF 和 ORF 是用来作下降沿检测的触点指令，触点的中间有一个向下的箭头，对应的触点仅在指定位元件的下降沿（由 ON 变为 OFF）时接通一个扫描周期。

2. 指令格式

ORB、ANB 指令的格式、操作元件、所占的程序步如表 5-12 所示。

表 5-12　LDP、LDF、ANDP、ANDF、ORP 和 ORF 指令在梯形图中的表示

符号、名称	功能	电路表示及操作元件	程序步
LDP 取脉冲	上升沿检测开始	X、Y、M、S、T、C 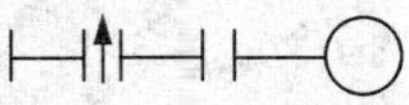	2
LDF 取脉冲	下降沿检测开始	X、Y、M、S、T、C 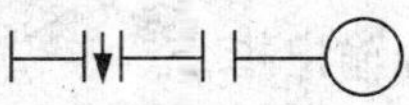	2
ANDP 与脉冲	上升沿检测串联连接	X、Y、M、S、T、C 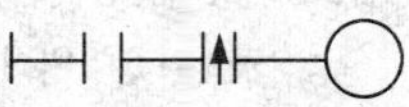	2
ANDF 与脉冲	下降沿检测串联连接	X、Y、M、S、T、C 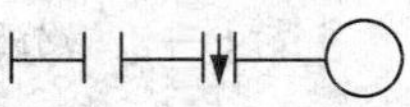	2
ORP 或脉冲	上升沿检测并联连接	X、Y、M、S、T、C 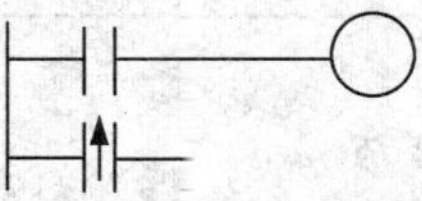	2
ORF 或脉冲	下降沿检测并联连接	X、Y、M、S、T、C 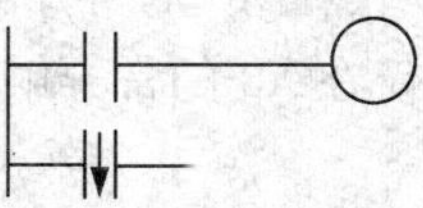	2

3. 使用时注意事项

LDP、LDF、ANDP、ANDF、ORP 和 ORF 指令可以用于 X、Y、M、T、C 和 S。

在图 5-16 中 X2 的上升沿或 X3 的下降沿，Y0 仅在一个扫描周期为 ON。

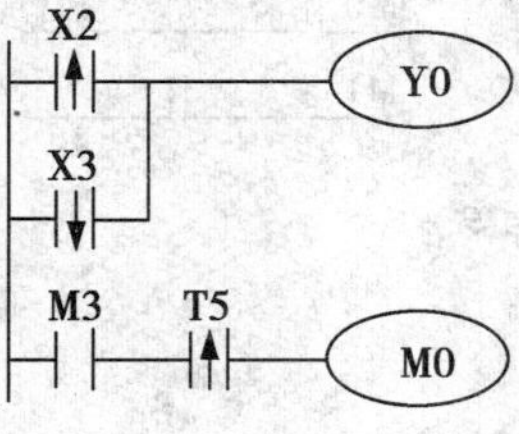

0	LDP	X2
1	ORF	X3
2	OUT	Y0
3	LD	M3
4	ANDP	T5
5	OUT	M0

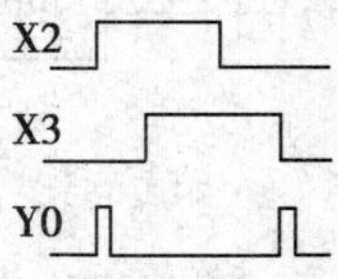

图 5-16　边沿检测触点指令

(六)栈存储器与多重输出指令

1. 指令功能

MPS(Push)、MRD(Read)、MPP(Pop)指令分别是进栈、读栈和出栈指令,它们用于多重输出电路。

2. 指令格式

MPS、MRD、MPP 指令的格式、操作元件、所占的程序步如表 5-13 所示。

表 5-13　MPS、MRD、MPP 指令在梯形图中的表示

符号、名称	功能	电路表示及操作元件	程序步
MPS(Push)	进栈	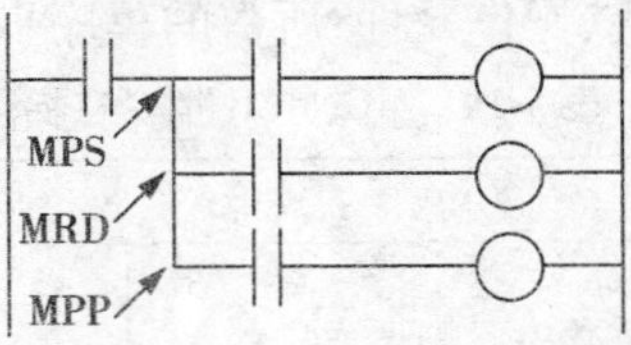	1
MRD(Read)	读栈		1
MPP(Pop)	出栈		1

3. 使用时注意事项

(1)MPS 指令可将多重电路触电或电路块先存储起来,以便后面多重支路输出使用。

(2)第 1 支路前使用 MPS 进栈指令,多重支路中间支路前使用 MRD 请栈指令,多重电路最后一个支路使用 MPP 出栈指令。

(3)处理最后一条支路必须使用 MPP 指令,且 MPS 与 MPP 的使用不能超过 11 次,并且要成对出现。

FX 系列有 11 个存储中间运算结果的堆栈存储器(见图 5-17),堆栈采用先进后出的数据存取方式。MPS 指令用于储存电路中有分支处的逻辑运算结果,以便以后处理有线圈的支路时可以调用该运算结果。使用一次 MPS 指令,当时的逻辑运算结果压入堆栈的第一层,堆栈中原来的数据依次向下一层推移。

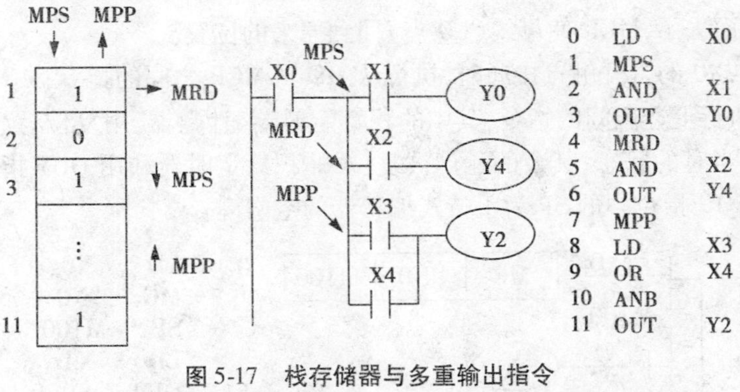

图 5-17　栈存储器与多重输出指令

MRD 指令读取存储在堆栈最上层的电路中分支点处的运算结果,将下一个触点强制性地连接在该点。读数后堆栈内的数据不会上移或下移。

MPP 指令弹出(调用并去掉)存储的电路中分支点的运算结果。首先将下一触点连接在该点,然后从堆栈中去掉该点的运算结果。使用 MPP 指令时,堆栈中各层的数据向上移动一层,最上层的数据在读出后从栈内消失。

图 5-17 给出了使用一层栈的例子。每一条 MPS 指令必须有一条对应的 MPP 指令，处理最后一条支路时必须使用 MPP 指令，而不是 MRD 指令。在一块独立电路中，用进栈指令同时保存在堆栈中的运算结果不能超过 11 个。

（七）主控指令与主控复位指令 MC、MCR

1. 指令功能

MC：主控指令，或公共触点串联连接指令，用于表示主控区的开始。

MCR：主控指令 MC 的复位指令，用来表示主控区的结束。

2. 指令格式

MC、MCR 指令的格式、操作元件、所占的程序步如表 5-14 所示。

表 5-14　MC、MCR 指令在梯形图中的表示

符号、名称	功能	电路表示及操作元件	程序步
MC　主控	公共串联接点连接	MC　N　Y、M	3
MCR　主控复位	公共串联接点连接消除	MCR　N	2

3. 使用时注意事项

（1）MC 起点，N 为嵌套层数（0 ~ 7 层）；MC 与 MCR 必须成对使用。

（2）MCR/MC 只使用于 Y 或 M（不包括特殊 M）。

在编程时，经常会遇到许多线圈同时受一个或一组触点控制的情况，如果在每个线圈的控制电路中都串入同样的触点，将占用很多存储单元，主控指令可以解决这一问题。使用主控指令的触点称为主控触点，它在梯形图中与一般的触点垂直。主控触点是控制一组电路的总开关。

与主控触点相连的触点必须用 LD 或 LDI 指令，换句话说，执行 MC 指令后，母线移到主控触点的后面去了，MCR 使母线（LD 点）回到原来的位置。

图 5-18 中 X0 的常开触点接通时，执行从 MC 到 MCR 之间的指令；MC 指令的输入电路断开时，不执行上述区间的指令，其中的积算定时器、计数器、用复位/置位指令驱动的软元件保持其当时的状态；其余的元件被复位，非积算定时器和用 OUT 指令驱动的元件变为 OFF，图 5-19 指令中的 SP 为手持式编程器的空格键。

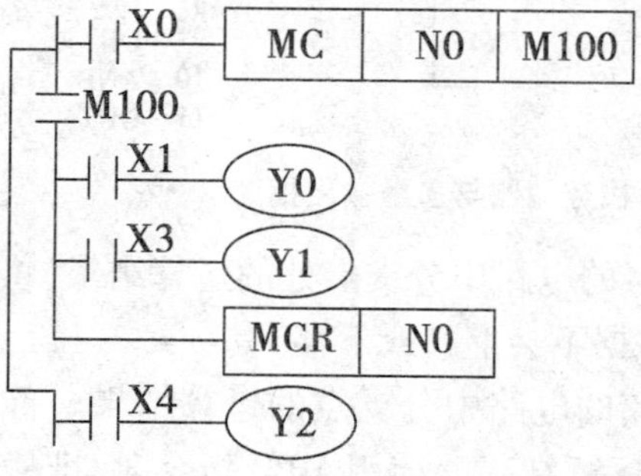


```
0    LD    X0
1    MC    N0
     SP    M100
4    LD    X1
5    OUT   Y0
6    LD    X3
7    OUT   Y1
8    MCR   N0
9    LD    X4
10   OUT   Y2
```

图 5-18　主控与主控复位指令

在 MC 指令区内使用 MC 指令称为嵌套(见图 5-19)。MC 和 MCR 指令中包含嵌套的层数 N0 ~ N7,N0 为最高层,最低层为 N7。在没有嵌套结构时,通常用 N0 编程,N0 的使用次数没有限制。

在有嵌套时,MCR 指令将同时复位低的嵌套层,例如指令 MCR N2 将复位 2 ~ 7 层。

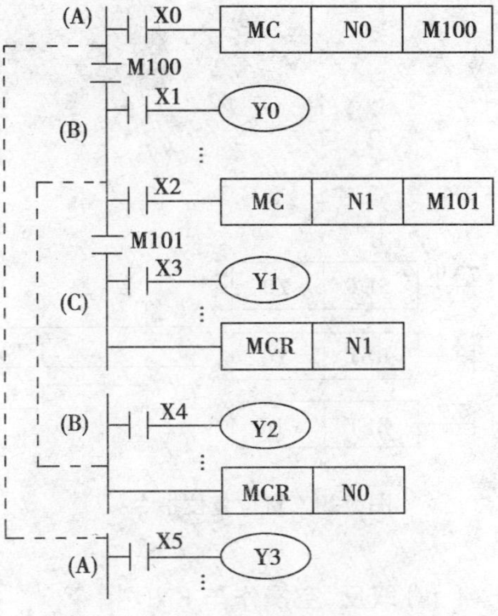

图 5-19　多重嵌套主控指令

(八)SET 与 RST 指令

1. 指令功能

SET:置位指令,使操作保持 ON 的指令。

RST:复位指令,使操作保持 OFF 的指令。

2. 指令格式

SET、RST 指令的格式、操作元件、所占的程序步如表 5-15 所示。

表 5-15　SET、RST 指令在梯形图中的表示

符号、名称	功能	电路表示及操作元件	程序步
SET(置位)	元件自保持 ON	SET Y、M、S	Y、M:1 S、特殊 M:2
RST(复位) (Reset)	清除动作保持 寄存器清零	RST Y、M、S、T、C、D、V、Z	T、C:2 D、V、Z、特殊 D:3

3. 使用注意事项

(1)SET 指令可用于 Y,M 和 S,RST 指令可用于复位 Y,M,S,T,C,或将字元件 D,V 和 Z 清零。

(2)SET 不仅能使元件置 ON,且当 SET 信号消失,元件能保持 ON 状态,RST 功能类似。

(3)对同一元件多次使用 SET,RST 指令,顺序可任意,但对外部输出只有最后一系列指令有效。

如果图 5-20 中 X0 的常开触点接通,Y0 变为 ON 并保持该状态,即使 X0 的常开触点断开,它也仍然保持 ON 状态。当 X1 的常开触点闭合时,Y0 变为 OFF 并保持该状态,即使 X1 的常开触点断开,它也仍然保持 OFF 状态(见图 5-21 中的波形图)。

图 5-21 中 X0 的常开触点接通时,积算定时器 T246 复位,X3 的常开触点接通时,计数器 C200 复位,它们的当前值被清 0,常开触点断开,常闭触点闭合。

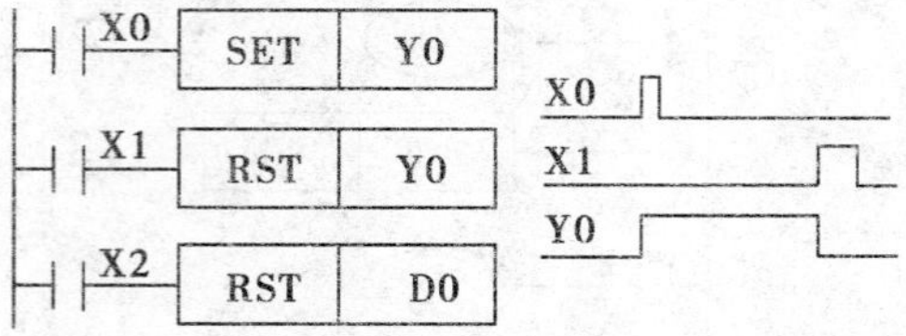

图 5-20 置位复位指令

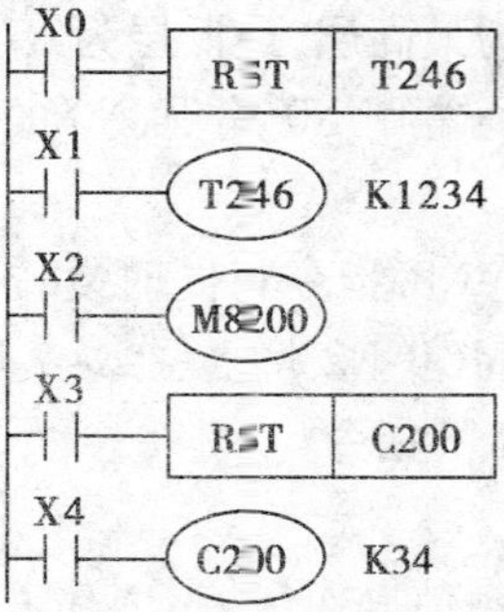

0	LD	X0
1	RST	T246
2	LD	X1
3	OUT	T246
4		K1234
5	LD	X2
6	OUT	M8200
7	LD	X3
8	RST	C200
9	LD	X4
10	OUT	C200
11		K34

图 5-21 定时器与计数器的复位

(九)取反、空操作与 END 指令

1. 取反指令

INV(Inverse)指令:在梯形图中用一条 45°的短斜线来表示,它将执行该指令之前的运算结果取反,运算结果如为 0 将它变为 1,运算结果为 1 则变为 0。

指令格式见表 5-16。

表 5-16 INV 指令在梯形图中的表示

符号、名称	功能	电路表示及操作元件	程序步
INV 取反	运算结果的取反		1

在图 5-22 中,如果 X0 和 X1 同时为 ON,则 Y0 为 OFF;反之则 Y0 为 ON。INV 指令也可以用于 LDP、LDF、ANDP 等脉冲触点指令。

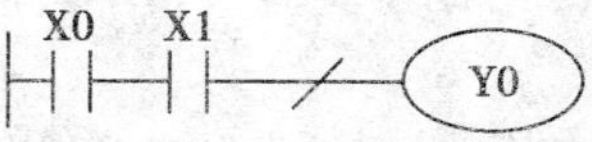

LD	X0
AND	X1
INV	
OUT	Y0

图 5-22 INV 指令

2. 空操作指令

NOP(Non processing)为空操作指令,使该步序作空操作。执行完清除用户存储器的操作后,用户存储器的内容全部变为空操作指令。

3. END 指令

END(End)为结束指令,将强制结束当前的扫描执行过程。若不写 END 指令,将从用户程序存储器的第一步执行到最后一步;将 END 指令放在程序结束处,只执行第一步至 END 这一步之间的程序,使用 END 指令可以缩短扫描周期。

在调试程序时可以将 END 指令插在各段程序之后,从第一段开始分段调试,调试好以后必须删去程序中间的 END 指令,这种方法对程序的查错也很有用处。

二、编程注意事项

(一)编程步骤

编制一个 PLC 应用程序的基本步骤如下:

(1)根据被控对象对控制系统的要求,确定控制系统需要完成的动作及输入、输出设备,并由此确定 PLC 的输入、输出点数。

(2)进行 PLC 的输入、输出分配,也就是把输入、输出分配到具体的 I/O 位。

(3)绘制 PLC 的输入、输出接线图。

(4)编写梯形图。

(5)把梯形图程序转换成指令表语句(若使用的编程器可直接输入梯形图程序,则可省去此步)。

(6)用编程器将程序输入到 PLC 的用户程序存储器中,并检查输入的程序是否正确。

(7)对程序进行修改和调试,直到满足控制要求。

(二)梯形图编程规则

梯形图语言是 PLC 最常见的编程语言。应用梯形图语言编程应遵循以下规则:

(1)梯形图的每一个逻辑行从左母线开始,一条 LD 或 LDI 指令开始,到右母线一条 OUT 指令或功能结束指令结束。与左母线相连的元件只能是触点,与右母线相连的元件只能是线圈。

(2)所有编程元件的触点都可以无限次地使用。因此,在设计梯形图时不必用复杂的结构来节省触点的使用次数。

(3)继电器的线圈不能直接与左母线相连,如有需要可通过一个没有使用的辅助继电器的常闭触点与之相连。

(4)线圈只能并联使用,不能串联使用。同一个编号的线圈不能重复使用。

(三)梯形图编程技巧

1. 双线圈输出

如果在同一个程序中,同一元件的线圈使用了两次或多次,称为双线圈输出。对于输出继电器来说,在扫描周期结束时,真正输出的是最后一个 Y0 的线圈的状态(见图5-23(a))。

Y0 的线圈的通断状态除了对外部负载起作用外,通过它的触点,还可能对程序中别的元件的状态产生影响。图 5-23(a)中 Y0 两个线圈所在的电路将梯形图划分为 3 个区域。因为 PLC 是循环执行程序的,最上面和最下面的区域中 Y0 的状态相同。如果两个线圈的通断状态相反,不同区域中 Y0 的触点的状态也是相反的,可能使程序运行异常。所以一般应避免出现双线圈输出现象,例如可以将图 5-23(a)改为图 5-23(b)。

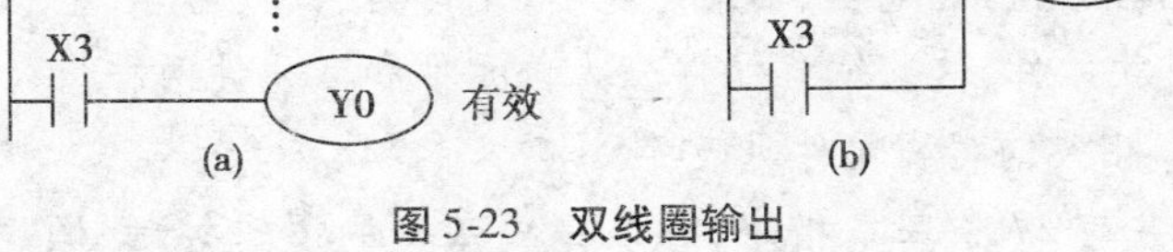

图 5-23 双线圈输出

2. 程序的优化设计

在设计并联电路时，应将单个触点的支路放在下面；设计串联电路时，应将单个触点放在右边，否则将多使用一条指令（见图5-24）。

建议在有线圈的并联电路中将单个线圈放在上面，将图5-24（a）的电路改为图5-24（b）的电路，可以避免使用入栈指令MPS和出栈指令MPP。

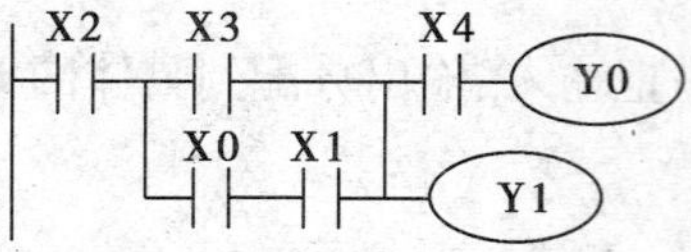


```
LD    X2      MPS
LD    X3      AND  X4
LD    X0      OUT  Y0
AND   X1      MPP
ORB           OUT  Y1
ANB
```

(a)优化前的梯形图

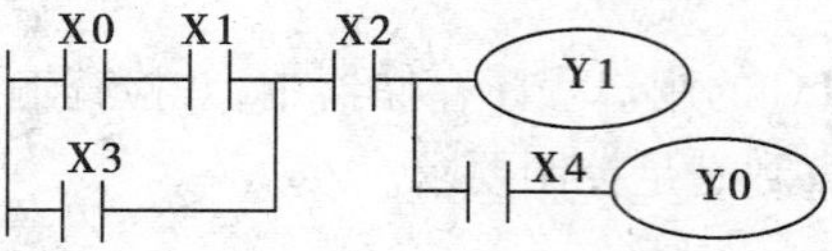


```
LD     X0
AND    X1
OR     X3
AND    X2
OUT    Y1
AND    X4
OUT    Y0
```

(b)优化后的梯形图

图5-24　梯形图的优化设计

3. 编程元件的位置

输出类元件（例如OUT、MC、SET、RST、PLS、PLF和大多数应用指令）应放在梯形图的最右边，它们不能直接与左侧母线相连。有的指令（如END和MCR指令）不能用触点驱动，必须直接与左侧母线或临时母线相连。

小　结

FX系列PLC具有庞大的家族。基本单元（主机）有FX_0、FX_{0S}、FX_{0N}、FX_1、FX_2、FX_{2C}、FX_{1S}、FX_{2N}、FX_{2NC} 9个系列。每个系列又有14、16、32、48、64、80、128点等不同输入输出点数的机型，每个系列还有继电器输出、晶体管输出、晶闸管输出三种输出形式。

FX系列PLC的硬件包括基本单元、扩展单元、扩展模块及特殊功能单元。

FX系列PLC主要性能指标包括硬件指标和软件指标，硬件指标包括一般指标、输入特性和输出特性。软件指标包括运行方式、速度、程序容量、元件种类和数量、指令类型等。

FX系列PLC的特点：体积极小的微型PLC、先进美观的外部结构、提供多个供用户选用的子系列、灵活多变的系统配置、功能强且使用方便。

FX系列PLC内部的编程元件从物理实质上来说是电子电路及存储器，按通俗叫法分别称为输入继电器、输出继电器、辅助继电器、定时器、计数器等，鉴于它们的物理属性，称之为软继电器或软元件，这些编程元件分为位元件和字元件两种。

FX_{2N}系列PLC相关的编程元件见表5-5。

FX系列PLC共有27条基本指令，可以完成基本的逻辑控制、顺序控制等程序的编写，同时也是编写复杂程序的基础指令，指令可驱动的软元件和指令程序步。

编制一个PLC应用程序有其基本步骤，梯形图语言是PLC最常见的编程语言。应用梯形图语言编程应遵循以下规则：梯形图的每一个逻辑行从左母线开始，一条LD或LDI指令开始，到右母线一条OUT指令或功能结束指令结束。与左母线相连的元件只能是触点，与右母线相连的元件只能是线圈；所有编程元件的触点都可以无限次地使用；继电器的线圈不能直接与左母线相连，如有需要可通过一个没有使用的辅助继电器的常闭触点与之相连；线圈只能并联使用，不能串联使用。同一个编号的线圈不能重复使用。

习　题

5-1　填空

(1)可编程控制器主要由__________、__________、__________、__________组成。

(2)I/O模块的外部接线方式有__________、__________，和__________三种形式。

(3)FX2N—60MT—D是有__________个I/O点，__________输出型的__________单元，使用电源。

(4)__________是运行监视辅助继电器，当__________时ON。

(5)在__________和__________情况下允许双线圈输出。

(6)定时器的线圈__________时开始计时，定时时间到达设定值时其常开触点__________，一般的定时器都是__________型定时器。

(7)__________是初始化脉冲，当__________时，它ON一个扫描周期，当PLC控制器处于RUN状态时，M8000一直为__________。

(8)通用定时器的__________时被复位，复位后其常开触点__________常闭触点__________。当前值为__________。

(9)计数器的复位输入电路__________，计数输入电路__________当前值小于设定值时，计数器的当前值加一。计数当前值等于设定值时，其常开触点__________，常闭触点__________。计数器复位后，其常开触点__________，常闭触点__________，当前值为__________。

(10)与主控触点下端相连的常闭触点应使用__________指令。

(11)编程元件只有__________和__________的元件号采用八进制数。

(12)操作数K2Y10表示__________组位元件，即由__________组成的__________位数据。

5-2　三菱FX系列可编程控制器的基本单元、扩展单元、扩展模块、特殊功能模块的主要作用是什么？

5-3　三菱FX系列PLC有哪几种开关量I/O接口形式？各有什么特点？

5-4　三菱FX系列PLC有哪几类编程元件？说明它们的用途、编号和使用方法？

5-5　如图5-25所示，由梯形图转换为指令表。

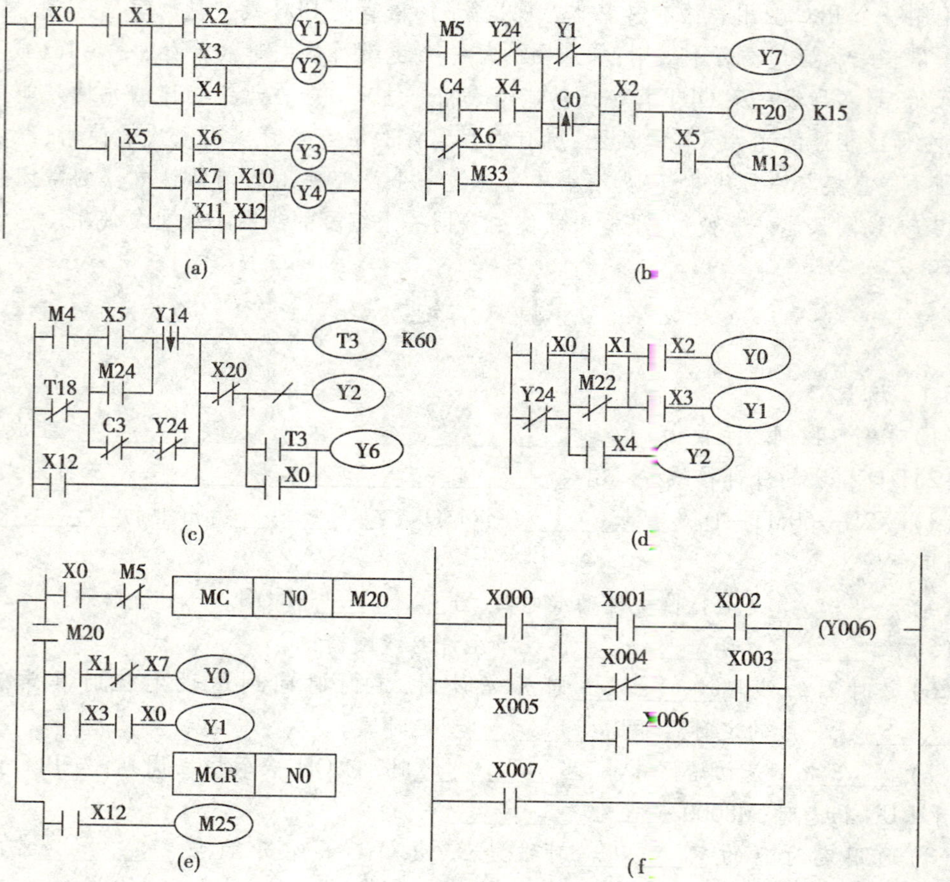

图 5-25

5-6 写出下列梯形图的指令表程序

0 LD X000
1 AND X001
2 MPS
3 AND X002
4 OUT Y000
5 MPP
6 OUT Y001
7 LD X003
8 MPS
9 AND X004
10 OUT Y004
11 MRD
12 AND X005
13 OUT Y005
14 MRD
15 AND X006
16 OUT Y006
17 MPP
18 AND X007
19 OUT Y007

5-7 画出图 5-26 中 Y0 的波形图。

5-8 画出图 5-27 中 M0 的波形图。交换上下两行电路的位置,M0 的波形有什么变化？为什么？

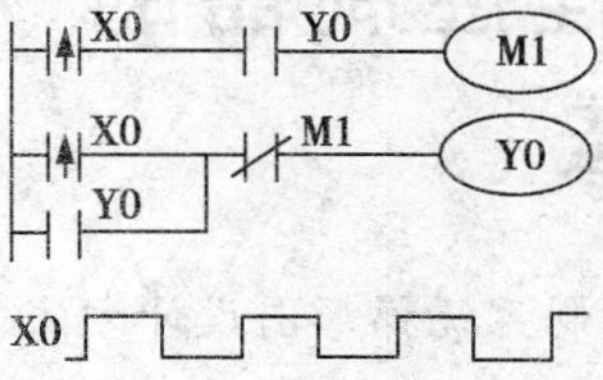

图 5-26

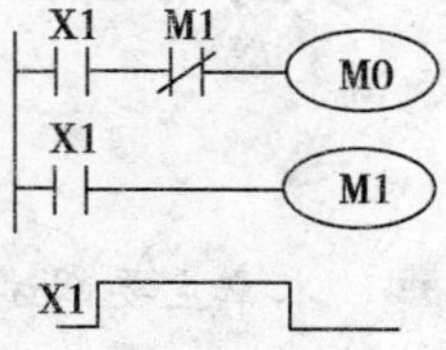

图 5-27

5-9　用 PLS 指令设计出使 M0 在 X0 的下降沿 ON 一个扫描周期的梯形图。

5-10　分别用上升沿检测触点指令和 PLS 指令设计梯形图，在 X0 或 X1 波形的上升沿，使 M0 在一个扫描周期内为 ON。

5-11　(1)要求在 X0 从 OFF 变为 ON 的上升沿时，Y0 输出一个 2s 的脉冲后自动 OFF(见图 5-28)。X0 为 ON 的时间可能大于 2s，也可能小于 2s。设计出梯形图程序。

(2)要求在 X0 从 ON 变为 OFF 的下降沿时，Y1 输出一个 1s 的脉冲后自动 OFF(见图 5-28)。X0 为 ON 或 OFF 的时间不限，设计出梯形图程序。

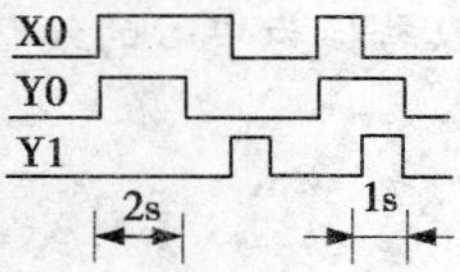

图 5-28

5-12　指出图 5-29 中的错误。

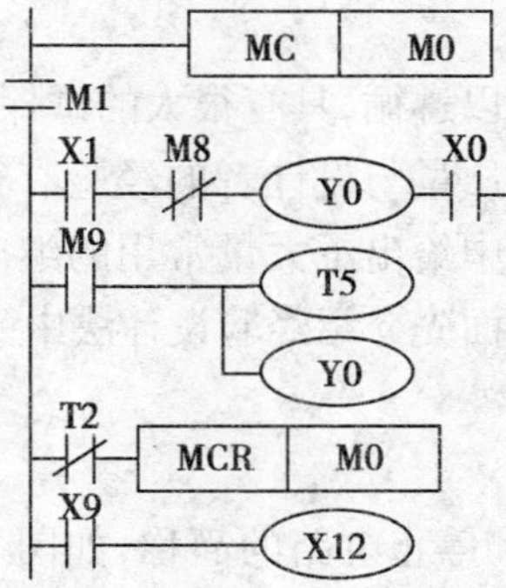

图 5-29

第六章　FX 系列可编程控制器的程序设计方法

内容提要　本章主要阐述梯形图的经验设计法、时序控制系统梯形图设计方法、用 PLC 改造继电 - 接触器控制电路、顺序控制设计法，使用起保停电路的编程方法及以转换为中心的编程方法。

课程重点　梯形图的经验设计法、时序控制系统梯形图设计方法、顺序控制设计法。

课程难点　时序控制系统梯形图设计方法、用 PLC 改造继电 - 接触器控制电路。

教学目标　重点掌握梯形图的经验设计法、时序控制系统梯形图设计方法、顺序控制设计法，并能熟练地用上述方法编写一些简单程序，初步掌握使用起保停电路的编程方法及以转换为中心的编程方法。

第一节　梯形图的经验设计法

经验设计法是采用设计继电器电路图的方法来设计比较简单的开关量控制系统的梯形图，即在一些典型电路的基础上，根据被控对象对控制系统的具体要求，不断地修改和完善梯形图。有时需要多次反复地调试和修改梯形图，增加一些触点或中间编程元件，最后才能得到一个较为满意的结果。

这种方法没有普遍的规律可以遵循，具有很大的试探性和随意性，最后的结果不是唯一的，设计所用的时间、所达到的质量与设计者的经验有很大的关系，一般只用于较简单的梯形图的设计。一些电工手册中给出了大量常用的继电器控制电路，在用经验法设计梯形图时可以参考这些电路。下面先介绍经验设计法中一些常用的基本电路。

一、启、保、停电路

启、保、停电路是启动、保持和停止电路的简称，如图 6-1 示。图中的启动信号 X1 和停止信号 X2（例如启动按钮和停止按钮提供的信号）持续为 ON 的时间一般都很短，这种信号称为短信号。启、保、停电路最主要的特点是具有“记忆”功能，当启动信号 X1 变为 ON 时（波形图中用高电平表示），X1 的常开触点接通，如果这时 X2 为 OFF，X2 的常闭触点接通，Y1 的线圈“通电”，它的常开触点同时接通。放开启动按钮，X1 变为 OFF（用低电平表示），其常开触点断开，“能流”经 Y1 的常开触点和 X2 的常闭触点流过 Y1 的线圈，Y1 仍为 ON，这就是所谓的“自锁”或“自保持”功能。当 X2 为 ON 时，它的常闭触点断开，停止条件满足，使 Y1 的线圈断电，其常开触点断开。以后即使松开停止按钮，X2 的常闭触点恢复接通

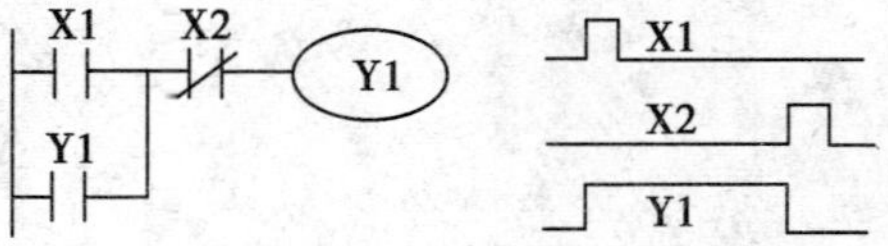

图 6-1　启、保、停电路

状态,Y1 的线圈仍然“断电”。这种功能也可以用 SET(置位)和 RST(复位)指令来实现。在实际电路中,启动信号和停止信号可能由多个触点组成的串、并联电路提供。

二、三相异步电动机正反转控制电路

图 6-2 是三相异步电动机正反转控制的主电路和继电器控制电路图,图 6-3 与图 6-4 是功能与它相同的 PLC 控制系统的外部接线图和梯形图,其中 KM1 和 KM2 分别是控制正转运行和反转运行的交流接触器。在梯形图中,用两个启、保、停电路来分别控制电动机的正转和反转。按下正转启动按钮 SB2,X0 变为 ON,其常开触点接通,Y0 的线圈“得电”并自保持,使 KM1 的线圈通电,电机开始正转运行。按下停止按钮 SB1,X2 变为 ON,其常闭触点断开,使 Y0 线圈“失电”,电动机停止运行。在梯形图中,将 Y0 和 Y1 的常闭触点分别与对方的线圈串联,可以保证它们不会同时为 ON,因此 KM1 和 KM2 的线圈不会同时通电,这种安全措施在继电器电路中称为“互锁”。除此之外,为了方便操作和保证 Y0 和 Y1 不会同时为 ON,在梯形图中还设置了

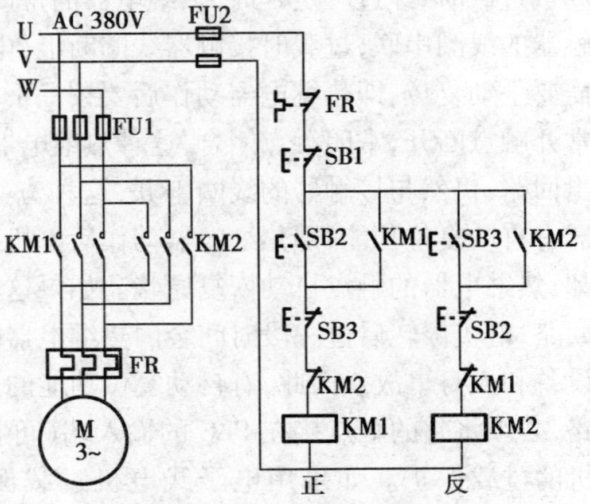

图 6-2　异步电动机正反转控制继电器控制图

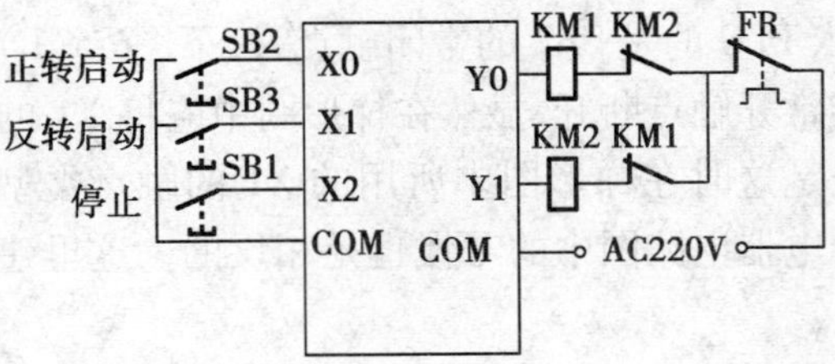

图 6-3　PLC 外部接线图

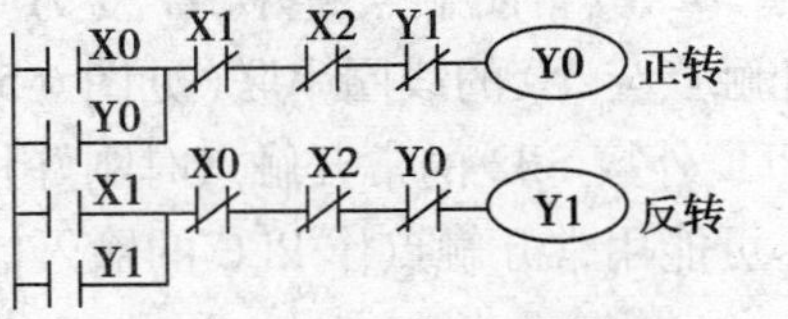

图 6-4　异步电动机正反转控制电路的梯形图

“按钮连锁”,即将反转启动按钮 X1 的常闭触点与控制正转的 Y0 的线圈串联,将正转启动按钮 X0 的常闭触点与控制反转的 Y1 的线圈串联。设 Y0 为 ON,电动机正转,这时如果想改为反转运行,可以不按停止按钮 SB1,直接按反转启动按钮 SB3,X1 变为 ON,它的常闭触点断开,使 Y0 线圈“失电”,同时 X1 的常开触点接通,使 Y1 的线圈“得电”,电机由正转变为反转。梯形图中的互锁和按钮连锁电路只能保证输出模块中与 Y0 和 Y1 对应的硬件继电器的常开触点不会同时接通。由于切换过程中电感的延时作用,可能会出现一个接触器还未断弧另一个却已合上的现象,从而造成瞬间短路故障。可以用正反转切换时的延时来解决这一问题,但是这方案会增加编程的工作量,也不能解决下述的接触器触点故障引起的电源短路事故。如果因主电路电流过大或接触器质量不好,某一接触

器的主触点被断电时产生的电弧熔焊而被黏结,其线圈断电后主触点仍然是接通的,这时如果另一接触器的线圈通电,仍将造成三相电源短路事故。为了防止出现这种情况,应在PLC外部设置由KM1和KM2的辅助常闭触点组成的硬件互锁电路(见图6-3),假设KM1的主触点被电弧熔焊,这时它与KM2线圈串联的辅助常闭触点处于断开状态,因此KM2的线圈不可能得电。图6-2中的FR是作过载保护用的热继电器,异步电动机长期严重过载时,经过一定延时,热继电器的常闭触点断开,常开触点闭合。其常闭触点与接触器的线圈串联,过载时接触器线圈断电,电机停止运行,起到保护作用。有的热继电器需要手动复位,即热继电器动作后要按一下它自带的复位按钮,其触点才会恢复原状,即常开触点断开,常闭触点闭合,这种热继电器的常闭触点可以像图6-3那样接在PLC的输出回路,仍然与接触器的线圈串联,这种方案可以节约PLC的一个输入点。有的热继电器有自动复位功能,即热继电器动作后电机停转,串接在主回路中的热继电器的热元件冷却,热继电器的触点自动恢复原状。如果这种热继电器的常闭触点仍然接在PLC的输出回路,电机停转后过一段时间会因热继电器的触点恢复原状而自动重新运转,可能会造成设备和人身事故。因此,有自动复位功能的热继电器的常闭触点不能接在PLC的输出回路,必须将它的触点接在PLC的输入端(可接常开触点或常闭触点),用梯形图来实现电机的过载保护。如果用电子式电机过载保护器来代替热继电器,也应注意它的复位方式。

三、常闭触点输入信号的处理

有些输入信号只能由常闭触点提供,图6-5(a)是控制电机运行的继电器电路图,SB1和SB2分别是启动按钮和停止按钮,如果将它们的常开触点接到PLC的输入端,梯形图中触点的类型与图6-5(a)完全一致。如果接入PLC的是SB2的常闭触点,按下图6-5(b)中的SB2,其常闭触点断开,X1变为OFF,它的常开触点断开,显然在梯形图中应将X1的常开触点与Y0的线圈串联(见图6-5(c)),但是这时在梯形图中所用的X1的触点类型与PLC外接SB2的常开触点时刚好相反,与继电器电路图中的习惯也是相反的。这里建议尽可能用常开触点作PLC的输入信号。

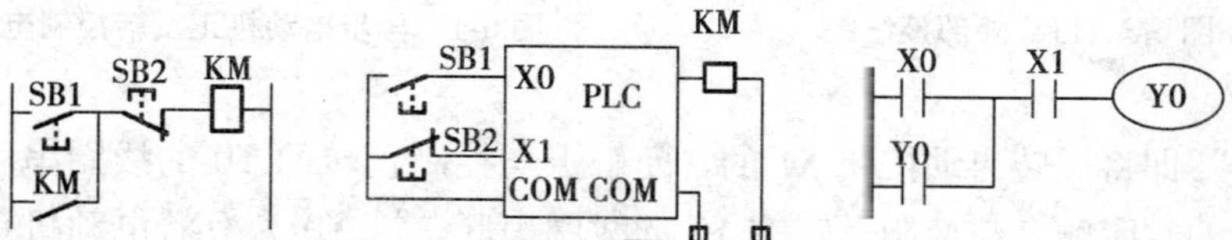

图6-5 常闭触点输入电路

如果某些信号只能用常闭触点输入,可以按输入全部为常开触点来设计,然后将梯形图中相应的输入继电器的触点改为相反的触点,即常开触点改为常闭触点、常闭触点改为常开触点。

第二节　时序控制系统梯形图的设计方法

时序逻辑设计法适用PLC各输出信号的状态变化有一定的时间顺序的场合，在程序设计时根据画出的各输出信号的时序图，理顺各状态转换的时刻和转换条件，找出输出与输入及内部触点的对应关系，并进行适当化简。一般来讲，时序逻辑设计法应与经验法配合使用，否则将可能使逻辑关系过于复杂。

时序逻辑设计法的编程步骤：

(1)根据控制要求，明确输入/输出信号个数。

(2)明确各输入和各输出信号之间的时序关系，画出各输入和输出信号的工作时序图。

(3)将时序图划分成若干个时间区段，找出区段间的分界点，弄清分界点处输出信号状态的转换关系和转换条件。

(4)PLC的I/O、内部辅助继电器和定时器/计数器等进行分配。

(5)列出输出信号的逻辑表达式，根据逻辑表达式画出梯形图。

(6)通过模拟调试，检查程序是否符合控制要求，结合经验设计法进一步修改程序。

一、定时范围的扩展

FX系列定时器最长定时时间为3 276.7s，如果需要更长的定时时间，可使用图6-6所示的电路。当X2为OFF时，T0和C0处于复位状态，它们不能工作。X2为ON时，其常开触点接通，T0开始定时，3 000s后100ms定时器T0的定时时间到，其当前值等于设定值，它的常闭触点断开，使它自己复位，复位后T0的当前值变为0，接着它的常闭触点接通，使它自己的线圈重新“通电”，又开始定时。T0就这样周而复始地工作，直到X2变为OFF。从上面的分析可知，图6-6中最上面一行电路是一个脉冲信号发生器，脉冲周期等于T0的设定值。产生的脉冲列送给C0计数，计满30 000个数(即25 000h)值，它的常开触点闭合。设T0和C0的设定值分别为K_T和K_C。对于100ms定时器，总的定时时间为：

$$T = 0.1K_TK_C(s)$$

如用特殊辅助继电器M8014的触点向计数器提供周期为1min的时钟脉冲，单个定时器的最长定时时间为32 767min。

二、闪烁电路

设开始时图6-7中的T0和T1均为OFF，X0的常开触点接通后，T0的线圈“通电”，2s后定时时间到，T0的常开触点接通，使Y0变为ON，同时T1的线圈“通电”，开始定时。3s后T1的定时时间到，它的常闭触点断开，使T0的线圈“断电”，T0的常开触点断开，使Y0变为OFF，同时使T1的线圈“断电”，其常闭触点接通，T0又开始定时，以后Y0的线圈将这样周期性地“通电”和“断电”，达到了闪烁的效果，直到X0变为OFF，电路停止闪烁。Y0“通电”和“断电”的时间分别等于T1和T0的设定值。

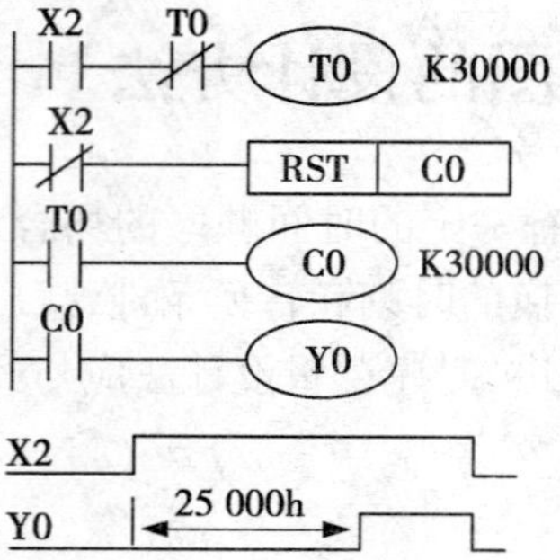

图 6-6　定时范围的扩展

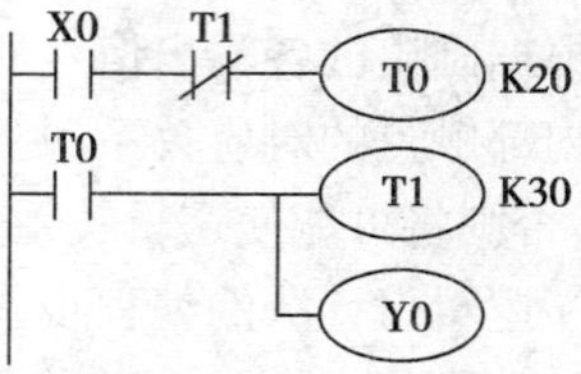

图 6-7　闪烁电路

三、延时接通延时断开电路

图 6-8 中的电路用 X0 控制 Y1，要求在 X0 变为 ON 再过 9s 后 Y1 才变为 ON，X0 变为 OFF 再过 7s 后 Y1 才变为 OFF，Y1 用启、保、停电路来控制。X0 的常开触点接通后，T0 开始定时，9s 后 T0 的常开触点接通，使 Y1 变为 ON。X0 为 ON 时其常闭触点断开，使 T1 复位，X0 变为 OFF 后 T1 开始定时，7s 后 T1 的常闭触点断开，使 Y1 变为 OFF，T1 亦被复位。

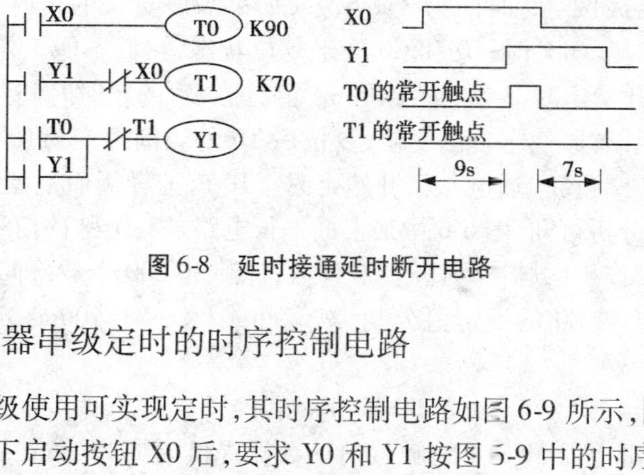

图 6-8　延时接通延时断开电路

四、多个定时器串级定时的时序控制电路

多个定时器串级使用可实现定时，其时序控制电路如图 6-9 所示，图中输出继电器得到了延时控制。按下启动按钮 X0 后，要求 Y0 和 Y1 按图 6-9 中的时序工作，图中用 T0、T1 和 T2 来对三段时间定时。启动按钮提供给 X0 的是短信号，为了保证定时器的线圈有足够长的“通电”时间，用启、保、停电路控制 M0。按下启动按钮 X0 后，M0 变为 ON，其常开触点使定时器 T0 的线圈“通电”，开始定时，3s 后 T0 的常开触点闭合，使 T1 的线圈“通电”，T1 开始定时，4s 后 T1 的常开触点闭合，使 T2 的线圈“通电”，就这样各定时器依次对各段时间定时（见图 6-10），直至最后一段定时结束，T2 的常闭触点断开，使 M0 变为 OFF，M0 的常开触点断开，使 T0 的线圈“断电”，T0 的常开触点断开，又使 T1 的线圈“断电”，如此继续，直至所有的定时器都被复位，系统回到初始状态。控制 Y0 和 Y1 的输出电路可根据波形图来设计。由图 6-9 可知，Y0 的波形与 T0 的常开触点的波形相同，所以用 T0 的常开触点来控制 Y0 的线圈。Y1 的波形可由 T1 常开触点的波形取反后，再与 M0

的波形相“与”而得到，即 Y1 = M0 · T1，用常闭触点可以实现取反，“与”运算可用触点的串联来实现，所以 Y1 可用 M0 的常开触点和 T1 的常闭触点组成的串联电路来驱动。

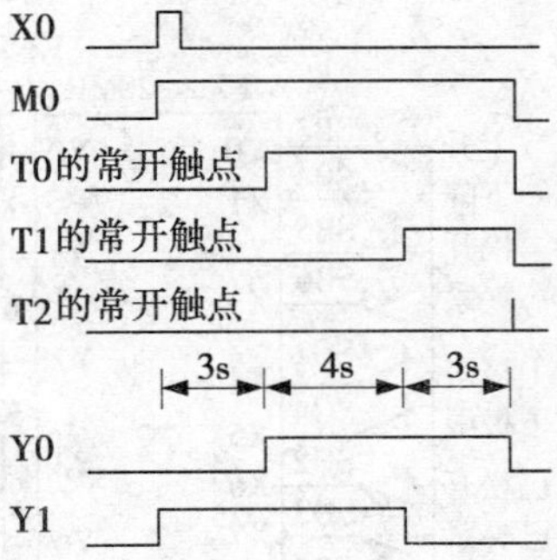

图 6-9　时序图

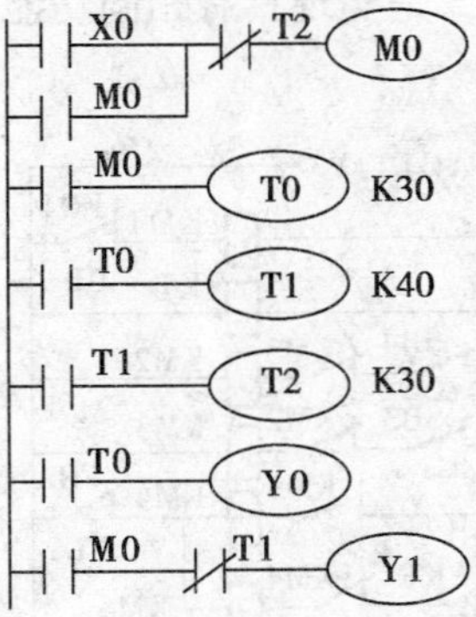

图 6-10　梯形图

第三节　用 PLC 改造继电器控制电路的方法

一、概述

用 PLC 改造继电器控制系统时，因为原有的继电器控制系统经过长期使用和考验，已经被证明能完成系统要求的控制功能，而继电器电路图与梯形图在表示方法和分析方法上有很多相似之处，因此可以根据继电器电路图来设计梯形图，即将继电器电路图“转换”为具有相同功能的 PLC 的外部硬件接线图和梯形图。因此，根据继电器电路图来设计梯形图是一条捷径。使用这种设计方法时应注意梯形图是 PLC 的程序，它是一种软件，而继电器电路是由硬件元件组成的。梯形图与继电器电路有很大的本质区别，例如在继电器电路图中，各继电器可以同时动作，而 PLC 的 CPU 是串行工作的，即 CPU 同时只能处理 1 条指令，根据继电器电路图设计梯形图时有很多需要注意的地方。这种设计方法一般不需要改动控制面板，保持了系统原有的外部特性，操作人员不用改变长期形成的操作习惯。

二、基本方法

在分析 PLC 控制系统的功能时，可以将它想象成一个继电器控制系统中的控制箱，其外部接线图描述了这个控制箱的外部接线，梯形图是这个控制箱的内部“线路图”，梯形图中的输入继电器和输出继电器是这个控制箱与外部世界联系的“接口继电器”，这样就可以用分析继电器电路图的方法来分析 PLC 控制系统。在分析时可以将梯形图中输入继电器的触点想象成对应的外部输入器件的触点或电路，将输出继电器的线圈想象成对应的外部负载的线圈。外部负载的线圈除了受梯形图的控制外，还可能受外部触点的控制。

图 6-11 是某摇臂钻床的继电器控制电路原理图。钻床的主轴电机用接触器 KM1 控制，摇臂的升降电机由 KM2 和 KM3 控制，立柱的松开和夹紧电机由 KM4 和 KM5 控制。图 6-12 和图 6-13 是实现具有相同功能的 PLC 控制系统的外部接线图和梯形图。

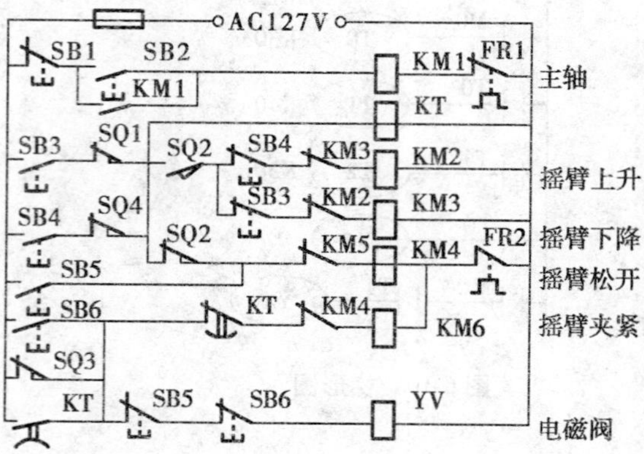

图 6-11　继电器控制电路原理图

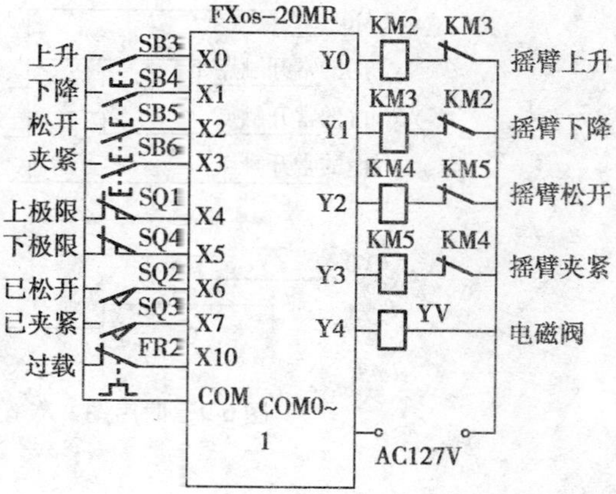

图 6-12　可编程控制器的外部接线图

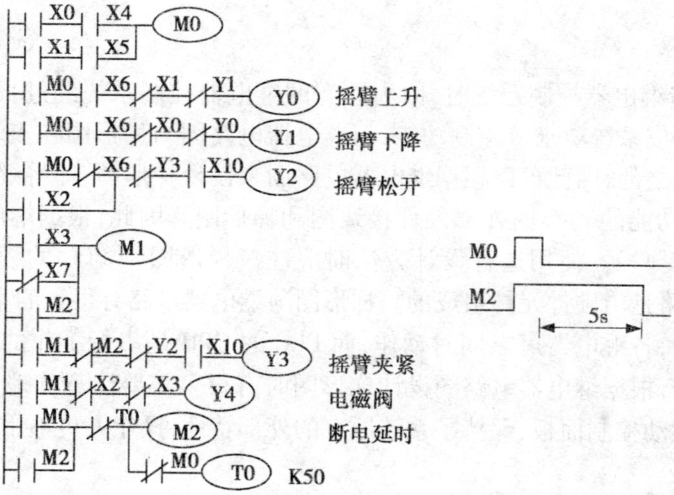

图 6-13　梯形图与断电延时的时序图

将继电器电路图转换为功能相同的 PLC 的外部接线图和梯形图的步骤如下：

(1)了解和熟悉被控设备的工艺过程和机械的动作情况，根据继电器电路图分析和掌握控制系统的工作原理，这样才能做到在设计和调试控制系统时心中有数。

(2)确定 PLC 的输入信号和输出负载，画出 PLC 的外部接线图。

继电器电路图中的交流接触器和电磁阀等执行机构由 PLC 的输出继电器来控制，它们的线圈接在 PLC 的输出端。按钮、控制开关、限位开关、接近开关等用来给 PLC 提供控制命令和反馈信号，它们的触点接在 PLC 的输入端。继电器电路图中的中间继电器和时间继电器的功能用 PLC 内部的辅助继电器和定时器来完成，它们与 PLC 的输入继电器和输出继电器无关。画出 PLC 的外部接线图后，同时也确定了 PLC 的各输入信号和输出负载对应的输入继电器和输出继电器的元件号。例如，图 6-12 中控制摇臂上升的按钮 SB3 接在 PLC 的 X0 输入端子上，该控制信号在梯形图中对应的输入继电器的元件号为 X0。在梯形图中，可以将 X0 的触点想象为 SB3 的触点。

(3) 确定继电器电路图中的中间继电器、时间继电器对应的梯形图中的辅助继电器(M)和定时器(T)的元件号。第 2 步和第 3 步建立了继电器电路图中的元件和梯形图中的元件号之间的对应关系，为梯形图的设计打下了基础。

(4) 根据上述对应关系画出梯形图。

三、设计时注意事项

根据继电器电路图设计梯形图时应注意以下问题。

(一) 应遵守梯形图语言中的语法规定

例如，在继电器电路图中，触点可以放在线圈的左边，也可以放在线圈的右边，但是在梯形图中，线圈和输出类指令(如 RST、SET 和应用指令等)必须放在电路的最右边。

(二) 设置中间单元

在梯形图中，若多个线圈都受某一触点串并联电路的控制，为了简化电路，在梯形图中可设置用该电路控制的辅助继电器，如图 6-13 中的 M0 和 M1，它们类似于继电器电路中的中间继电器。

(三) 分离交织在一起的电路

在继电器电路中，为了减少使用的器件和少用触点，从而节省硬件成本，各个线圈的控制电路往往互相关联，交织在一起。如果将图 6-11 不加改动地直接转换为梯形图，要使用大量的进栈(MPS)、读栈(MRD)和出栈(MPP)指令，转换和分析这样的电路都比较麻烦。可以将各线圈的控制电路分离开来设计(见图 6-13)，这样处理可能会多用一些触点，因为没有用堆栈指令，与直接转换的方法相比，所用的指令条数相差不会太大。即使多用一些指令，也不会增加硬件成本，对系统的运行也不会有什么影响。

设计梯形图时以线圈为单位，分别考虑继电器电路图中每个线圈受到哪些触点和电路的控制，然后画出相应的等效梯形图电路。

(四) 常闭触点提供的输入信号的处理

设计输入电路时，应尽量采用常开触点，如果只能使用常闭触点，梯形图中对应触点的常开/常闭类型应与继电器电路图中的相反。例如，图 6-12 PLC 的输入电路中限位开关 SQ1 的常闭触点接在 X4 端子上，继电器电路图中 SQ1 的常闭触点在梯形图中对应的是 X4 的常开触点。

(五) 梯形图电路的优化设计

为了减少语句表指令的指令条数，在串联电路中，单个触点应放在电路块的右边，在并联电路中，单个触点应放在电路块的下面。

（六）时间继电器瞬动触点的处理

除了延时动作的触点外，时间继电器还有在线圈通电或断电时瞬时动作的瞬动触点。对于有瞬动触点的时间继电器，可以在梯形图中对应的定时器的线圈两端并联辅助继电器，后者的触点相当于时间继电器的瞬动触点。

（七）断电延时的时间继电器的处理

图 6-11 中的 KT 属于线圈断电后开始延时的时间继电器。FX 系列 PLC 没有相同功能的定时器，但是可以用线圈通电后延时的定时器来实现断电延时功能（见图 6-13 中最下面的两行电路和波形图）。

（八）外部连锁电路的处理

为了防止控制正反转的两个接触器同时动作，造成三相电源短路，应在 PLC 外部设置硬件连锁电路。图 6-12 中的 KM2 与 KM3、KM4 与 KM5 的线圈分别不能同时通电，除了在梯形图中设置与它们对应的输出继电器的线圈串联的常闭触点组成的软件互锁电路外，还应在 PLC 外部设置硬件互锁电路。

（九）热继电器过载信号的处理

如果热继电器属于自动复位型，其触点提供的过载信号必须通过输入电路提供给 PLC（见图 6-12 中的 FR2），用梯形图实现过载保护。如果属于手动复位型热继电器，其常闭触点可以在 PLC 的输出电路中与控制电机的交流接触器的线圈串联。

（十）尽量减少 PLC 的输入信号和输出信号

PLC 的价格与 I/O 点数有关，减少输入/输出信号的点数是降低硬件费用的主要措施。一般只需要同一输入器件的一个常开触点或常闭触点给 PLC 提供输入信号，在梯形图中，可以多次使用同一输入继电器的常开触点和常闭触点。

在继电器电路图中，如果几个输入元件触点的串并联电路只出现一次或总是作为一个整体多次出现，可以将它们作为 PLC 的一个输入信号，只占 PLC 的一个输入点。某些器件的触点如果在继电器电路图中只出现一次，并且与 PLC 输出端的负载串联（如有手动复位功能的热继电器的常闭触点），不必将它们作为 PLC 的输入信号，可以将它们放在 PLC 外部的输出回路，仍与相应的外部负载串联。继电器控制系统中某些相对独立且比较简单的部分，可以用继电器电路控制，这样同时减少了所需的 PLC 的输入点和输出点。例如，图 6-11 中控制主轴电机的交流接触器 KM1 的电路相当简单，它与别的电路也没有什么联系，像这样的电路没有必要用 PLC 来控制，应仍然用继电器电路来控制。

（十一）外部负载的额定电压

PLC 的继电器输出模块和双向晶闸管输出模块一般只能驱动额定电压 Ac 220V 的负载，如果系统原来的交流接触器的线圈电压为 380V 的，应将线圈换成 220V 的，或在 PLC 外部设置中间继电器。

第四节　顺序控制设计法

一、顺序控制设计法

用经验设计法设计梯形图时，没有一套固定的方法和步骤可以遵循，具有很大的试探性和随意性，对于不同的控制系统，没有一种通用的容易掌握的设计方法。在设计复杂系统的梯形图时，用大量的中间单元来完成记忆、连锁和互锁等功能，由于需要考虑的因素很多，它们往往又交织在一起，分析起来非常困难，并且很容易遗漏一些应该考虑的问题。修改某一局部电路时，可能对系统的其他部分产生意想不到的影响，因此梯形图的修改也很麻烦，花了很长的时间还得不到一个满意的结果。用经验法设计出的梯形图往往很难阅读，给系统的维修和改进带来了很大的困难。

所谓顺序控制，就是按照生产工艺预先规定的顺序，在各个输入信号的作用下，根据内部状态和时间的顺序，在生产过程中各个执行机构自动地有秩序地进行操作。使用顺序控制设计法时，首先根据系统的工艺过程，画出顺序功能图，然后根据顺序功能图画出梯形图。有的 PLC 编程软件为用户提供了顺序功能图（SFC）语言，在编程软件中生成顺序功能图后便完成了编程工作。

顺序控制设计法是一种先进的设计方法，很容易被初学者接受，对于有经验的工程师，也会提高设计的效率，程序的调试、修改和阅读也很方便。

使系统由当前步进入下一步的信号称为转换条件，转换条件可以是外部的输入信号，如按钮、指令开关、限位开关的接通/断开等；也可以是 PLC 内部产生的信号，如定时器、计数器常开触点的接通等。转换条件还可能是若干个信号的与、或、非逻辑组合。

顺序控制设计法用转换条件控制代表各步的编程元件，让它们的状态按一定的顺序变化，然后用代表各步的编程元件去控制 PLC 的各输出继电器。

顺序功能图（Sequential Function Chart，简称为 SFC）是描述控制系统的控制过程、功能和特性的一种图形，也是设计 PLC 的顺序控制程序的有力工具。顺序功能图并不涉及所描述的控制功能的具体技术，它是一种通用的技术语言，可以供进一步设计和不同专业的人员之间进行技术交流之用。1993 年 5 月公布的 IEC PLC 标准（IECl131）中，顺序功能图被定为 PLC 位居首位的编程语言。顺序功能图主要由步、有向连线、转换、转换条件和动作（或命令）组成。

二、步与动作

（一）步

顺序控制设计法最基本的思想是将系统的一个工作周期划分为若干个顺序相连的阶段，这些阶段称为步（Step），可以用编程元件（例如辅助继电器 M 和状态继电器 S）来代表各步。步是根据输出量的状态变化来划分的，在任何一步之内，各输出量的 ON/OFF 状态不变，但是相邻两步输出量总的状态是不同的，步的这种划分方法使代表各步的编程元件的状态与各输出量的状态之间有着极为简单的逻辑关系。

送料小车开始停在左侧限位开关 X2 处（见图 6-14），按下启动按钮 X0，Y2 变为 ON，打开储料斗的闸门，开始装料，同时用定时器 T0 定时，10s 后关闭储料斗的闸门，Y0 变为 ON，开始右行，碰到限位开关 X1 后停下来卸料（Y3 为 ON），同时用定时器 T1 定时；5s 后 Y1 变为 ON，开始左行，碰到限位开关 X2 后返回初始状态，停止运行。

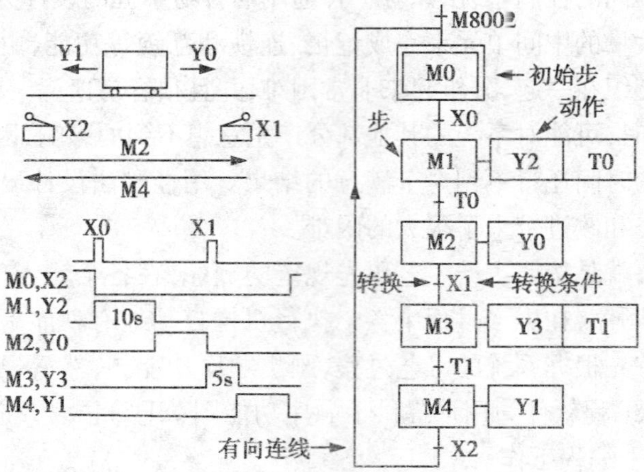

图 6-14　顺序功能图

根据 Y0 ~ Y3 的 ON/OFF 状态的变化，显然一个工作周期可以分为装料、右行、卸料和左行这 4 步，另外还应设置等待启动的初始步，分别用 M0 ~ M4 来代表这 5 步。图 6-14 左上部是小车运动的空间示意图，左下部是有关编程元件的波形图（时序图），右边是描述该系统的顺序功能图，图中用矩形方框表示步，方框中可以用数字表示该步的编号，一般用代表该步的编程元件的元件号作为步的编号，如 M0 等，这样在根据顺序功能图设计梯形图时较为方便。

（二）初始步

与系统的初始状态相对应的步称为初始步，初始状态一般是系统等待启动命令的相对静止的状态。初始步用双线方框表示，每一个顺序功能图至少应该有一个初始步。

（三）活动步

当系统正处于某一步所在的阶段时，该步处于活动状态，称该步为“活动步”。步处于活动状态时，相应的动作被执行；处于不活动状态时，相应的非存储型动作被停止执行。

（四）与步对应的动作或命令

可以将一个控制系统划分为被控系统和施控系统，例如在数控车床系统中，数控装置是施控系统，而车床是被控系统。对于被控系统，在某一步中要完成某些“动作”（action）；对于施控系统，在某一步中则要向被控系统发出某些“命令”（command）。为了叙述方便，下面将命令或动作统称为动作，并用矩形框中的文字或符号表示，该矩形框应与相应的步的符号相连。如果某一步有几个动作，可以用图 6-15 中的两种画法来表示，但是并不隐含这些动作之间的任何顺序。在图 6-14 中，定时器 T0 的线圈应在 M1 为活动步时“通电”，M1 为不活动步时断电。从这个意义上来说，T0 的线圈相当于步 M1 的一个动作，所以将 T0 作为步 M1 的动作来处理。步 M1 下面的转换条件 T0 由在指定时间到时闭合的 T0 的常开触点提供。因此，动作框中的 T0 对应的

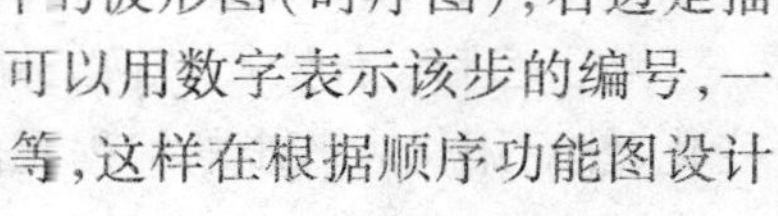

图 6-15　多个动作的表示方法

是 T0 的线圈，转换条件 T0 对应的是 T0 的常开触点。

三、有向连线与转换条件

(一) 有向连线

在顺序功能图中，随着时间的推移和转换条件的实现，将会发生步的活动状态的进展，这种进展按有向连线规定的路线和方向进行。在画顺序功能图时，将代表各步的方框按它们成为活动步的先后次序顺序排列，并用有向连线将它们连接起来。步的活动状态习惯的进展方向是从上到下或从左至右，在这两个方向有向连线上的箭头可以省略。如果不是上述的方向，应在有向连线上用箭头注明进展方向。在可以省略箭头的有向连线上，为了更易于理解也可以加箭头。

如果在画图时有向连线必须中断（例如在复杂的图中，或用几个图来表示一个顺序功能图时），应在有向连线中断之处标明下一步的标号和所在的页数。

(二) 转换

转换用有向连线上与有向连线垂直的短画线来表示，转换将相邻两步分隔开。步的活动状态的进展是由转换的实现来完成的，并与控制过程的发展相对应。

(三) 转换条件

转换条件是与转换相关的逻辑命题，转换条件可以用文字语言、布尔代数表达式或图形符号标注在表示转换的短线的旁边，使用得最多的是布尔代数表达式（见图 6-16）。转换条件 X0 和 $\overline{X0}$ 分别表示当输入信号 X0 为 ON 和 OFF 时转换实现。↑X0 和↓ X0 分别表示当 X0 从 0—1 状态和从 1—0 状态时转换实现。图 6-16(b) 中用高电平表示步 12 为活动步，反之用低电平表示。转换条件 X0 · $\overline{C0}$ 表示 X0 的常开触点与 C0 的常闭触点同时闭合，在梯形图中则用两个触点的串联来表示这样一个“与”转换条件。为了便于将顺序功能图转换为梯形图，最好用代表各步的编程元件的元件号作为步的代号，并用编程元件的元件号来标注转换条件和各步的动作或命令。

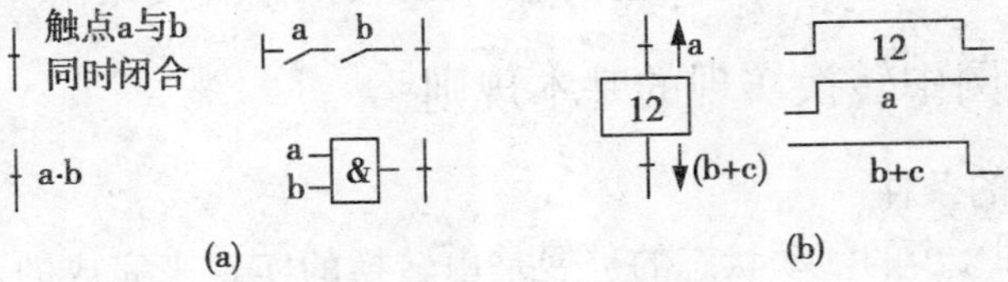

图 6-16　转换与转换条件

四、顺序功能图的基本结构

(一) 单序列

单序列由一系列相继激活的步组成，每一步的后面仅有一个转换，每一个转换的后面只有一个步（见图 6-17(a)）。

(二) 选择序列

选择序列的开始称为分支（见图 6-17(b)），转换符号只能标在水平连线之下。如果步 5 是活动步，并且转换条件 h = l，将发生由步 5 到步 8 的进展。如果步 5 是活动步，并且 k = 1，将发生由步 5 到步 10 的进展。如果将选择条件 k 改为 kh，则当 k 和 h 同时为 ON 时，将优先选择 h 对应的序列，一般只允许同时选择一个序列，即选择序列中的各序列是互相排斥的，其中的任何两个序列都不会同时执行。选择序列的结束称为合并（见图 6-17（b）），几个选择序列合并到一个公共序列时，用需要重新组合的序列相同数量的转换符号和水平连线来表示，转换符号只允许标在水平连线之上。如果步 9 是活动步，并且转换条件 j = 1，将发生由步 9→步 12 的进展；如果步 11 是活动步，并且 n = 1，将发生由步 11→步 12 的进展。

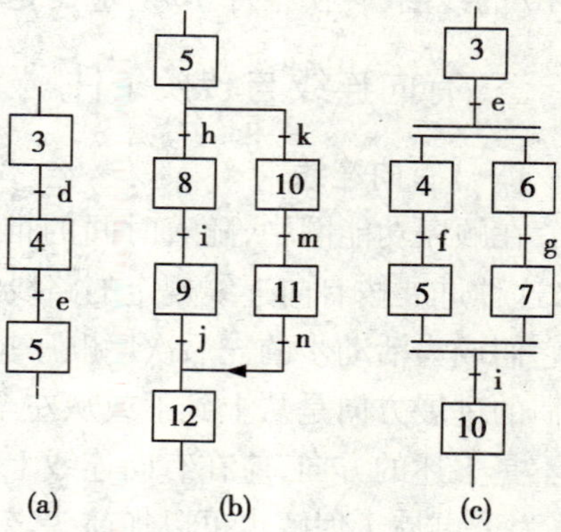

图 6-17　单序列、选择序列与并行序列

（三）并行序列

并行序列的开始称为分支（见图 6-17（c）），当转换的实现导致几个序列同时激活时，这些序列称为并行序列。当步 3 是活动步，并且转换条件 e = 1，4 和 6 这两步同时变为活动步；同时步 3 变为不活动步。为了强调转换的同步实现，水平连线用双线表示。步 4、6 被同时激活后，每个序列中活动步的进展将是独立的。在表示同步的水平双线之上，只允许有一个转换符号。并行序列用来表示系统的几个同时工作的独立部分的工作情况。

并行序列的结束称为合并（见图 6-17（c）），在表示同步的水平双线之下，只允许有一个转换符号。当直接连在双线上的所有前级步（步 5、7）都处于活动状态，并且转换条件 i = 1时，才会发生步 5、7 到步 10 的进展，即步 5、7 同时变为不活动步，而步 10 变为活动步。

在每一个分支点，最多允许 8 条支路，每条支路的步数不受限制。

五、顺序功能图中转换实现的基本规则

（一）转换实现的条件

在顺序功能图中，步的活动状态的进展是由转换的实现来完成的。转换实现必须同时满足两个条件：

（1）该转换所有的前级步都是活动步。

（2）相应的转换条件得到满足。

如果转换的前级步或后续步不止一个，转换的实现称为同步实现（见图 6-18）。为了强调同步实现，有向连线的水平部分用双线表示。

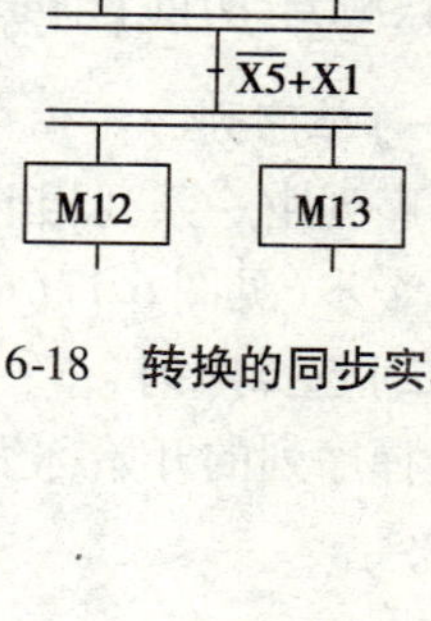

图 6-18　转换的同步实现

（二）转换实现应完成的操作

转换实现时应完成以下两个操作：

（1）使所有由有向连线与相应转换符号相连的后续

步都变为活动步。

(2)使所有由有向连线与相应转换符号相连的前级步都变为不活动步。

转换实现的基本规则是根据顺序功能图设计梯形图的基础,它适用于顺序功能图中的各种基本结构和下一章中介绍的各种顺序控制梯形图的编程方法。在梯形图中,用编程元件(如 M 和 S)代表步,当某步为活动步时,该步对应的编程元件为 ON。当该步之后的转换条件满足时,转换条件对应的触点或电路接通,因此可以将该触点或电路与代表所有前级步的编程元件的常开触点串联,作为与转换实现的两个条件同时满足对应的电路。例如图 6-18 中的转换条件为$\overline{X5}+X1$,它的两个前级步为步 M10 和步 M11,应将逻辑表达式$(\overline{X5}+X1)\cdot M10\cdot M11$对应的触点串并联电路作为转换实现的两个条件同时满足对应的电路。在梯形图中,该电路接通时,应使代表前级步的编程元件 M10 和 M11 复位,同时使代表后续步的编程元件 M12 和 M13 置位(变为 ON 并保持)。

六、绘制顺序功能图时的注意事项

下面是针对绘制顺序功能图时常见的错误提出的注意事项:

(1)两个步绝对不能直接相连,必须用一个转换将它们隔开。

(2)两个转换也不能直接相连,必须用一个步将它们隔开。

(3)顺序功能图中的初始步一般对应于系统等待启动的初始状态,这一步可能没有什么输出处于 ON 状态,因此有的初学者在画顺序功能图时很容易遗漏这一步。初始步是必不可少的,一方面因为该步与它的相邻步相比,从总体上说输出变量的状态各不相同;另一方面如果没有该步,无法表示初始状态,系统也无法返回停止状态。

(4)自动控制系统应能多次重复执行同一工艺过程,因此在顺序功能图中一般应有由步和有向连线组成的闭环,即在完成一次工艺过程的全部操作之后,应从最后一步返回初始步,系统停留在初始状态(单周期操作,见图 6-14),在连续循环工作方式时,将从最后一步返回下一工作周期开始运行的第一步。

(5)在顺序功能图中,只有当某一步的前级步是活动步时,该步才有可能变成活动步。如果用没有断电保持功能的编程元件代表各步,进入 RUN 工作方式时,它们均处于 OFF 状态,必须用初始化脉冲 M8002 的常开触点作为转换条件,将初始步预置为活动步(见图 6-14),否则因顺序功能图中没有活动步,系统将无法工作。如果系统有自动、手动两种工作方式,顺序功能图是用来描述自动工作过程的,这时还应在系统由手动工作方式进入自动工作方式时,用一个适当的信号将初始步置为活动步。

第五节　使用启、保、停电路的编程方法

根据顺序功能图来设计梯形图时,可以用辅助继电器 M 来代表步。某一步为活动步时,对应的辅助继电器为 ON,某一转换实现时,该转换的后续步变为活动步,前级步变为不活动步。很多转换条件都是短信号,即它存在的时间比它激活的后续步为活动步的时间短,因此应使用有记忆(或称保持)功能的电路(如启、保、停电路和置位、复位指令组成的电路)来控制代表步的辅助继电器。

启、保、停电路仅仅使用与触点和线圈有关的指令，各种型号的 PLC 的指令系统都有这一类指令，因此这是一种通用的编程方法，可以用于任意型号的 PLC。

图 6-19 中的步 M1、M2 和 M3 是顺序功能图中顺序相连的 3 步，X1 是步 M2 之前的转换条件。设计启、保、停电路的关键是提出它的启动条件和停止条件。根据转换实现的基本规则，转换实现的条件是它的前级步为活动步，并且满足相应的转换条件，所以步 M2 变为活动步的条件是它的前级步 M1 为活动步，且转换条件 X1 = 1。在启、保、停电路中，则应将前级步 M1 和转换条件 X1 对应的常开触点串联，作为控制 M2 的启动电路。当 M2 和 X2 均为 ON 时，步 M3 变为活动步，这时步 M2 应变为不活动步，因此可以将 M3 = 1 作为使辅助继电器 M2 变为 OFF 的条件，即将后续步 M3 的常闭触点与 M2 的线圈串联，作为启、保、停电路的停止电路。图 6-19 中的梯形图可以用逻辑代数式表示为 $M2=(M1\cdot X1+M2)\overline{M3}$。在这个例子中，可以用 X2 的常闭触点代替 M3 的常闭触点。但是当转换条件由多个信号经“与、或、非”逻辑运算组合而成时，应将它的逻辑表达式求反，再将对应的触点串并联电路作为启、保、停电路的停止电路，不如使用后续步的常闭触点这样简单方便。

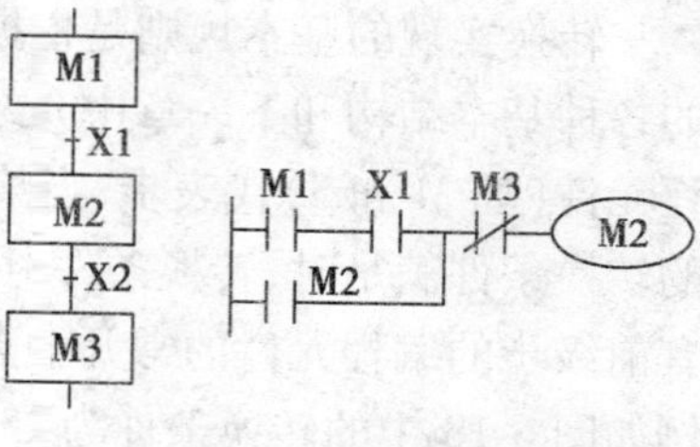

图 6-19　用启、保、停电路控制步

一、单序列的编程方法

图 6-20 是某小车运动的示意图、顺序功能图和启、保、停电路设计的梯形图。设小车在初始位置时停在右边，限位开关 X2 为 ON。按下启动按钮 X3 后，小车向左运动（简称左行），碰到限位开关 X1 时，变为右行；返回限位开关 X2 处变为左行，碰到限位开关 X0 时，变为右行，返回起始位置后停止运动。

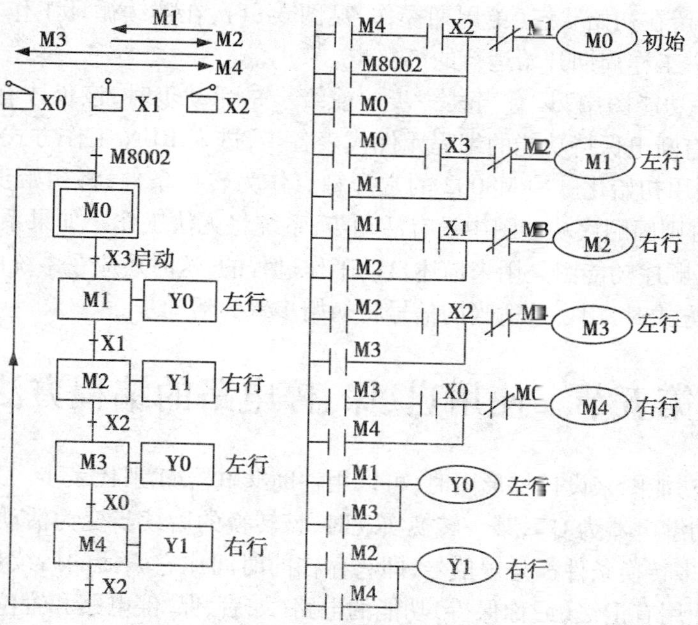

图 6-20　小车控制系统梯形图

一个工作周期可以分为1个初始步和4个运动步,分别用M0～M4来代表这5步。

根据上述的编程方法和顺序功能图,很容易画出梯形图。例如图6-20中步M1的前级步为M0,该步前面的转换条件为X3,所以M1的启动电路由M0和X3的常开触点串联而成,启动电路还并联了M1的自保持触点。

步M1的后续步是步M2,所以应将M2的常闭触点与M1的线圈串联,作为控制M1的起保停电路的停止电路,M2为ON时,其常闭触点断开,使M1的线圈“断电”。

PLC开始运行时应将M0置为ON,否则系统无法工作,故将M8002的常开触点与M0的启动电路(由M4和X2的常开触点串联而成)并联。

下面介绍设计梯形图的输出电路部分的方法。由于步是根据输出变量的状态变化来划分的,它们之间的关系极为简单,可以分为两种情况来处理:

(1)某一输出量仅在某一步中为ON,可以将它们的线圈分别与对应步的辅助继电器的线圈并联。有的人也许会认为,既然如此,不如用这些输出继电器来代表该步,这样做可以节省一些编程元件,但是辅助继电器是完全够用的,多用一些不会增加硬件费用,在设计和键入程序时也多花不了多少时间。全部用辅助继电器来代表步具有概念清楚、编程规范、梯形图易于阅读和查错的优点。

(2)某一输出继电器在几步中都应为ON,应将代表各有关步的辅助继电器的常开触点并联后,驱动该输出继电器的线圈。例如在图6-20中,Y0在步M1和M3中都应为ON,所以将M1和M3的常开触点并联后,来控制Y0的线圈。

二、选择序列结构的编程方法

复杂控制系统的顺序功能图由单序列、选择序列和并行序列组成,掌握了选择序列和并行序列的编程方法,就可以将复杂的顺序功能图转换为梯形图。

对选择序列和并行序列编程的关键在于对它们的分支和合并的处理,转换实现的基本规则是设计复杂系统梯形图的基本规则。

如图6-21是自动门控制系统的顺序功能图。人靠近自动门时,感应器X0为ON,Y0驱动电动机高速开门,碰到开门减速开关X1时,变为减速开门,碰到开门极限开关X2时电动机停转,开始延时。若在0.5s内感应器检测到无人,Y2启动电动机高速关门。碰到关门减速开关X4时,改为减速关门,碰到关门极限开关X5时电动机停转。在关门期间若感应器检测到有人,停止关门,T1延时0.5s后自动转换为高速开门。

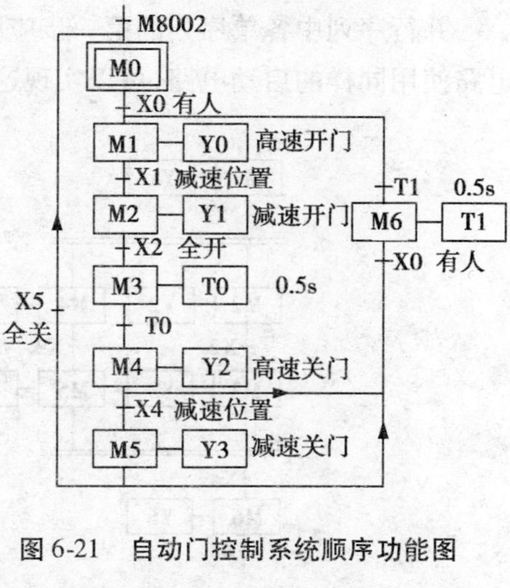

图6-21　自动门控制系统顺序功能图

下面介绍选择序列的分支的编程方法,如果某一步的后面有由N条分支组成的选择序列,该步可能转到不同的N步中去,应将这N个后续步对应的辅助继电器的常闭触点与该步的线圈串联,作为结束该步的条件。

在图 6-21 中步 M4 之后有一个选择序列的分支，当它的后续步 M5、M6 变为活动步时，它应变为不活动步。所以需将 M5 和 M6 的常闭触点与 M4 的线圈串联。同样，M5 之后也有一个选择序列的分支，处理方法同上。

对于选择序列的合并，如果某一步之前有 N 个转换（即有 N 条分支在该步之前合并后进入该步），则代表该步的辅助继电器的启动电路由 N 条支路并联而成，各支路由某一前级步对应的辅助继电器的常开触点与相应转换条件对应的触点或电路串联而成。

在图 6-21 中，步 M1 之前有一个选择序列的合并，当步 M0 为活动步并且转换条件 X0 满足，或 M6 为活动步，并且转换条件 T1 满足时，步 M1 都应变为活动步，即控制 M1 的启动、保持、停止电路的启动条件应为 M0 和 X0 的常开触点串联电路与 M6 和 T1 的常开触点串联电路进行并联（见图 6-22（a））。

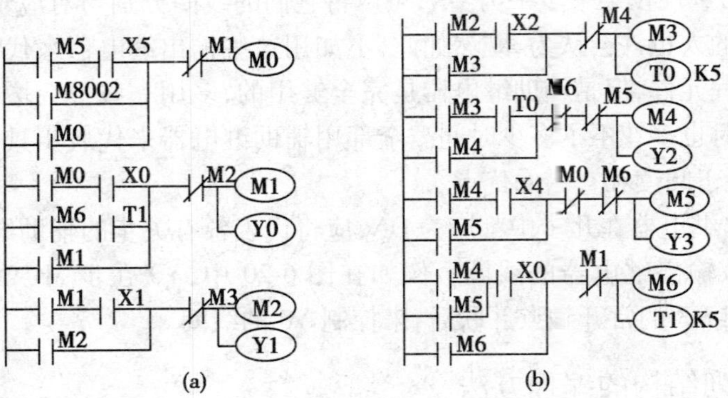

图 6-22　自动门控制系统梯形图

三、并行序列结构的编程方法

（一）并行序列分支的编程方法

并行序列中各单序列的第一步应同时变为活动步。对控制这些步的启动、保持、停止电路使用同样的启动电路，可以实现这一要求。如图 6-23 中 M1 之后有一个并行序列的

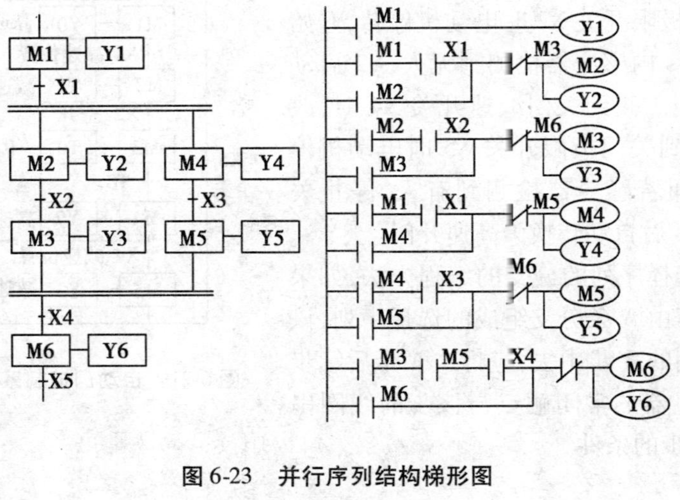

图 6-23　并行序列结构梯形图

分支,当步 M1 为活动步且转换条件 X1 满足时,步 M2 和步 M4 同时变为活动步,即 M1 和 X1 的常开触点串联电路同时作为控制步 M2 和步 M4 的启动电路。

(二)并行序列合并的编程方法

图 6-23 中步 M6 之前有个并行序列的合并,该转换实现的条件是所有的前级步(即步 M3 和步 M5)都是活动步且转换条件 X4 满足。由此可知,应将 M3、M5 和 X4 的常开触点串联,作为控制步 M6 的启动电路。

第六节 以转换为中心的编程方法

一、单序列的编程方法

图 6-24 给出了以转换为中心的编程方法的顺序功能图与梯形图的对照关系。实现图中 X1 对应的转换需要同时满足两个条件:该转换的前级步是活动步(M1 = 1)和转换条件满足(X1 = 1)。在梯形图中可以用 M1 和 Xl 的常开触点组成的串联电路来表示上述条件。该电路接通时,两个条件同时满足,此时应完成两个操作:将该转换的后续步变为活动步(用 SET 指令将 M2 置位)和将该转换的前级步变为不活动步(用 RST 指令将 Ml 复位),这种编程方法与转换实现的基本规则之间有着严格的对应关系,用它编制复杂的顺序功能图的梯形图时,更能显示出其优越性。

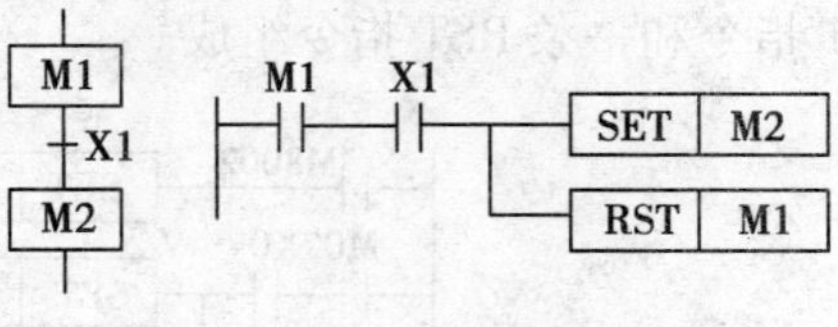

图 6-24 以转换为中心的编程方式

如图 6-25 给出了图 6-20 控制系统的梯形图。

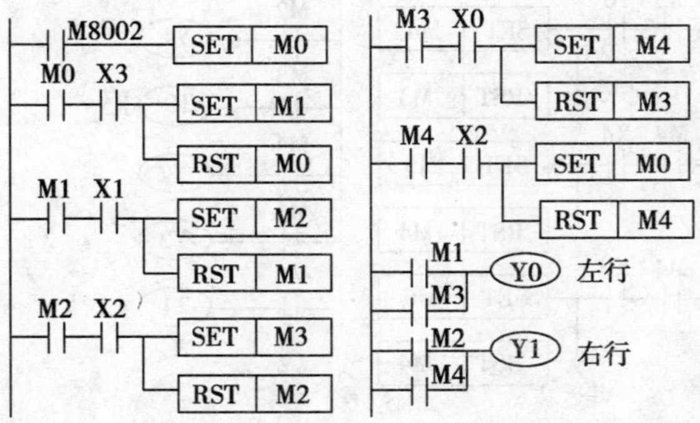

图 6-25 以转换为中心单序列的编程

在顺序功能图中,如果某转换所有的前级步都是活动步并且相应的转换条件满足,则转换可以实现。在以转换为中心的编程方法中,用该转换所有前级步对应的辅助继电器的常开触点与转换对应的触点或电路串联,作为使所有后续步对应的辅助继电器置位(使用 SET 指令)和使所有前级步对应的辅助继电器复位(使用 RST 指令)的条件。在任何情况下,代表步的辅助继电器的控制电路都可以用这一原则来设计,每一个转换对应一个这样的控制置位和复位的电路块，有多少个转换就有多少个这样的电路块。这种设计方法很有规律，在设计复杂的顺序功能图的梯形图时既容易掌握，又不容易出错。

使用这种编程方法时，不能将输出继电器的线圈与SET和RST指令并联，这点要特别注意。应根据顺序功能图，用代表步的辅助继电器的常开触点或它们的并联电路来驱动输出继电器的线圈。

二、选择序列的编程方法

如果某一转换与并行序列的分支、合并无关，那么它的前级步和后续步都只有一个，需要置位、复位的辅助继电器也只有一个，因此对选择序列的分支与合并的编程方法实际上与对单序列的编程方法完全相同。

如图6-26给出了图6-21自动门控制系统的梯形图。每一个控制置位、复位的电路块都由前级步对应的辅助继电器的常开触点和转换条件的常开触点组成的串联电路、一条SET指令和一条RST指令组成。

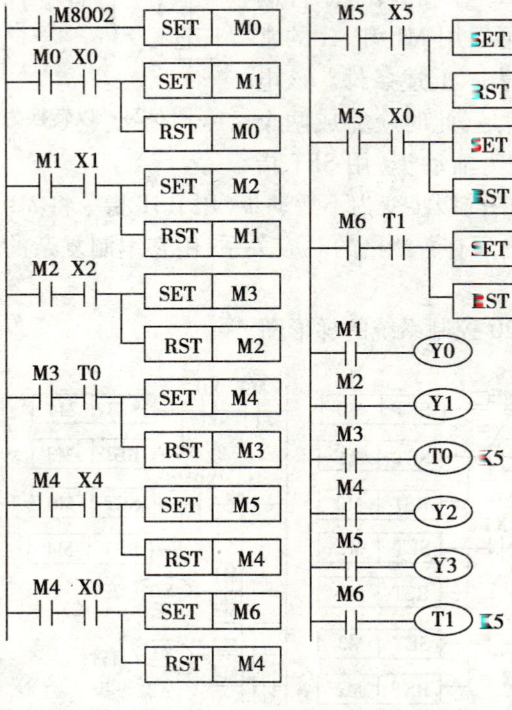

图6-26　以转换为中心选择序列的编程

三、并行序列的编程方法

如图6-27给出了图6-23顺序功能图的梯形图。

图6-23中步M1之后有一个并行序列的分支，当M1是活动步时，并且转换条件X1满足，步M2和步M4应同时变为活动步，需将M1和X1的常开触点串联，作为使M2和

M4 同时置位 M1 复位的条件(如图 6-27)。

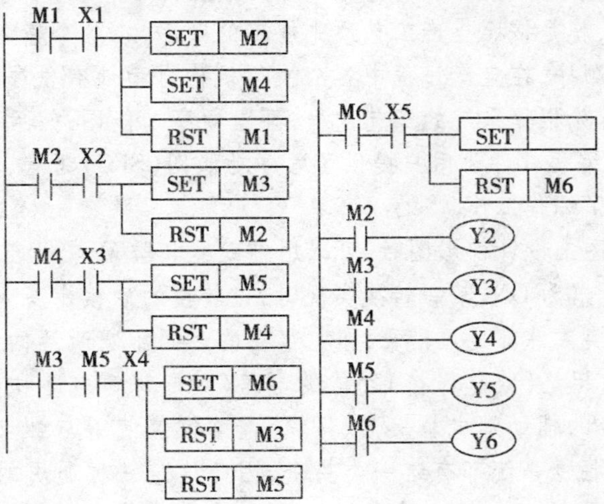

图 6-27　以转换为中心并行序列的编程

图 6-23 中步 M6 之前有一个并行序列的合并,该转换实现的条件是所有的前级步(即步 M3 和 M5)都是活动步,并且转换条件 X4 满足,需将 M3、M5 和 X4 的常开触点串联,作为 M6 置位和 M3、M5 同时复位的条件。

如图 6-28 所示,转换的上面是并行序列的合并,转换的下面是并行序列的分支,该转换实现的条件是所有的前级步(即步 M3 和 M5)都是活动步,和转换条件 X10 满足,所以,应将 M3、M5、X10 的常开触点组成的串联电路作为使 M4、M6 置位和使 M3、M5 复位的条件。

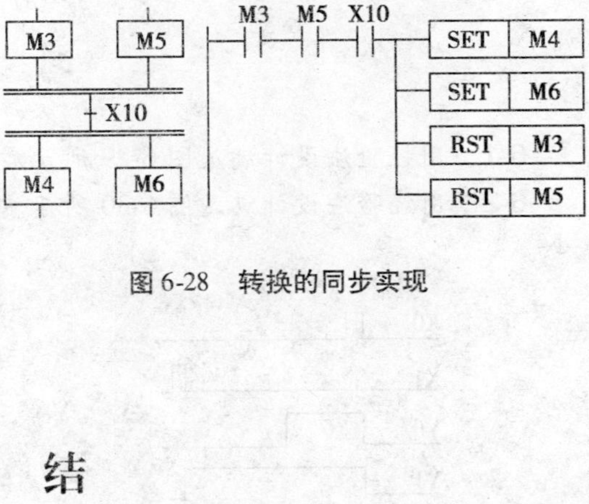

图 6-28　转换的同步实现

小　结

经验设计法是采用设计继电器电路图的方法来设计比较简单的开关量控制系统的梯形图,即在一些典型电路的基础上,根据被控对象对控制系统的具体要求,不断地修改和完善梯形图。

时序逻辑设计法适用 PLC 各输出信号的状态变化有一定的时间顺序的场合,在程序设计时根据画出的各输出信号的时序图,理顺各状态转换的时刻和转换条件,找出输出与输入及内部触点的对应关系,并进行适当化简。一般来讲,时序逻辑设计法应与经验法配合使用,否则将可能使逻辑关系过于复杂。

用 PLC 改造继电器控制电路的方法是根据继电器电路图来设计梯形图,即将继电器电路图“转换”为具有相同功能的 PLC 的外部硬件接线图和梯形图。

所谓顺序控制,就是按照生产工艺预先规定的顺序,在各个输入信号的作用下,根据内部状态和时间的顺序,在生产过程中各个执行机构自动地有秩序地进行操作。使用顺序控制设计法时,首先根据系统的工艺过程,画出顺序功能图,然后根据顺序功能图画出梯形图。有的 PLC 编程软件为用户提供了顺序功能图(SFC)语言,在编程软件中生成顺序功能图后便完成了编程工作。

根据顺序功能图来设计梯形图时,可以用辅助继电器 M 来代表步。某一步为活动步时,对应的辅助继电器为 ON,某一转换实现时,该转换的后续步变为活动步,前级步变为不活动步。很多转换条件都是短信号,即它存在的时间比它激活的后续步为活动步的时间短,因此应使用有记忆(或称保持)功能的电路(如起保停电路和置位复位指令组成的电路)来控制代表步的辅助继电器。启、保、停电路仅仅使用与触点和线圈有关的指令,各种型号的 PLC 的指令系统都有这一类指令,因此这是一种通用的编程方法,可以用于任意型号的 PLC。

在顺序功能图中,如果某转换所有的前级步都是活动步并且相应的转换条件满足,则转换可以实现。在以转换为中心的编程方法中,用该转换所有前级步对应的辅助继电器的常开触点与转换对应的触点或电路串联,作为使所有后续步对应的辅助继电器置位(使用 SET 指令)和使所有前级步对应的辅助继电器复位(使用 RST 指令)的条件。这种设计方法很有规律,在设计复杂的顺序功能图的梯形图时既容易掌握,又不容易出错。

习　题

6-1　用经验法设计满足图 6-29 所示波形的梯形图。

6-2　用经验法设计满足图 6-30 所示波形的梯形图。

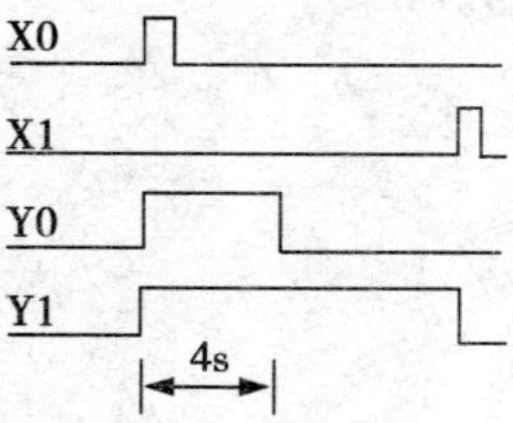

图 6-29

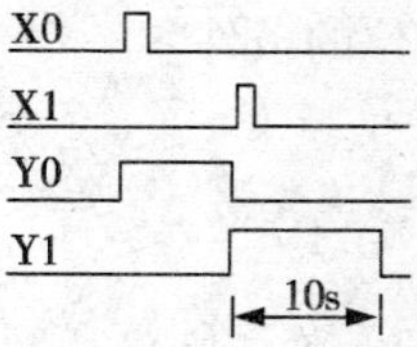

图 6-30

6-3　按下按钮 X0 后 Y0 变为 ON 并自保持,T0 定时 7s 后,用 C0 对 X1 输入的脉冲计数,计满 4 个脉冲后,Y0 变为 OFF(见图 6-31),同时 C0 和 T0 被复位在 PLC 刚开始执行用户程序时,C0 也被复位,试设计出梯形图。

6-4　用经验设计法设计图 6-32 所示要求的输入输出关系的梯形图。

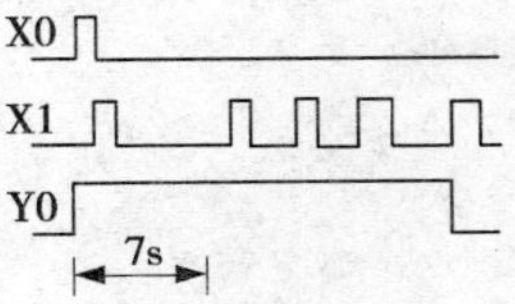

图 6-31

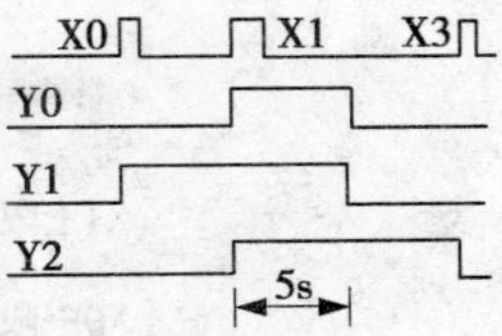

图 6-32

6-5　送料小车用异步电机拖动，如图 6-33 所示，按钮 X0 和 X1 分别用来启动小车右行和左行。小车在限位开关 X3 处装料，Y2 为 ON；10s 后装料结束，开始右行，碰到 X4 后停下来卸料，Y3 为 ON，15s 后左行，碰到 X3 后又停下来装料，这样不停地循环工作，直到按下停止按钮 X2 后停止运行。画出 PLC 的外部接线图，用经验法设计小车送料控制系统的梯形图。

6-6　用时序控制法设计图 6-34 要求的输入输出关系的梯形图。

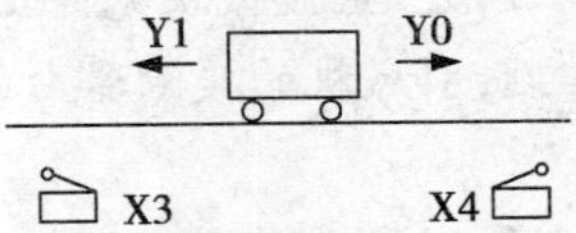

图 6-33

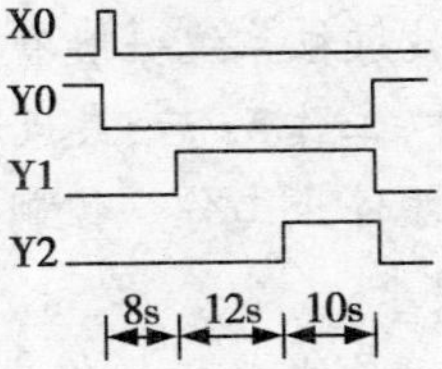

图 6-34

6-7　有一个三台皮带运输机传输系统，分别用电动机 M1、M2、M3 带动，控制要求如下：

按下启动按钮，先启动最末一台皮带机 M3，经 5s 后再依次启动其他皮带机。M3、M2、M1 正常运行时，M3、M2、M1 均工作。按下停止按钮时，先停止最前一台皮带机 M1，待料送完毕后再依次停止其他皮带机。试：

(1) 写出 I/O 分配表；

(2) 画出梯形图。

6-8　有一液体混合装置如图 6-35 所示，上限位、下限位和中限位液位传感器被液体淹没时为 ON，阀门 A、阀门 B 和阀门 C 为电磁阀，线圈通电时打开，线圈断电时关闭。开始时容器是空的，各个阀门均关闭，各传感器为断电状态。

(1) 按下启动按钮后，打开阀门 A，液体 A 流入容器，中限位开关变为 ON 时，关闭阀门 A，打开阀门 B，液体 B 流入容器。

(2) 当液面到达上限位开关时，关闭阀门 B，电机 M 开始运行，搅动液体，6s 后停止搅动，打开阀门 C，放出混合液。

(3) 当液面下降至下限位开关之后再过 2s，容器放空，关闭阀门 C，打开阀门 A，又开始下一周期的操作。

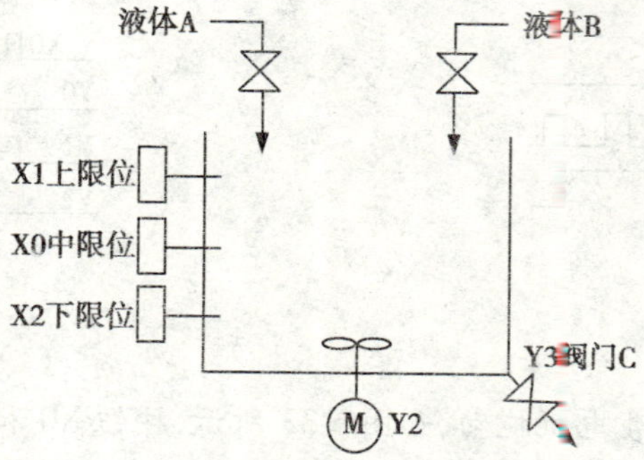

图 6-35　液体混合装置示意图

注意：按下停止按钮，在当前工作周期的操作结束后，才停止操作（停止在初始状态）

(1)设计 I/O 口；

(2)画出梯形图。

6-9　鼓风机系统一般有引风机和鼓风机两级构成。当按下启动按钮（X0）之后，引风机先工作，工作5s后，鼓风机工作。按下停止按钮（X1）之后，鼓风机先停止工作，5s之后，引风机才停止工作。控制鼓风机的接触器由X2控制，引风机的接触器由X3控制。

控制要求：

(1)将两台电扇模拟作为引风机和鼓风机通过继电器同PLC连接；

(2)连接好启动和停止开关。

6-10　用PLC改造如图6-36所示继电器控制线路。

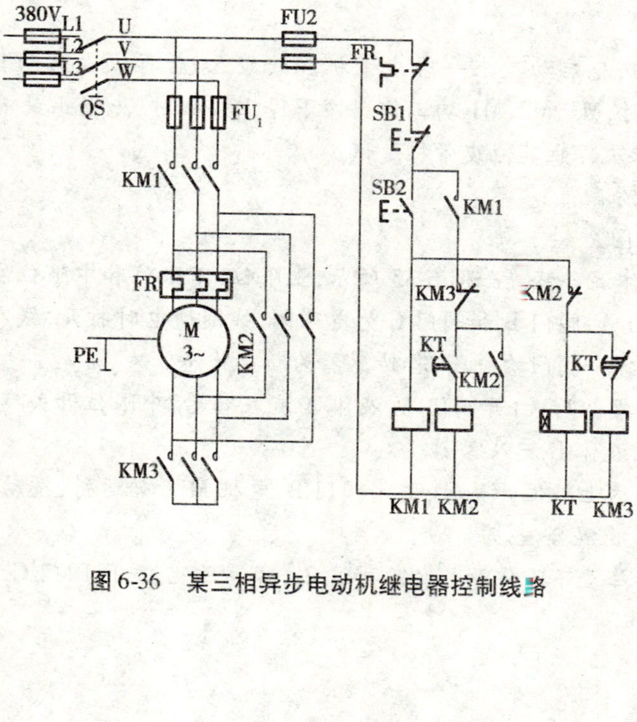

图 6-36　某三相异步电动机继电器控制线路

第七章　FX 系列可编程控制器步进梯形指令

内容提要　本章阐述了状态编程思想、步进梯形指令及其应用。

课程重点　步进梯形指令及其应用。

课程难点　步进指令的执行过程和有关注意事项。

教学目标　重点掌握步进梯形指令定义及功能；了解状态编程思想；能用步进梯形指令结合状态编程思想设计相对复杂的控制系统程序。

步进指令常用于时间和位移等顺序控制的操作过程。FX 系列可编程控制器的步进指令编程元件是状态继电器 S0 ~ S899 共 900 点，步进指令均由后备电池提供支持。使用步进指令时，先设计状态转移图，状态转移图中的每个状态表示顺序工作的一个操作，再将状态转移图翻译成步进梯形图。状态转移图和步进梯形图可以直观地表示顺序操作的流程，而且可以减少指令程序的条数和容易被人们所理解。

第一节　状态编程思想

前面章节中所介绍的 PLC 基本指令，各种型号的 PLC 大体上都具备，指令符号虽有所不同，但功能大同小异。应用上述指令，设计一般控制要求的梯形图程序非常方便，但对复杂控制系统来说，系统输入、输出点数较多，工艺复杂、相互连锁关系也复杂，设计人员在设计中需根据工艺要求，周密地考虑各执行机构的动作及相互关系，保证必要的连锁保护、自锁及一些特殊控制要求。因为需要考虑的因素很多，设计较为困难。在设计过程中，往往要经过多次反复的修改和试验，才能使设计符合要求。如何简化设计步骤，并使程序容易理解又便于维护呢？

在分析生产工艺过程对控制的要求后，我们发现不少生产过程都可以划分为若干个工序，每个工序对应一定的机构动作。在满足某些条件后，它又从一个工序转为另一个工序，通常这种控制被称为顺序控制。对于顺序控制的梯形图，许多 PLC 都设置了专门用于顺序控制或称为步进控制的指令。如三菱公司 FX_{2N} 系列 PLC 中的 STL 指令和 RET (Return)指令。

顺序控制是按顺序一步一步来进行控制的，进入下一步决定于转换条件是否满足。转换条件可以是时间条件、也可以是被控过程中的反馈信号，实际生产中往往是两者的紧密结合。顺序控制与逻辑控制不同，逻辑控制主要是描述输入、输出信号间的静态关系，而顺序控制则主要是描述输入、输出信号间的时间关系。所以，顺序控制的基本结构可以用状态转移图来描述。

状态转移图又叫状态流程图或顺序功能图，简称功能图。它是专用于工业顺序控制程序设计的一种功能说明性语言，是描述控制系统的控制过程、功能和特性的一种图形，也是分析、设计 PLC 顺序控制程序的一种有力工具，具有简单、直观等特点。

在中小型可编程控制器程序设计时，采用状态转移图法，首先要根据控制系统的工艺流程设计状态转移图，再将状态转移图人工转化为梯形图程序。大型或部分中型可编程控制器，有的可直接采用状态转移图进行编程。

状态编程思想是 PLC 程序设计的一种很重要的很有效的编程方法。

一、利用状态编程思想来进行 PLC 程序设计的步骤

首先要根据系统的工作过程来设计状态转移图，即将控制过程分解成若干个连续的阶段，这些阶被称为“状态”或“步”。每一状态都要完成一定的操作。状态与状态（步与步）之间由转换条件来分隔。当相邻两步之间的转换条件得到满足时，转换得以实现，即上一步的活动结束而下一步的活动开始，因此不会出现步活动的相互重叠情况。然后将状态转移图转换成梯形图。

其 PLC 程序设计的一般步骤是：

（1）按照机械工艺提供的电气执行元件功能表，用不同的 PLC 输入、输出点编号进行定义，并设计系统的 PLC 接线图。

（2）根据机械运动或工艺过程的工作内容、步骤、顺序和控制要求，对控制过程进行分解，并按顺序排列各个工序，对应每个工序分配一个不同的状态继电器，不同的状态继电器对应不同的 PLC 输出继电器或其他编程元件。

（3）用不同的 PLC 输入继电器或其他编程元件来定义状态转换条件。当某转换条件的实现内容不止一个时，每个内容均要定义一个 PLC 元件编号，并以逻辑组合形式表现出来。

（4）画出状态转移图。

（5）进行 PLC 梯形图程序设计。

二、状态编程实例

为说明状态编程思想，我们来看一个实例：某自动台车在启动前位于导轨的中部，按下启动按钮后，台车在电机 M 的带动下，在导轨上来回移动。图 7-1 是台车的示意图。

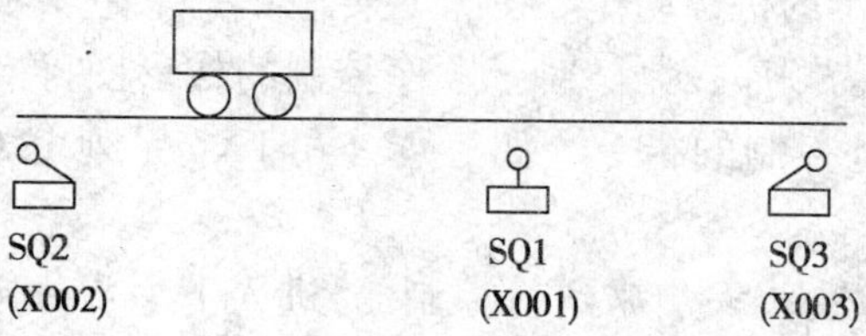

图 7-1　台车运动示意图

自动台车在一个工作周期里的控制工艺要求如下：

（1）按下启动按钮 SB，电机 M 正转，台车前进。

（2）碰到限位开关 SQ1 后，电机反转，台车后退。

(3)台车后退碰到限位开关 SQ2 后,台车电机 M 停止 5s。

(4)第二次前进碰到限位开关 SQ3 后,再次后退。

(5)当后退到限位开关 SQ2 时,台车停止。从而,工作周期结束。

下面以台车往返控制为例,说明运用状态编程思想设计状态转移图的方法和步骤。

(一)PLC 接线图的设计

为设计本控制系统的梯形图,先进行 PLC 的 I/O 分配。台车由电机 M 驱动,正转(前进)由 PLC 的输出点 Y1 控制,反转(后退)由 Y2 控制;选用定时器 T0 进行 5s 的延时;将启动按钮 SB 及限位开关 SQ1、SQ2、SQ3 分别与 PLC 的输入点 X0、X1、X2、X3 相连。其 PLC 的接线示意图如图 7-2 所示。

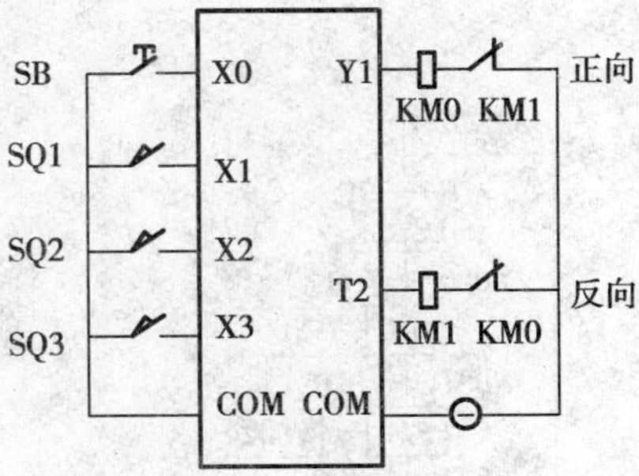

图 7-2 台车运动控制 PLC 接线图

(二)台车运动过程分解

将整个台车运动过程按任务要求分解,其中的每个工序均对应一个状态,每个状态元件的功能和作用如下:

初始状态:S0　PLC 上电做好工作准备;

前进:S20(输出 Y1,驱动电动机 M 正转);

后退:S21(输出 Y2,驱动电动机 M 反转);

延时 5s:S22(定时器 T0,设定为 5s,延时到 T0 线圈接通);

再前进:S23 同 S20;

再后退:S24 同 S21。

这里注意:虽然 S20 与 S23,S21 与 S24 功能相同,但它们是状态转移图中的不同工序,也就是不同的状态,故编号也不同。

(三)列出每个状态的转移条件

状态转移图就是状态和状态转移条件及转移方向构成的流程图,弄清转移条件是非常有必要的,所谓转移条件就是将下个状态“激活”的条件。经分析可知,本控制系统中,各状态的转移条件如下:

S20 的转移条件:SB;

S21 的转移条件:SQ1;

S22 的转移条件:SQ1;

S23 的转移条件:T0;

S24 的转移条件:SQ3。

状态的转移条件可以是单一的,也可以是多个元件的串、并联组合。

经过以上三步,可以得到台车往返控制的顺序状态转移图 7-3。

(四)台车往返运动梯形图设计

根据状态转移图 7-3,可以很方便地设计出梯形图,如图 7-4 所示。

从梯形图 7-4 中可看出,在台车的顺序控制过程中,每个状态在驱动负载的同时,还需对前面的状态进行复位,并置位新状态。为了简化这些操作,许多型号的 PLC 都有专门用于顺序控制的指令,如日本三菱公司中用于顺序控制的步进梯形指令。

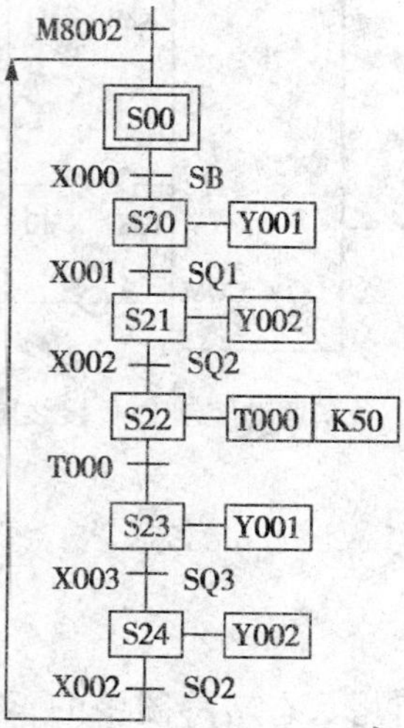

图 7-3　台车运动状态转移图

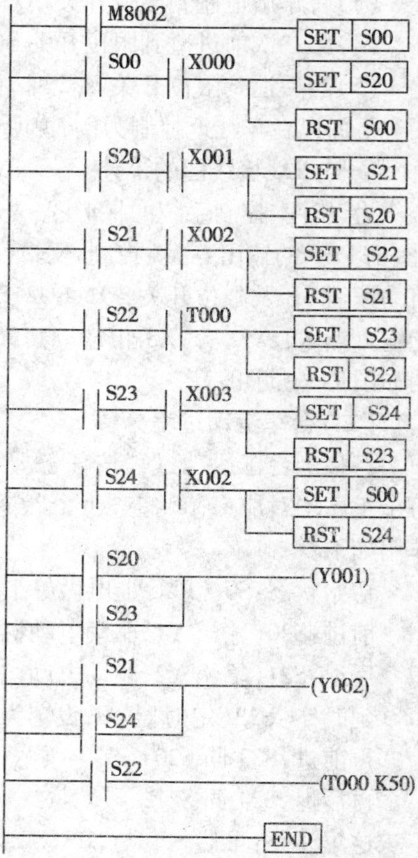

图 7-4　台车运动控制梯形图

第二节　步进梯形指令

FX_{2N}系列 PLC 除了基本指令以外，还有两条简单的步进指令，同时还有大量的状态继电器，这样就可以用类似于 SFC 语言的状态转移图方式编程。用步进指令设计 PLC 程序，通常是利用状态转移图，而且设计的程序与状态转移图有严格而明确的对应关系。设计时，首先要按工艺及控制要求画出系统的状态转移图，用状态寄存器对各状态命名，标出与各状态对应的执行元件的 PLC 输出编号和各转换条件的 PLC 输入编号；然后利用步进指令编程。

许多型号的 PLC 都有专门用于顺序控制的指令，日本三菱公司中用于顺序控制的指令有两条：步进梯形指令（Step Ladder Instruction）简称 STL 指令，以及使步进指令复位的 RET（Return）指令。

步进指令只能与状态继电器配合使用，三菱公司 FX_{2N}系列 PLC 的状态继电器元件有 900 点（S0 ~ S899）。状态继电器 S 可以像普通辅助继电器一样，使用 OUT、SET、RST 等输出指令和 LD、AND、OR 等触点连接指令，在这种情况下，它的功能与有断电保持功能的辅助继电器 M 完全相同。但当状态继电器 S 与 STL 指令一起使用时，其功能就不一样了。

STL 指令只可对状态继电器 S 的触点使用，因此 STL 指令又称为步进触点指令，用 —||— 表示。RET 为步进返回指令，用于步进触点返回左侧母线。STL 和 RET 指令通常要配合使用。

一、步进梯形指令的功能

STL 指令与 RET(Return)指令具有如下功能：

(1)主控功能。STL 指令是用来将状态继电器 S 的触点与母线相连并提供主控功能。主控功能是指当使用 STL 指令时，与 STL 触点相连的起始触点要使用 LD(LDI)指令。使用 STL 指令后，LD(LDI)触点均移至 STL 触点的右侧，直至出现 RET 指令为止。步进复位指令 RET 使 LD 触点返回左母线；另外，当再次出现 STL 指令时，以 STL 触点开始的回路块也同样与原母线相连。

(2)自动复位功能。指状态转移后原状态会自动复位的功能。当使用 STL 指令时，新的状态继电器 S 被置位，前一个状态继电器 S 将自动复位。如图 7-5 中，当 S20 被置位后，S20 的 STL 触点接通，其控制的负载 Y000 被驱动；当 X000 触点接通后，下一步的 S21 将被置位，当 X10 触点接通后，负载 Y002 被驱动，同时 PLC 将 S20 自动复位，Y000 也断开。而图 7-6 中，当 X000 触点接通后，S21 被置位，其 STL 触点接通，但状态继电器 S20 没有复位，此时 S20 和 S21 的 STL 触点都接通。也就是说，只有在 STL 回路中，自动复位功能才有效。

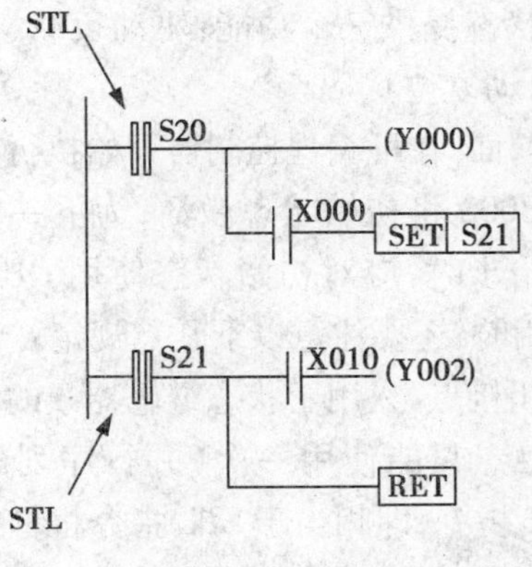

图 7-5 状态转移图(一)

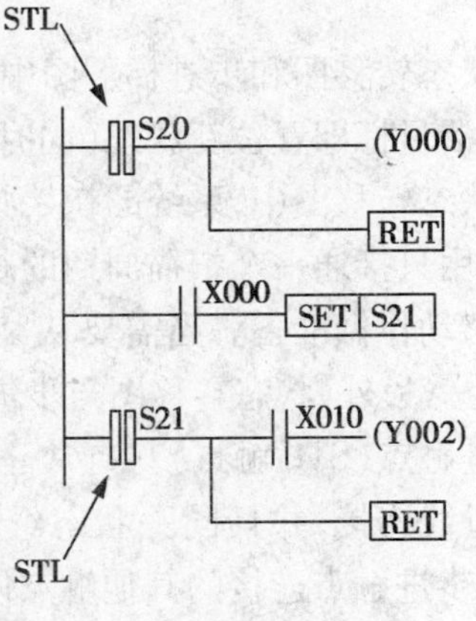

图 7-6 状态转移图(二)

(3)负载驱动功能。当 STL 触点接通后，与这个触点相连的回路块才可执行。STL 触点可直接驱动负载(如对 Y000)，也可通过其他触点驱动负载(如对 Y002)，如图 7-5 所示，当 STL 触点断开后，与这个触点相连的回路块将不执行。

(4)步进复位功能。如上所述，因为使用 STL 指令时，LD(LDI)触点被右移，所以在需要把 LD(LDI)触点返回到母线上时,要有 RET 指令。值得注意的是,STL 指令与 RET 指令并不需要成对使用,但在系列 STL 电路结束时,一定要写入 RET 指令,否则程序将进行出错处理。

二、步进指令的执行过程和有关规定

步进指令的执行过程如图 7-7 所示,图 7-7(a)、图 7-7(b)、图 7-7(c)分别是相对应的状态转移图、步进梯形图及其指令表程序。

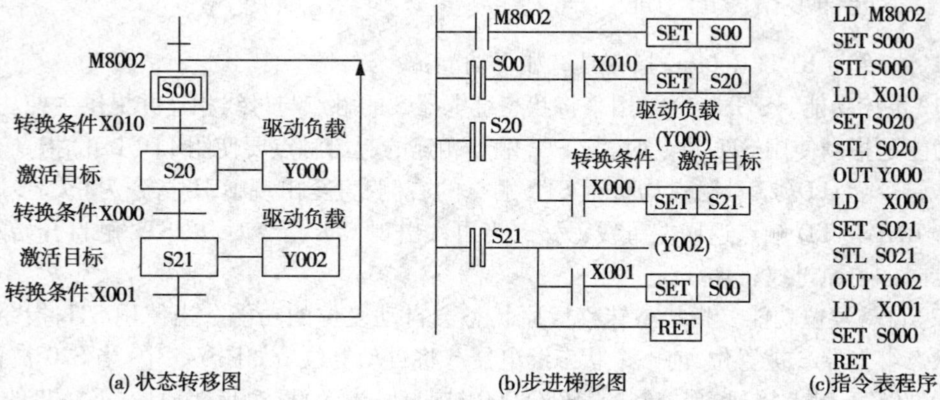

图 7-7 步进指令用法

当步 S20 为活动步时,S20 的 STL 触点控制的负载 Y000 接通,当转换条件 X000 成立时,下一步的 S21 将被置位,负载 Y002 接通,同时 PLC 自动将 S20 断开(复位),Y000 也断开。

从状态转移图和步进梯形图中可看出,每一状态提供三个功能:驱动负载、指定转换条件、激活目标即置位新状态(同时前面的状态自动复位)。

在状态转移图中,系统的初始状态应放在最前面,在可编程控制器开始执行用户程序时,一般用只接通一个扫描周期的初始化脉冲 M8002 将初始状态激活,为下一步活动状态的转移动作做准备。当需要从某一步返回初始步时,应对初始状态使用 OUT 指令或 SET 指令。另外,状态转移图与步进梯形图在使用时,还要注意以下几点规定:

步进触点(STL 触点)只有常开接点,没有常闭接点,只用于状态继电器 S 的常开触点与左侧母线连接,并且同一状态继电器的 STL 触点只能使用一次(并行序列的合并除外)。与步进触点连接的其他触点使用 LD 或 LDI 指令,即相当于 STL 指令将母线移到了步进触点右边(构成临时母线),直到出现下一个 STL 指令或出现 RET 指令,才使母线复位。凡是以步进触点为主体的程序,最后必须用 RET 指令返回母线。

步进触点可直接或通过其他触点去驱动 Y、M、S、T 等编程元件的线圈,而步进触点本身只能用 STL 和 RET 指令去驱动。

STL 指令与 MC/MCR 指令类似。使用 STL 指令相当于将母线移到触点之后,在步进触点(STL 触点)后,应使用 LD 或 LDI 指令。因此,STL 指令后不能使用 MC/MCR 指令。

在 STL 指令中可使用 CJP/EJP 指令，但因其操作复杂，建议一般不要使用。在中断和子程序中不能使用 STL 指令。

使用 STL 指令允许双线圈输出。因为可编程控制器 CPU 只执行活动步对应的电路块，所以使用 STL 指令时允许双线圈输出，即不同的步进触点可以分别驱动同一编程元件的线圈。但在状态的步进转移过程中，相邻两步的激活状态的转移在同一个扫描周期里时，为避免不能同时接通的两个外部负载同时接通（如电动机正反转的两个接触器）时，应在可编程控制器外部设置硬件连锁保护。

只要不是相邻的两步，同一个定时器可在这些不同步中使用，可节省定时器。如果不使用 STL 指令（或 STL 触点）时，状态 S 可作为普通辅助继电器 M 使用，这时其功能与 M 相同。这样，使状态 S 复位，状态 S 均具有断电保护功能。断电后再次来电，动作从断电时状态开始。但在某些情况下需从初始状态开始，则需要复位所有的状态，此时应使用应用功能指令实现状态复位操作。

三、状态转移图与步进指令梯形图的转换

采用步进指令进行程序设计时，首先要设计系统的状态转移图，然后将状态转移图转换成步进梯形图，写出相应的指令表程序。

图 7-8（a）是小车的运动示意图，从图中可看出，小车在一个周期里的运动可分为四个阶段。小车由电动机带动，当接触器 KM0 接通时，电动机正转，小车前进；当接触器 KM1 接通时，电动机反转，小车后退。图 7-8（b）是小车运动的外部控制接线图，在外部接线图中，为防止短路，对控制正反转的接触器分别采用了电气互锁设计。图 7-8（c）、图 7-8（d）分别是小车运动状态转移图和步进梯形图。

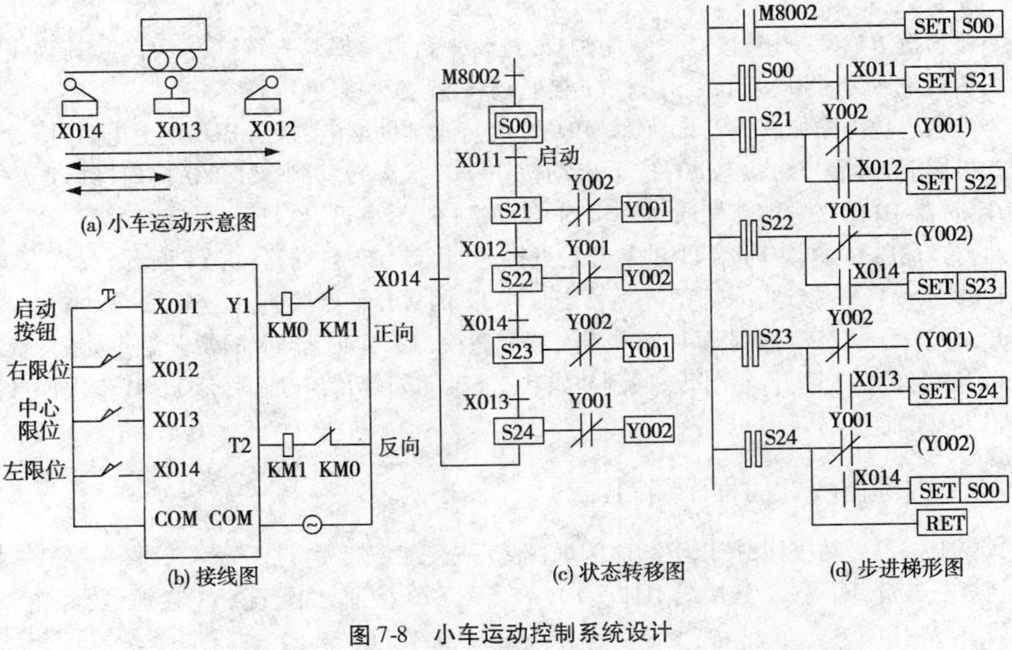

图 7-8　小车运动控制系统设计

由图 7-8(a)知,小车的初始状态位于左端,小车的运动由四个阶段顺序构成,分别对应状态转移图中的 S21 ~ S24 四步,S00 是初始步。当 PLC 主机上电时,特殊继电器 M8002 接通,系统处于初始步,S00 被激活;按下启动按钮 X011,转移条件满足,系统由初始步转移到状态 S21,S21 的步进触点接通后,Y001 的线圈通电,小车右行前进;前进到最右端,限位开关 X012 接通,转移条件满足,使 S22 被激活,Y002 的线圈通电,小车左行返回;当返回到最左端时,限位开关 X014 接通,转移条件满足,使 S23 被激活,Y001 的线圈通电,小车右行前进;前进到路线中间时,限位开关 X013 接通,转移条件满足,使 S24 被激活,Y002 的线圈通电,小车左行返回;返回到最左端,限位开关 X014 接通,转移条件满足,状态 S00 被激活,系统返回到原始状态,小车停止运行。图 7-8 所示的步进梯形图对应的指令表程序如下所示:

0	LD	M8002	7	OUT	Y001	14	SET	S23	21	LDI	Y001
1	SET	S00	8	LD	X012	15	STL	S23	22	OUT	Y002
2	STL	S00	9	SET	S22	16	LDI	Y002	23	LD	X014
3	LD	X011	10	STL	S22	17	OUT	Y001	24	SET	S00
4	SET	S21	11	LDI	Y001	18	LD	X013	25	RET	
5	STL	S21	12	OUT	Y002	19	SET	S24			
6	LDI	Y002	13	LD	X014	20	STL	S24			

第三节　步进梯形指令应用实例

一、闪烁循环灯的程序编制(一)

要求按下启动按钮,按以下顺序闪烁,红灯—黄灯—绿灯—黄灯,间隔 2s,其接线图如图 7-9(a)所示:Y0 接通,红灯亮,Y1 接通,黄灯亮,Y2 接通,绿灯亮。

其状态功能图如图 7-9(b)所示,M8002 为特殊辅助继电器,当 PLC 刚上电时,接通一个扫描周期,激活初始状态 S0;按下启动按钮 X0,状态转移到 S21,Y0 接通,红灯亮;2s 后,定时器 T0 的常开触点接通,状态 S21 自动复位,Y0 断开,红灯灭,状态转移到 S22,Y1 接通,黄灯亮;2s 后,定时器 T1 的常开触点接通,状态 S22 自动复位,Y1 断开,黄灯灭,状态转移到 S23,Y2 接通,绿灯亮;2s 后,定时器 T2 的常开触点接通,状态 S23 自动复位,Y1 断开,绿灯灭,状态转移到 S24,Y1 接通,黄灯亮;2s 后,定时器 T3 的常开触点接通,状态 S24 自动复位,Y1 断开,黄灯灭,回到初始状态 S0,重新等待启动命令 X0。其步进梯形图如图 7-9(c)所示。

二、闪烁循环灯的程序编制(二)

要求按下启动按钮,按以下顺序闪烁,红灯—红灯黄灯—黄灯—黄灯绿灯—绿灯—绿灯红灯—红灯,间隔 2s,其接线图如 7-10(a)所示:Y0 接通,红灯亮,Y1 接通,黄灯亮,Y2 接通,绿灯亮。

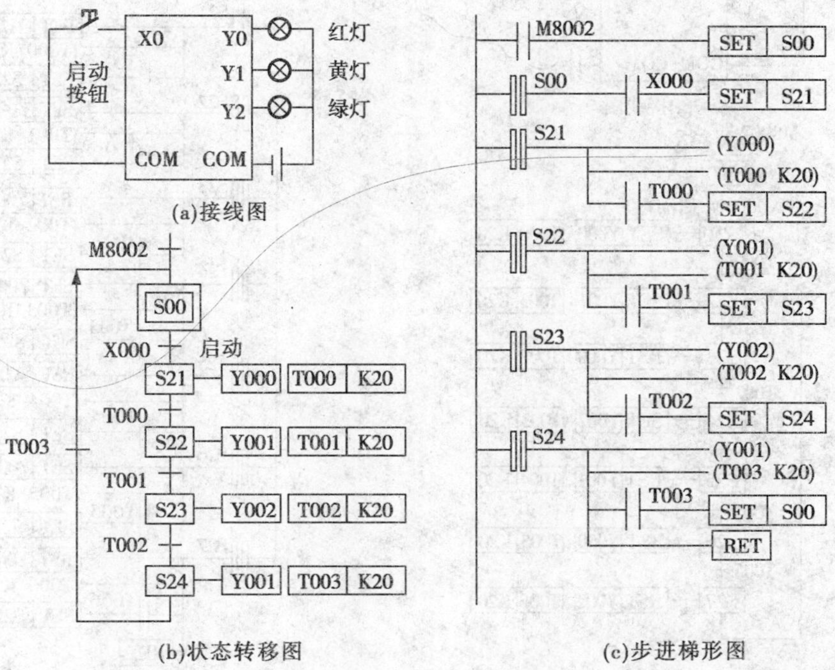

图 7-9 闪烁循环灯的程序编制(一)

其状态转移图如图 7-10(b)所示,与闪烁循环灯的程序编制(一)不同的是,这里用到了置位(SET)和复位(RST)指令,置位指令产生的动作是存储型动作,只要不对其进行复位操作,则动作一直保持。

首先,M8002 激活初始状态 S0,系统处于等待状态;按下启动按钮 X0,状态转移到 S21,Y0 线圈接通并保持,红灯亮,同时定时器 T0 线圈接通;2s 后,T0 的常开触点接通,状态 S21 自动复位,状态转移到 S22,定时器 T1 线圈接通,同时 Y1 线圈接通并保持,红灯和黄灯一起亮;2s 后,T1 的常开触点接通,状态 S22 自动复位,状态转移到 S23,定时器 T2 线圈接通,同时 Y0 线圈复位,红灯灭,仅黄灯亮;2s 后,T2 的常开触点接通,状态 S23 自动复位,状态转移到 S24,定时器 T3 线圈接通,同时 Y2 线圈接通并保持,绿灯和黄灯一起亮;2s 后,T3 的常开触点接通,状态 S24 自动复位,状态转移到 S25,定时器 T4 线圈接通,同时 Y1 线圈复位,黄灯灭,仅绿灯亮;2s 后,T4 的常开触点接通,状态 S25 自动复位,状态转移到 S26,定时器 T5 线圈接通,同时 Y0 线圈接通并保持,绿灯和红灯一起亮;2s 后,T5 的常开触点接通,状态 S26 自动复位,状态转移到 S27,定时器 T6 线圈接通,同时 Y2 线圈复位,绿灯灭,仅红灯亮;2s 后,T6 的常开触点接通,状态 S27 自动复位,状态回到 S22……如此,周而复始,不断循环。

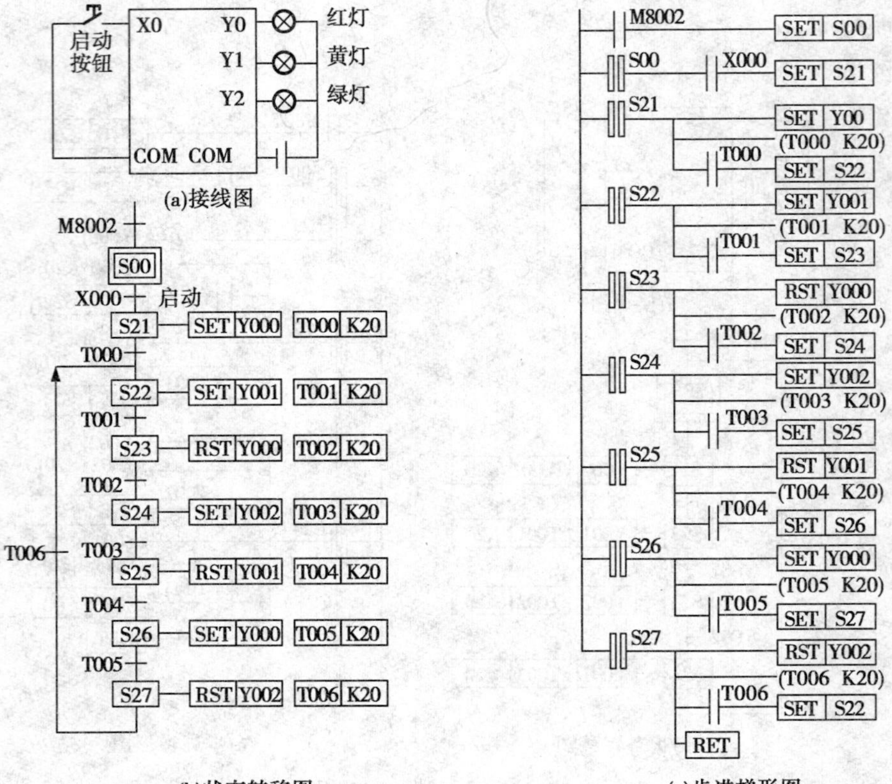

(b)状态转移图　　(c)步进梯形图

图 7-10　闪烁循环灯的程序编制(二)

三、生产流水线送料小车自动循环系统的程序编制

送料小车由电动机带动在流水线上作往返循环运动,工作示意图如图 7-11 所示,小车停在材料库,装好材料后,按下启动按钮,小车装满材料向加工中心前进,在加工中心停留 2s,把材料卸下来,并把加工中心加工好的零件装在小车上,再送往成品库,停留 2s,把零件卸下来后再返回到材料库,停留 2s,装好材料,再准备下一次循环。

小车前进由接触器 KM0 控制(Y0 接通),后退由接触器 KM1 控制(Y1 接通),为防止电动机短路,KM0 与 KM1 互锁,X0 为启动按钮,X1 ~ X3 为限位开关,小车流水线的 PLC 接线图如图 7-12 所示。

状态转移图如图 7-13 所示,M8002 为特殊辅助继电器,当 PLC 刚上电时,接通一个扫描周期,激活初始状态 S0,按下启动按钮 X0,状态转移到 S21,Y0 接通,驱动电机正转,小车前往加工中心,限位开关 X3 动作,激活状态 S22,小车停止运行 2s(卸下材料,装好加工好后的零件)后,状态 S23 被激活,Y0 接通,小车继续前往成品库,限位开关 X2 动作,激活状态 S24,小车停止运行 2s(卸下加工好的零件)后,状态 S25 被激活,Y1 接通,小车开始返回到材料库,限位开关 X1 动作,激活状态 S26,停止运行 2s(装好待加工的材料)后,回到状态 S21,接着进行下一个循环。其步进梯形图如图 7-14 所示。

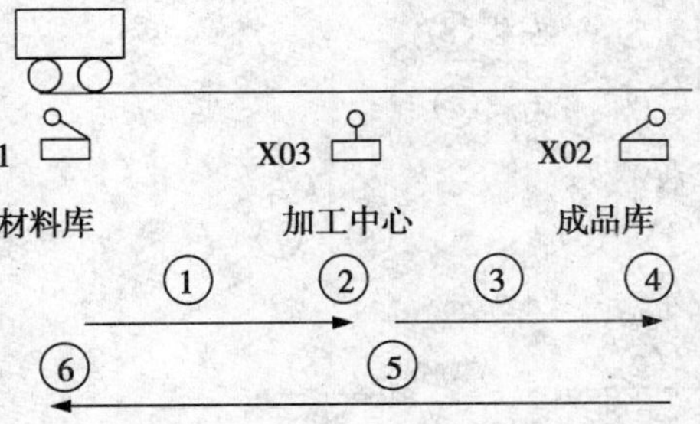

图 7-11　送料小车运动示意图

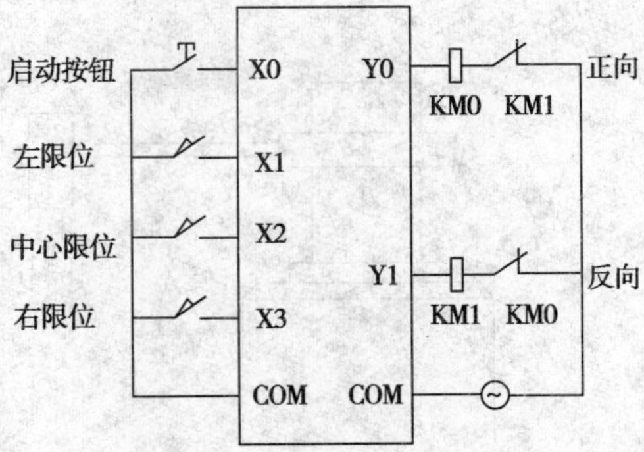

图 7-12　送料小车 PLC 接线图

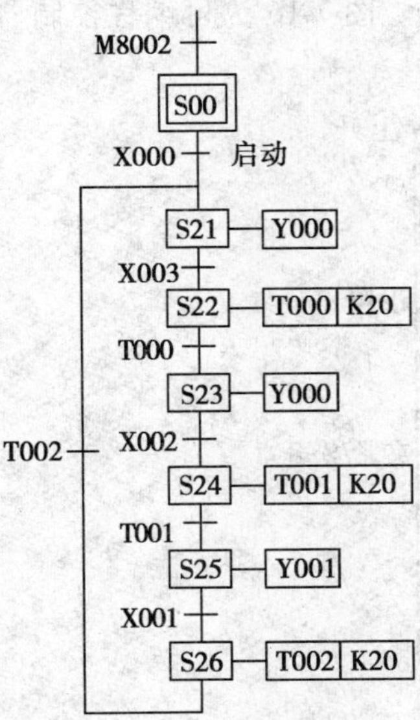

图 7-13　送料小车运动状态转移图

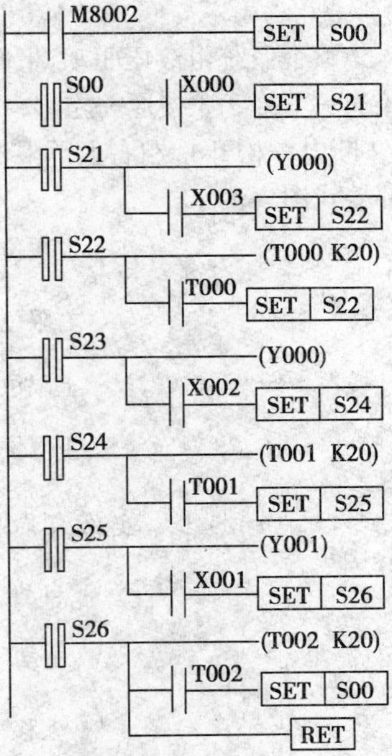

图 7-14　送料小车步进梯形图

四、机械手控制系统的程序编制

(一)机械手工作情况与控制要求

图 7-15 是坐标式机械手工作示意图,目的是按一定的工作顺序将工件从位置 A 搬到位置 B。其工作顺序是:机械手从原位下降到位,从 A 处夹紧工件上升到位后,右移到位后,机械手下降,下降到位后,将物体放在位置 B,然后上升到位,左移到位停在原点,一次循环结束。

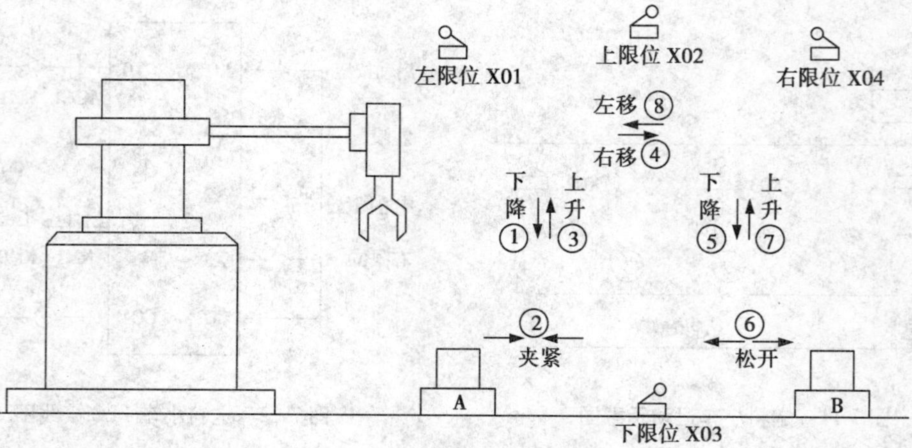

图 7-15　坐标式机械手工作示意图

整个系统由液压驱动，上升、下降、左移、右移由双向电磁阀控制（Y0 接通—上升，Y1 接通—下降，Y3 接通—左移，Y4 接通—右移），夹紧用单向电磁阀控制（Y2 接通—夹紧，Y2 断电—松开），左右上下限位开关分别为 X1、X2、X3、X4。图 7-16 为可编程控制器外部接线图。

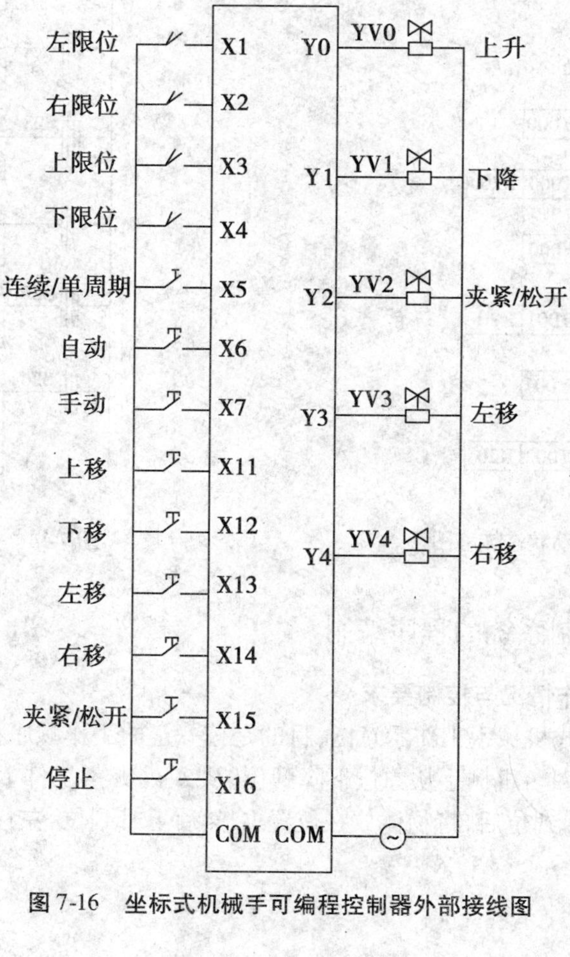

图 7-16　坐标式机械手可编程控制器外部接线图

手动工作操作方式包括机械手上升、下降、左移、右移、夹紧，均为点动方式，用相应的手动按钮控制。按下手动按钮 X7，系统处于点动工作状态，此时自动工作方式失效，可分别完成机械手的上升、下降、左移、右移、夹紧等动作。

自动工作方式包括连续工作和单周期工作。在自动工作方式下，系统应处于原点状态，即机械手的上限位和左限位开关均处于接通状态。如不满足这一条件，首先应采用手动工作方式将机械手送回原位状态。

1. 单周期工作

机械手处于原位，按下自动按钮 X6，机械手启动，工作一个周期，最后停在原位。

2. 连续工作

机械手处于原点，按下连续/单周期旋钮 X5，再按下自动按钮 X6，机械手连续循环工作。在工作过程中，按下停止按钮 X16，机械手完成当前工作周期后，机械手自动返回原点并停止工作。

（二）机械手控制系统的程序设计

坐标式机械手的控制系统主要有手动和自动工作方式，手动程序较简单，一般可用经验法设计，而复杂的自动程序，可根据控制系统的状态转移图，用顺序控制法设计。

手动自动及停止工作方式选择程序如图 7-17所示。

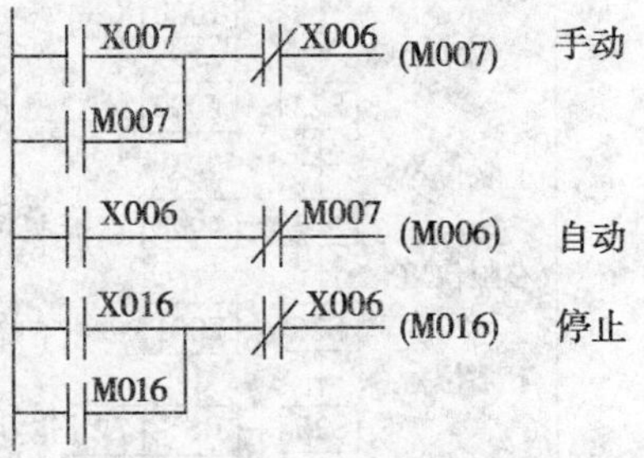

图 7-17　坐标式机械手工作方式选择程序

程序说明：按下手动按钮 X7，辅助继电器 M7 接通并自锁，系统处于手动工作方式，可完成相应的点动动作。X6 为自动按钮，手动与自动处于互锁状态。停止按钮 X16 仅在自动方式下起作用。

1. 手动程序

坐标式机械手手动工作程序如图 7-18 所示。辅助继电器 M7 接通后，系统处于手动工作方式，可完成机械手的上升、下降、左移、右移等点动动作，这些点动动作在手动方式时是单一的，每次只能完成一个，夹紧和松开用旋钮 X15 控制，可与其他点动动作一起使用。

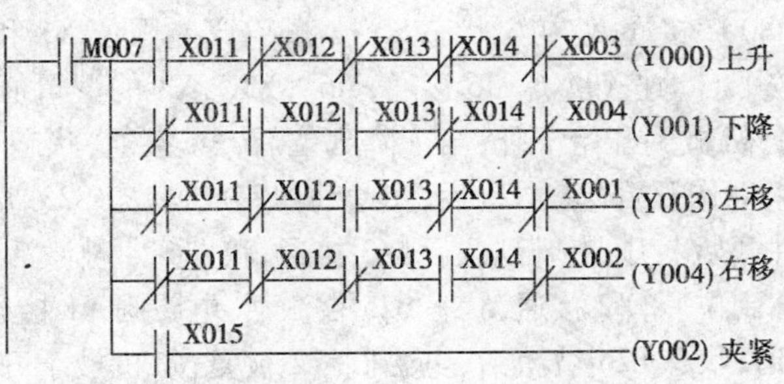

图 7-18　坐标式机械手手动工作程序

2. 自动程序

机械手自动控制状态转移图如图 7-19 所示，它的步进梯形图如图 7-20 所示。当 PLC 通电后，M8002 接通一个周期，S0 被激活，当左限位 X1 和上限位 X3 接通时，机械手处于原点，按下自动按钮 X6，M6 接通，系统按照设计的步骤开始进行单循环动作，然后返回到原位状态 S0。

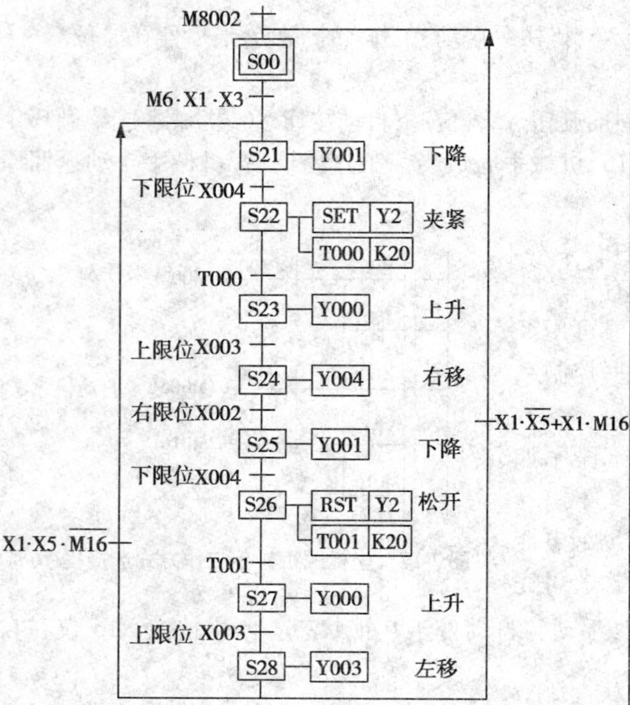

图 7-19 机械手自动控制状态转移图

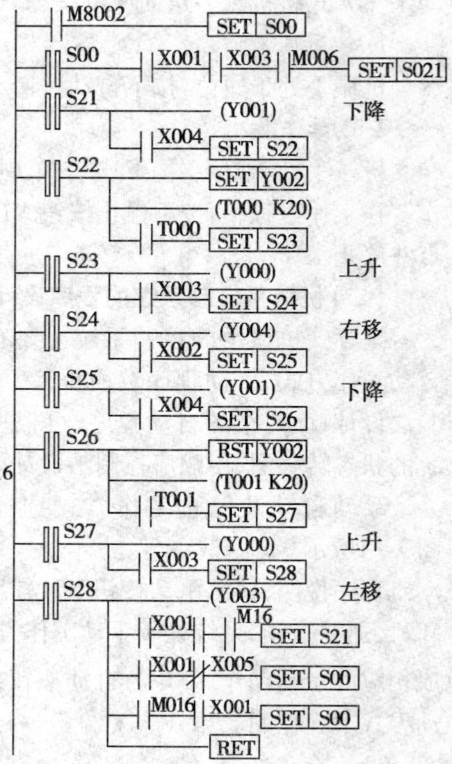

图 7-20 机械手自动控制步进梯形图

当连续/单周期按钮按下后，机械手则开始连续循环动作，在动作过程中，如果按下停止按钮 X16，则辅助断电器 M16 接通，在完成当前周期工作后，返回到原位状态 S0，机械手控制系统停止工作。下面是单循环程序的动作过程：

PLC 通电后，M8002 接通，使初始状态 S0 被激活，当左限位 X1 和上限位 X3 接通时，机械手处于原位，按下自动按钮 X6，M6 接通，M6 · X1 · X3 的逻辑值为 1，状态 S21 被激活，电磁阀 Y1 接通，机械手开始下降；当下降到位后，X4 接通，状态 S22 被激活，电磁阀 Y2 被置位为 1，夹紧动作开始；经过 2s 后，夹紧动作完成，状态 S23 被激活，电磁阀 Y0 接通，机械手夹紧工件开始上升；上升到位后，X3 接通，状态 S24 被激活，电磁阀 Y4 接通，机械手开始右移；右移到位后，X2 接通，状态 S25 被激活，电磁阀 Y1 接通，机械手开始下降；下降到位后，X4 接通，状态 S26 被激活，电磁阀 Y2 被复位，机械手开始松开工件；2s 后，工件完全被松开，状态 S27 被激活，电磁阀 Y0 接通，机械手开始上升；上升到位后，X3 接通，状态 S28 被激活，电磁阀 Y3 接通，机械手开始左移；左移到位后，X1 · $\overline{X5}$的逻辑值为1，机械手返回到初始状态S0，一个单循环的动作结束，停止工作等待下一次启动命令。

当选择连续工作方式时，按钮X5被接通，$X1 \cdot \overline{X5}$的逻辑值为0，$X1 \cdot X5$的逻辑值为1，使系统返回到状态S21，开始连续循环动作。

五、剪板机控制系统

（一）剪板机的工作情况

图7-21是自动剪板机的工作示意图。初始状态时，压钳和剪刀在上限位置，限位开关X1和X3接通，按下启动按钮X0，首先板料右行（Y0接通）；右行到位后，限位开关X5动作，然后压钳下行（Y1接通并保持）；下行到位后，压钳下限位开关X2动作，压钳保持压紧，剪刀开始下行（Y2接通）；下行到位后，剪刀下限位X4接通，说明板料被剪断，压钳和剪刀同时上行（Y1和Y2断开，Y3和Y4接通），当碰到限位开关X1和X3后，分别停止上行，又开始下一周期的工作，当剪完10块板料后，剪板机停止工作并返回到初始状态，等待下一次启动。

该剪板机的送料由接触器KM控制的电动机驱动（由可编程器Y0接点控制），压钳的下行和上行复位由液压电磁阀YV1和YV3控制（分别由可编程控制器Y1接点和Y3接点控制），剪刀的下行和上行由液压电磁阀YV2和YV4控制（分别由可编程控制器Y2接点和Y4接点控制），X1～X5分别为限位开关，X0为启动按钮。其可编程控制器的接线图如图7-22所示。

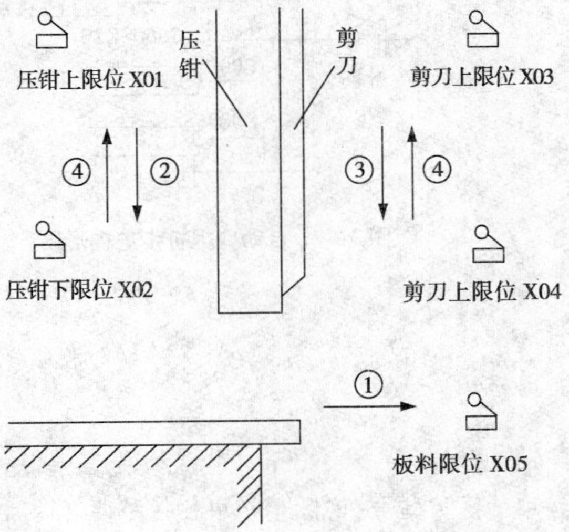

图7-21　自动剪板机工作示意图

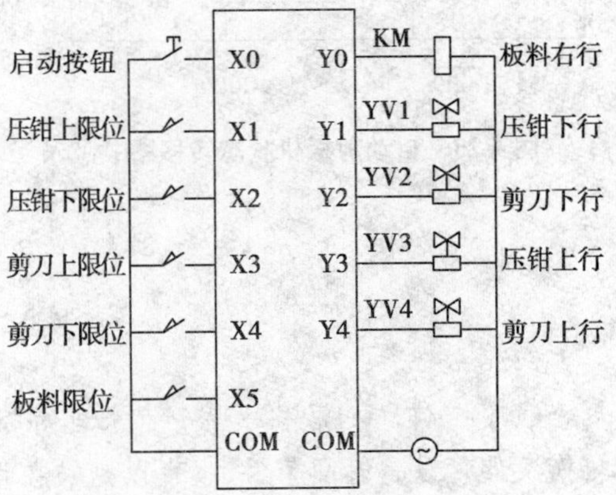

图7-22　自动剪板机外部接线图

（二）自动剪板机的程序设计

根据自动剪板机的工作顺序设计出自动剪板机的状态转移图如图7-23所示，图7-24是自动剪板机对应的步进梯形图。状态继电器S0为初始状态，由特殊继电器M8002来激活，并对计数器C0进行复位，按下启动按钮X0，自动剪板机开始按下列顺序开始动作，板料右行—压钳下行—剪刀下行—压钳和剪刀上行—计数器C0开始计数，每剪完一块料，计数器 C0 的当前值加 1，没有剪到 10 块板料时，C0 的当前值小于 10，C0 的常闭触点闭合，转移条件$\overline{C0}$满足，由步 S25 返回到步 S21 继续剪板动作，当剪完 10 块料后，C0 的当前值等于设定值 10，其常闭触点闭合，转移条件 C0 满足（C0 = 1），由步 S25 返回到 S0 初始状态，等待下次启动的命令。这里的 C0 和$\overline{C0}$相当于条件分支的分支开始处的选择转移条件，决定是否循环。

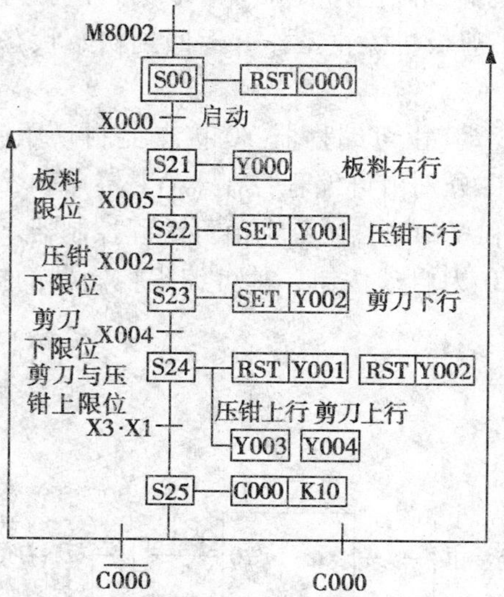

图 7-23　自动剪板机状态转移图

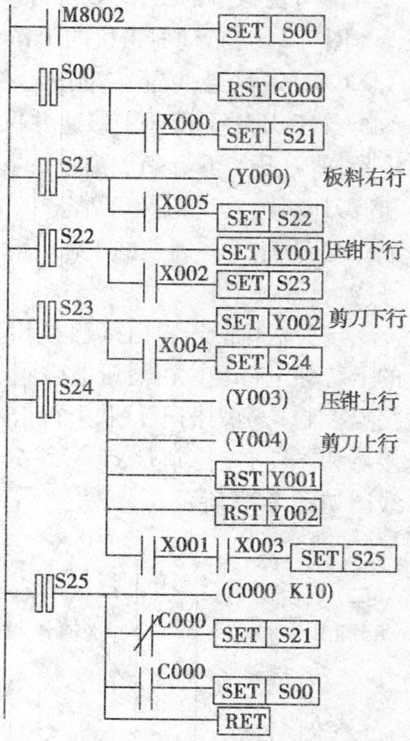

图 7-24　自动剪板机步进梯形图

小　结

顺序控制是按顺序一步一步来进行控制的，进入下一步决定于转换条件是否满足。转换条件可以是时间条件，也可以是被控过程中的反馈信号，实际生产中往往是两者的紧密结合。顺序控制与逻辑控制不同，逻辑控制主要是描述输入输出信号间的静态关系，而顺序控制则主要是描述输入输出信号间的时间关系。所以，顺序控制的基本结构可以用状态转移图来描述。

状态转移图又叫状态流程图或顺序功能图，简称功能图。它是专用于工业顺序控制程序设计的一种功能说明性语言，是描述控制系统的控制过程、功能和特性的一种图形，是分析、设计 PLC 顺序控制程序的一种有力工具，具有简单、直观等特点。状态编程思想是 PLC 程序设计的一种很重要的很有效的编程方法。

日本三菱公司中用于顺序控制的指令有两条:步进梯形指令(Step Ladder Instruction,简称 STL 指令),以及使步进指令复位的 RET(Return)指令。STL 指令只可对状态继电器 S 的触点使用,因此 STL 指令又称为步进触点指令。RET 为步进返回指令,用于步进触点返回左侧母线。

STL 指令与 RET(Return)指令具有如下功能:①主控功能;②自动复位功能;③负载驱动功能;④步进复位功能。

习　题

7-1　简述状态转移图中步划分的原则。

7-2　试设计出图 7-25 所示状态转移图的梯形图程序。

7-3　试设计出图 7-26 所示状态转移图的梯形图程序。

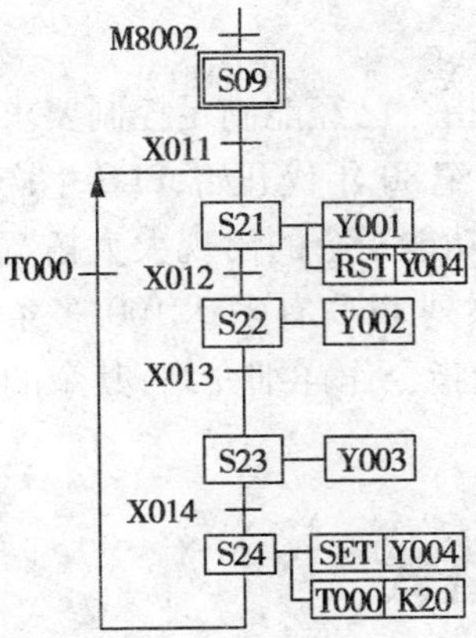

图 7-25

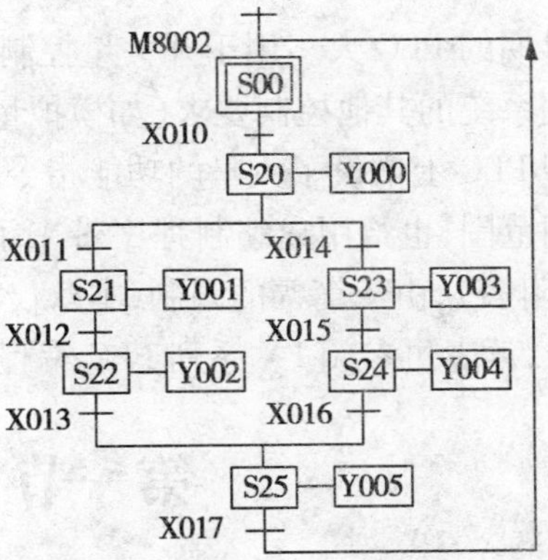

图 7-26

7-4　冲床运动示意图如图 7-27 所示,在初始状态时,机械手在最左边,X4 为 ON;冲头在最上面,X3 接通;机械手松开(Y0 断开)。按下启动按钮 X0,Y0 接通,工件被夹紧并保持,夹紧时间为 1s,1s 后 Y1 接通,机械手右行,直到碰到 X1,以后将实现完成以下动作:冲头下行—冲头上行—机械手左行—机械手松开,延时 1s 后,系统返回初始状态,各限位开关的动作是各步之间的转移条件。试画出控制系统的状态转移图和步进梯形图。

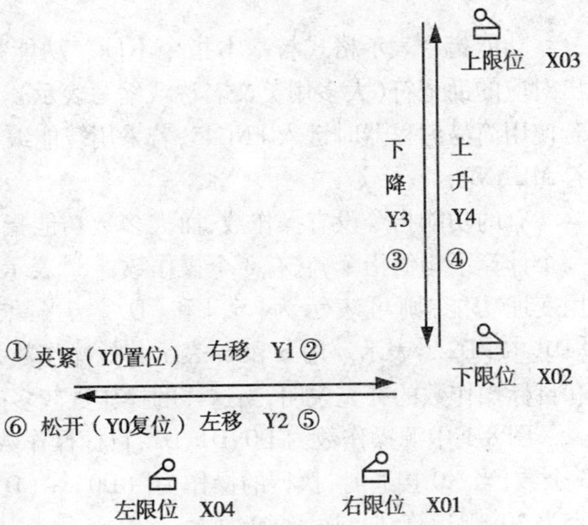

图 7-27

第八章　FX 系列可编程控制器应用指令

内容提要　本章阐述了功能指令表示格式及数据格式，详细介绍比较了常用的功能指令，并简要介绍了其他功能指令。

课程重点　功能指令基本格式；程序流向控制类指令；传送与比较类指令；数据算术运算指令；循环与移位类指令；数据处理指令。

课程难点　数据处理指令；高速处理指令；其他功能指令。

教学目标　重点掌握功能指令表示格式及数据格式；了解比较常用的功能指令并达到简单应用层次。

早期的 PLC 大多用于开关量控制，基本指令和步进指令已经能满足控制要求。为适应控制系统的其他控制要求（如模拟量控制等），从 20 世纪 80 年代开始，PLC 生产厂家就在小型 PLC 上增设了大量的功能指令（也称应用指令），功能指令的出现大大拓宽了 PLC 的应用范围，也给用户编制程序带来了极大方便。FX 系列 PLC 有多达 100 多条功能指令（见附表），由于篇幅的限制，本章仅对比较常用的功能指令作详细介绍，其余的指令只作简介，读者可参阅 FX 系列 PLC 编程手册。

第一节　指令基本格式

一、功能指令的表示格式

功能指令表示格式与基本指令不同。功能指令用编号 FNC00 ~ FNC294 表示，并给出对应的助记符（大多用英文名称或缩写表示）。例如 FNC45 的助记符是 MEAN（平均），若使用简易编程器时键入 FNC45，若采用智能编程器或在计算机上编程时也可键入助记符 MEAN。

有的功能指令没有操作数，而大多数功能指令有 1 至 4 个操作数。如图 8-1 所示为一个计算平均值指令，它有 3 个操作数，[S] 表示源操作数，[D] 表示目标操作数，如果使用变址功能，则可表示为 [S.] 和 [D.]。当源或目标不止 1 个时，用 [S1.]、[S2.]、[D1.]、[D2.] 表示。用 n 和 m 表示其他操作数，它们常用来表示常数 K 和 H，或作为源和目标操作数的补充说明，当这样的操作数较多时可用 n1、n2 和 m1、m2 等来表示。

图 8-1 中源操作数为 D0、D1、D2，目标操作数为 D4Z0（Z0 为变址寄存器），K3 表示有 3 个数，当 X0 接通时，执行的操作为 [(D0) + (D1) + (D2)] ÷ 3→(D4Z0)，如果 Z0 的内容为 20，则运算结果送入 D24 中。

功能指令的指令段通常占 1 个程序步，16 位操作数占 2 步，32 位操作数占 4 步。

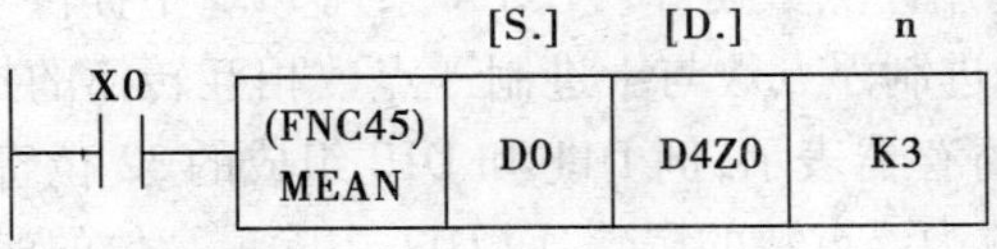


```
0  LD    X0
1  FNC   45
3        D0
5        D4N0
7        K3
```

图 8-1　功能指令表示格式

二、功能指令的执行方式与数据长度

(一)连续执行与脉冲执行

功能指令有连续执行和脉冲执行两种类型。如图 8-2 所示,指令助记符 MOV 后面有“P”表示脉冲执行,即该指令仅在 X1 接通(由 OFF 到 ON)时执行(将 D10 中的数据送到 D12 中)一次;如果没有“P”则表示连续执行,即该在 X1 接通(ON)的每一个扫描周期指令都要被执行。

(二)数据长度

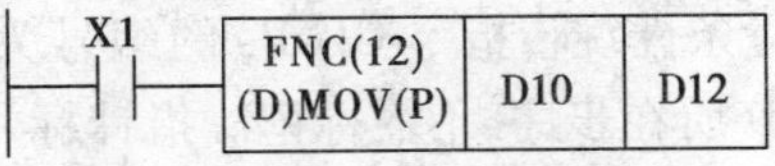

图 8-2　功能指令的执行方式与数据长度的表示

功能指令可处理 16 位数据或 32 位数据。处理 32 位数据的指令是在助记符前加“D”标志,无此标志即为处理 16 位数据的指令。注意 32 位计数器(C200 ~ C255)的一个软元件为 32 位,不可作为处理 16 位数据指令的操作数使用。如图8-2所示,若 MOV 指令前面带“D”,则当 X1 接通时,执行 D11D10→D13D12(32 位)。在使用 32 位数据时建议使用首编号为偶数的操作数,不容易出错。

三、功能指令的数据格式

(一)位元件与字元件

像 X、Y、M、S 等只处理 ON/OFF 信息的软元件称为位元件;而像 T、C、D 等处理数值的软元件则称为字元件,一个字元件由 16 位二进制数组成。

位元件可以通过组合使用,4 个位元件为一个单元,通用表示方法是由 Kn 加起始的软元件号组成,n 为单元数。例如 K2 M0 表示 M0 ~ M7 组成两个位元件组(K2 表示 2 个单元),它是一个 8 位数据,M0 为最低位。如果将 16 位数据传送到不足 16 位的位元件组合($n<4$)时,只传送低位数据,多出的高位数据不传送,32 位数据传送也一样。在作 16 位数操作时,参与操作的位元件不足 16 位时,高位的不足部分均作 0 处理,这意味着只能处理正数(符号位为 0),在作 32 位数处理时也一样。被组合的元件首位元件可以任意选择,但为避免混乱,建议采用编号以 0 结尾的元件,如 S10、X0、X20 等。

(二)数据格式

在 FX 系列 PLC 内部,数据是以二进制(BIN)补码的形式存储,所有的四则运算都使用二进制数。二进制补码的最高位为符号位,正数的符号位为 0,负数的符号位为 1。FX 系列 PLC 可实现二进制码与 BCD 码的相互转换。

为更精确地进行运算,可采用浮点数运算。在 FX 系列 PLC 中提供了二进制浮点运算和十进制浮点运算,设有将二进制浮点数与十进制浮点数相互转换的指令。二进制浮点数采用编号连续的一对数据寄存器表示,例 D11 和 D10 组成的 32 位寄存器中,D10 的 16 位加上 D11 的低 7 位共 23 位为浮点数的尾数,而 D11 中除最高位的前 8 位是阶位,最高位是尾数的符号位(0 为正,1 是负)。10 进制的浮点数也用一对数据寄存器表示,编号小的数据寄存器为尾数段,编号大的为指数段,例如使用数据寄存器(D1,D0)时,表示数为

$$10\text{进制浮点数} = [\text{尾数 D0}] \times 10^{[\text{指数D1}]}$$

其中:D0,D1 的最高位是正负符号位。

第二节 程序流向控制类指令

一、条件跳转指令

条件跳转指令 CJ(P)的编号为 FNC00,操作数为指针标号 P0 ~ P127,其中 P63 为 END 所在步序,不需标记。指针标号允许用变址寄存器修改。CJ 和 CJP 都占 3 个程序步,指针标号占 1 步。

如图 8-3 所示,当 X20 接通时,则由 CJ P9 指令跳到标号为 P9 的指令处开始执行,跳过了程序的一部分,减少了扫描周期。如果 X20 断开,跳转不会执行,则程序按原顺序执行。

使用跳转指令时应注意:

(1)CJP 指令表示为脉冲执行方式。

(2)在一个程序中一个标号只能出现一次,否则将会出错。

(3)在跳转执行期间,即使被跳过程序的驱动条件改变,但其线圈(或结果)仍保持跳转前的状态,因为跳转期间根本没有执行这段程序。

(4)如果在跳转开始时定时器和计数器已在工作,则在跳转执行期间它们将停止工作,到跳转条件不满足后又继续工作。但对于正在工作的定时器 T192 ~ T199 和高速计数器 C235 ~ C255 不管有无跳转仍连续工作。

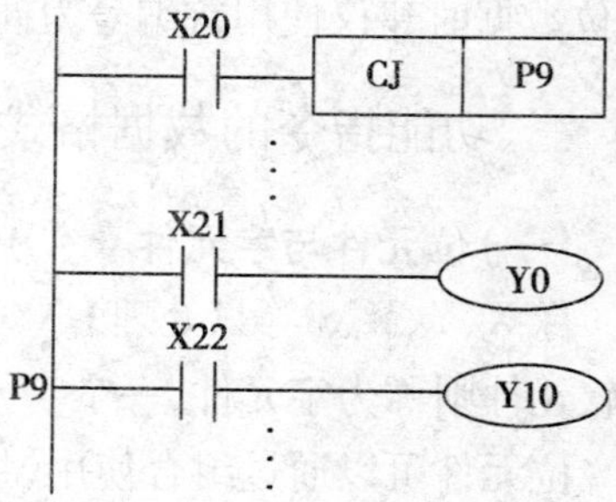

图 8-3 跳转指令的使用

(5)若积算定时器和计数器的复位(RST)指令在跳转区外,即使它们的线圈被跳转,但对它们的复位仍然有效。

二、子程序调用与子程序返回指令

子程序调用指令 CALL 的编号为 FNC01。操作数为 P0 ~ P127,此指令占用 3 个程序步。

子程序返回指令 SRET 的编号为 FNC02。无操作数,占用 1 个程序步。

如图 8-4 所示,如果 X0 接通,则转到标号 P10 处去执行子程序。当执行 SRET 指令时,返回到 CALL 指令的下一步执行。

使用子程序调用与返回指令时应注意:

(1)转移标号不能重复,也不可与跳转指令的标号重复。

(2)子程序可以嵌套调用,最多可 5 级嵌套。

三、与中断有关的指令

与中断有关的三条功能指令是:中断返回指令 IRET,编号为 FNC03;中断允许指令 EI,编号为 FNC04;中断禁止 DI,编号为 FNC05。它们均无操作数,占 1 个程序步。

PLC 通常处于禁止中断状态,由 EI 和 DI 指令组成允许中断范围。在执行到该区间,如有中断源产生中断,CPU 将暂停主程序执行转而执行中断服务程序。当遇到 IRET 时返回断点继续执行主程序。如图 8-5 所示,允许中断范围中若中断源 X0 有一个下降沿,则转入 I000 为标号的中断服务程序,但 X0 可否引起中断还受 M8050 控制,当 X20 有效时则 M8050 控制 X0 无法中断。

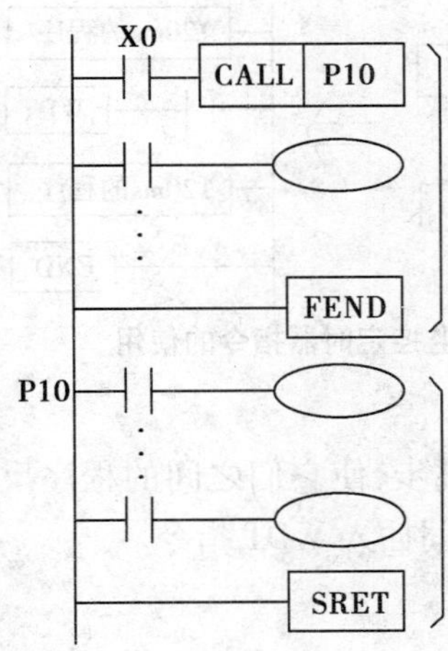

图 8-4 子程序调用与返回指令的使用

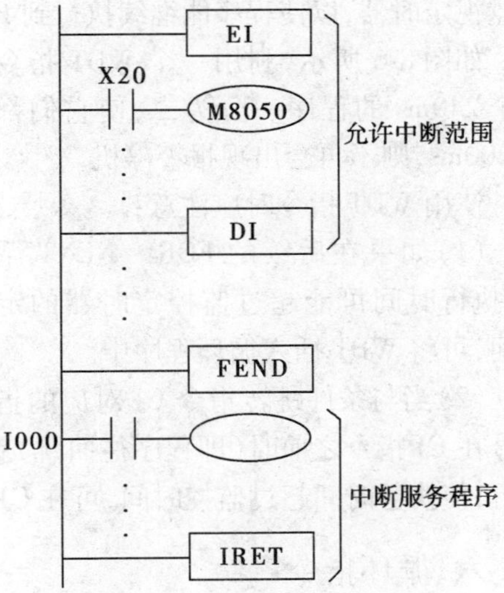

图 8-5 中断指令的使用

使用中断相关指令时应注意:

(1)中断的优先级排队如下,如果多个中断依次发生,则以发生先后为序,即发生越早级别越高,如果多个中断源同时发出信号,则中断指针号越小优先级越高。

(2)当 M8050 ~ M8058 为 ON 时,禁止执行相应 I0□□ ~ I8□□的中断,M8059 为 ON 时则禁止所有计数器中断。

(3)无需中断禁止时,可只用 EI 指令,不必用 DI 指令。

(4)执行一个中断服务程序时,如果在中断服务程序中有 EI 和 DI,可实现二级中断嵌套,否则禁止其他中断。

四、主程序结束指令

主程序结束指令 FEND 的编号为 FNC06，无操作数，占用 1 个程序步。FEND 表示主程序结束，当执行到 FEND 时，PLC 进行输入/输出处理，监视定时器刷新，完成后返回启始步。

使用 FEND 指令时应注意：

(1)子程序和中断服务程序应放在 FEND 之后。

(2)子程序和中断服务程序必须写在 FEND 和 END 之间，否则出错。

五、监视定时器指令

监视定时器指令 WDT(P)编号为 FNC07，没有操作数，占有 1 个程序步。WDT 指令的功能是对 PLC 的监视定时器进行刷新。

FX 系列 PLC 的监视定时器缺省值为 200ms(可用 D8000 来设定)，正常情况下 PLC 扫描周期小于此定时时间。如果由于有外界干扰或程序本身的原因使扫描周期大于监视定时器的设定值，使 PLC 的 CPU 出错灯亮并停止工作，可通过在适当位置加 WDT 指令复位监视定时器，以使程序能继续执行到 END。

如图 8-6 所示，利用一个 WDT 指令将一个 240ms 的程序一分为二，使它们都小于 200ms，则不再会出现报警停机。

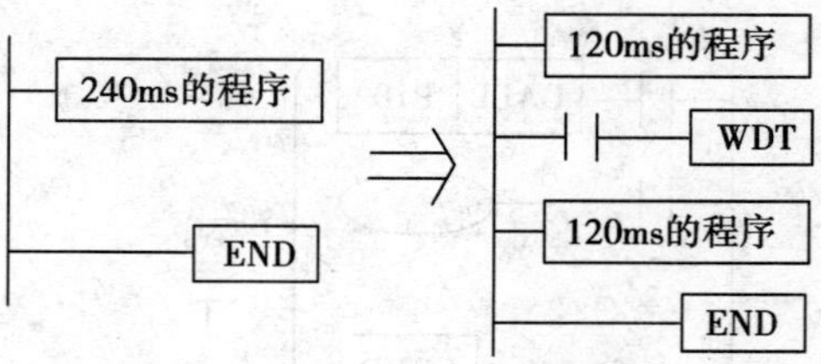

图 8-6　监控定时器指令的使用

使用 WDT 指令时应注意：

(1)如果在后续的 FOR－NEXT 循环中，执行时间可能超过监控定时器的定时时间，可将 WDT 插入循环程序中。

(2)当与条件跳转指令 CJ 对应的指针标号在 CJ 指令之前时(即程序往回跳)就有可能连续反复跳步，使它们之间的程序反复执行，使执行时间超过监控时间，可在 CJ 指令与对应标号之间插入 WDT 指令。

六、循环指令

循环指令共有两条：循环区起点指令 FOR，编号为 FNC08，占 3 个程序步；循环结束指令 NEXT，编号为 FNC09，占用 1 个程序步，无操作数。

在程序运行时，位于 FOR～NEXT 间的程序反复执行 n 次(由操作数决定)后再继续执行后续程序。循环的次数 n＝1～32767。如果 N＝－32767～0 之间，则当做 n＝1 处理。

如图 8-7 所示为一个二重嵌套循环，外层执行 5 次。如果 D0Z 中的数为 6，则外层 A 每执行一次则内层 B 将执行 6 次。

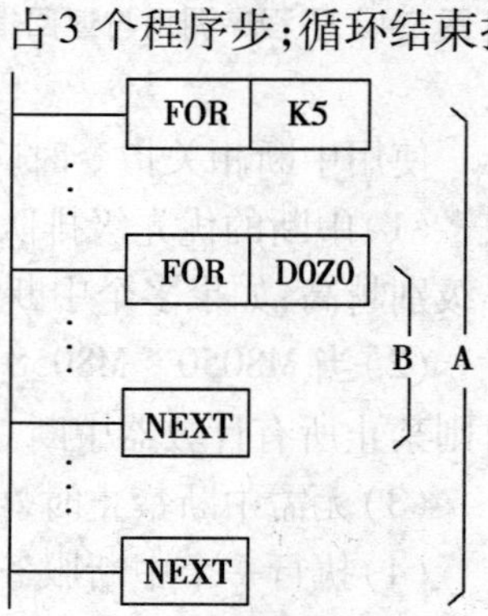

图 8-7　循环指令的使用

使用循环指令时应注意：

(1)FOR 和 NEXT 必须成对使用；
(2)FX2N 系列 PLC 可循环嵌套 5 层；
(3)在循环中可利用 CJ 指令在循环没结束时跳出循环体；
(4)FOR 应放在 NEXT 之前，NEXT 应在 FEND 和 END 之前，否则均会出错。

第三节 传送与比较类指令

一、比较指令

比较指令包括 CMP(比较)和 ZCP(区间比较)二条。

(一)比较指令 CMP

(D)CMP(P)指令的编号为 FNC10，是将源操作数[S1.]和源操作数[S2.]的数据进、行比较，比较结果用目标元件[D.]的状态来表示。如图 8-8 所示，当 X1 为接通状态时，把常数 100 与 C20 的当前值进行比较，比较的结果送入 M0 ~ M2 中。X1 为 OFF 时不执行，M0 ~ M2 的状态也保持不变。

(二)区间比较指令 ZCP

(D)ZCP(P)指令的编号为 FNC11，指令执行时源操作数[S.]与[S1.]和[S2.]的内容进行比较，并将比较结果送到目标操作数[D.]中。如图 8-9 所示，当 X0 为 ON 时，把 C30 当前值与 K100 和 K120 相比较，将结果送到 M3、M4、M5 中。当 X0 为 OFF 时，ZCP 不执行，M3、M4、M5 不变。

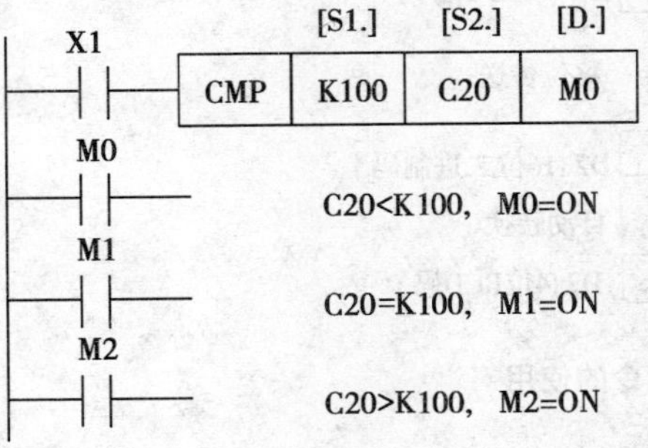

图 8-8 比较指令的使用

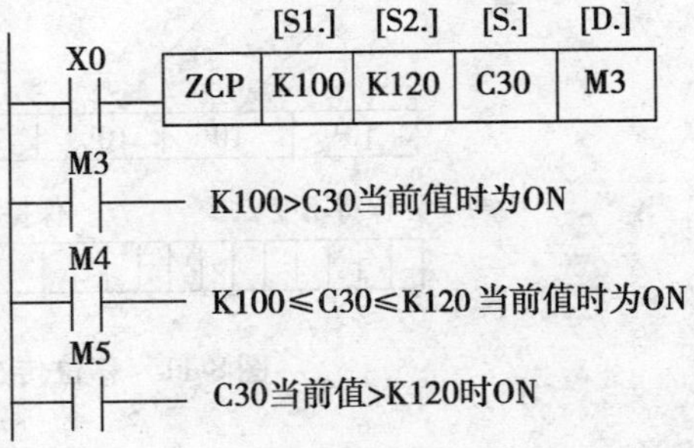

图 8-9 区间比较指令的使用

使用比较指令 CMP/ZCP 时应注意：
(1)[S1.]、[S2.]可取任意数据格式，目标操作数[D.]可取 Y、M 和 S。
(2)使用 ZCP 时，[S2.]的数值不能小于[S1.]。
(3)所有的源数据都作为二进制值处理。

二、传送类指令

(一)传送指令 MOV

(D)MOV(P)指令的编号为 FNC12，该指令的功能是将源数据传送到指定的目标。

如图 8-10 所示，当 X0 为 ON 时，将[S.]中的数据 K100 传送到目标操作元件[D.]，即 D10 中。在指令执行时，常数 K100 会自动转换成二进制数。当 X0 为 OFF 时，指令不执行，数据保持不变。

使用应用 MOV 指令时应注意：

(1)源操作数可取所有数据类型，目标操作数可以是 KnY、KnM、KnS、T、C、D、V、Z。

(2)16 位运算占 5 个程序步，32 位运算占 9 个程序步。

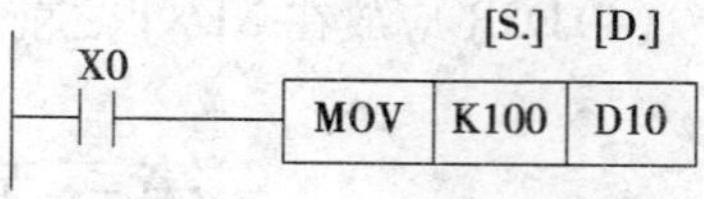

图 8-10　传送指令的使用

(二)移位传送指令 SMOV

SMOV(P)指令的编号为 FNC13。该指令的功能是将源数据(二进制)自动转换成 4 位 BCD 码，再进行移位传送，传送后的目标操作数元件的 BCD 码会自动转换成二进制数。如图 8-11 所示，当 X1 为 ON 时，将 D1 中从右起第 4 位(m1 =4)开始的 2 位(m2 =2)BCD 码移到目标操作数 D2 的右起第 3 位(n =3)和第 2 位，然后 D2 中的 BCD 码会自动转换为二进制数，而 D2 中的第 1 位和第 4 位 BCD 码保持不变。

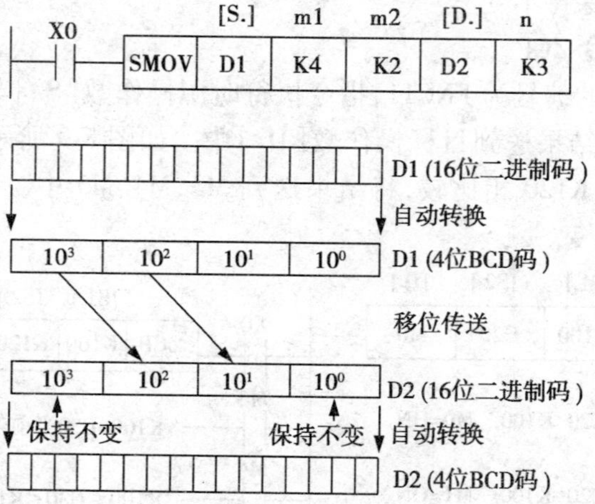

图 8-11　移位传送指令的使用

使用移位传送指令时应该注意：

(1)源操作数可取所有数据类型，目标操作数可为 KnY、KnM、KnS、T、C、D、V、Z。

(2)SMOV 指令只有 16 位运算，占 11 个程序步。

(三)取反传送指令 CML

(D)CML(P)指令的编号为 FNC14。该指令的功能是将源操作数元件的数据逐位取反并传送到指定的目标。如图 8-12 所示，当 X0 为 ON 时，执行 CML，将 D0 的低 4 位取反向后传送到 Y3 ~ Y0 中。

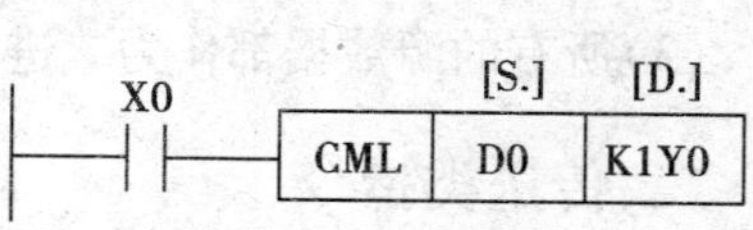

图 8-12　取反传送指令的使用

使用取反传送指令 CML 时应注意：

(1)源操作数可取所有数据类型，目标操作数可为 KnY、KnM、KnS、T、C、D、V、Z.，若源数据为常数 K 时，则该数据会自动转换为二进制数。

(2)16 位运算占 5 个程序步，32 位运算占 9 个程序步。

(四)块传送指令 BMOV

BMOV(P)指令的 ALCE 编号为 FNC15，该指令的功能是将源操作数指定元件开始的 n 个数据组成数据块传送到指定的目标。如图 8-13 所示，传送顺序可自动决定，既可从高元件号开始，也可从低元件号开始。若用到需要指定位数的位元件时，则源操作数和目标操作数的指定位数应相同。

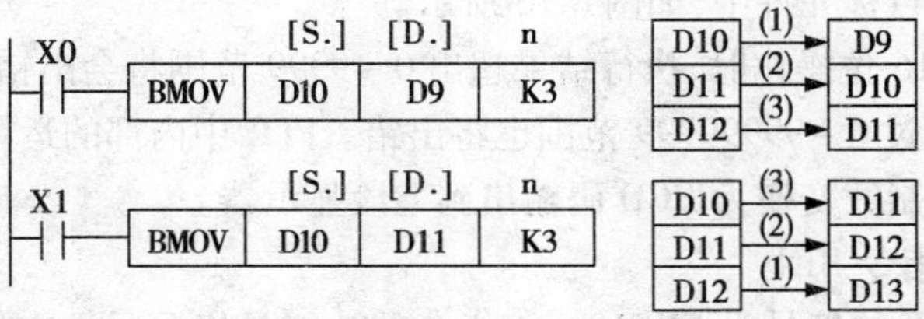

图 8-13　块传送指令的使用

使用块传送指令时应注意：

(1)源操作数可取 KnX、KnY、KnM、KnS、T、C、D 和文件寄存器，目标操作数可取 KnT、KnM、KnS、T、C 和 D；

(2)只有 16 位操作，占 7 个程序步；

(3)如果元件号超出允许范围，则数据仅传送到允许范围的元件中。

(五)多点传送指令 FMOV

(D)FMOV(P)指令的编号为 FNC16。该指令的功能是将源操作数中的数据传送到指定目标开始的 n 个元件中，传送后 n 个元件中的数据完全相同。如图 8-14 所示，当 X0 为 ON 时，将 K0 传送到 D0 ~ D9 中。

使用多点传送指令 FMOV 时应注意：

(1)源操作数可取所有的数据类型，目标操作数可取 KnX、KnM、KnS、T、C 和 D，n≤512；

(2)16 位操作占 7 个程序步，32 位操作则占 13 个程序步；

(3)如果元件号超出允许范围，则数据仅送到允许范围的元件中。

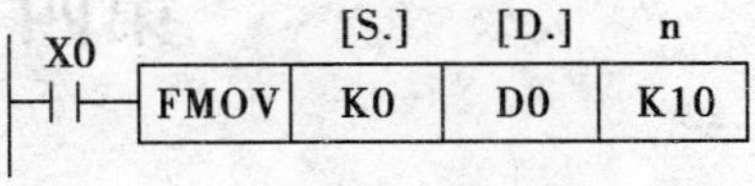

图 8-14　多点传送指令应用

三、数据交换指令

数据交换指令(D)XCH(P)的编号为 FNC17，该指令的功能是将数据在指定的目标元件之间交换。如图 8-15 所示，当 X0 为 ON 时，将 D1 和 D19 中的数据相互交换。

图 8-15　数据交换指令的使用

使用数据交换指令应该注意:

(1)操作数的元件可取 KnY、KnM、KnS、T、C、D、V 和 Z. 。

(2)交换指令一般采用脉冲执行方式,否则在每一次扫描周期都要交换一次。

(3)16 位运算时占 5 个程序步,32 位运算时占 9 个程序步。

四、数据变换指令

(一)BCD 变换指令 BCD

(D)BCD(P)指令的 ALCE 编号为 FNC18。该指令的功能是将源元件中的二进制数转换成 BCD 码送到目标元件中,如图 8-16 所示。

如果指令进行 16 位操作时,执行结果超出 0 ~9999 范围将会出错;当指令进行 32 位操作时,执行结果超过 0 ~99999999 范围也将出错。PLC 中内部的运算为二进制运算,可用 BCD 指令将二进制数变换为 BCD 码输出到七段显示器。

(二)BIN 变换指令 BIN

(D)BIN(P)指令的编号为 FNC19。该指令的功能是将源元件中的 BCD 数据转换成二进制数据送到目标元件中,如图 8-16 所示。常数 K 不能作为本指令的操作元件,因为在任何处理之前它们都会被转换成二进制数。

使用 BCD/BIN 指令时应注意:

(1)源操作数可取 KnK、KnY、KnM、KnS、T、C、D、V 和 Z,目标操作数可取 KnY、KnM、KnS、T、C、D、V 和 Z;

(2)16 位运算占 5 个程序步,32 位运算占 9 个程序步。

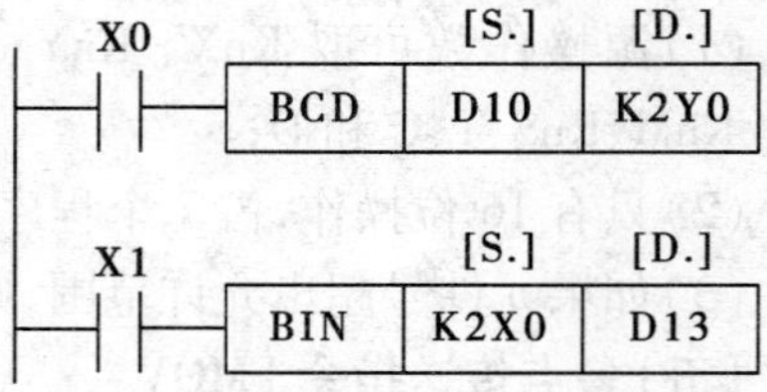

图 8-16 数据变换指令的使用

第四节 数据运算指令

一、算术运算指令

(一)加法指令 ADD

(D)ADD(P)指令的编号为 FNC20。该指令的功能是将指定的源元件中的二进制数相加结果送到指定的目标元件中去。如图 8-17 所示,当 X0 为 ON 时,执行(D10)+(D12)→(D14)。

(二)减法指令 SUB

(D)SUB(P)指令的编号为 FNC21。该指令的功能是将[S1.]指定元件中的内容以二进制形式减去[S2.]指定元件的内容,其结果存入由[D.]指定的元件中。如图 8-18 所示,当 X0 为 ON 时,执行(D10)—(D12)→(D14)。

使用加法和减法指令时应该注意:

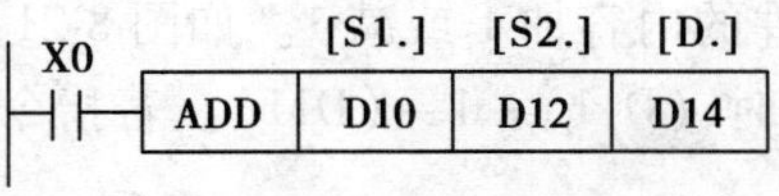

图 8-17　加法指令的使用

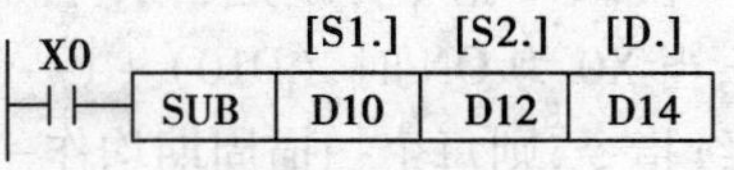

图 8-18　减法指令的使用

(1)操作数可取所有数据类型,目标操作数可取 KnY、KnM、KnS、T、C、D、V 和 Z。

(2)16 位运算占 7 个程序步,32 位运算占 13 个程序步。

(3)数据为有符号二进制数,最高位为符号位(0 为正,1 为负)。

(4)加法指令有三个标志:零标志(M8020)、借位标志(M8021)和进位标志(M8022)。当运算结果超过 32767(16 位运算)或 2147483647(32 位运算),则进位标志置 1;当运算结果小于 -32767(16 位运算)或 -2147483647(32 位运算),借位标志就会置 1。

(三)乘法指令 MUL

(D)MUL (P)指令的编号为 FNC22。数据均为有符号数。如图 8-19 所示,当 X0 为 ON 时,将二进制 16 位数[S1.]、[S2.]相乘,结果送至[D.]中。D 为 32 位,即(D0)×(D2)→(D5,D4)(16 位乘法);当 X1 为 ON 时,(D1,D0)×(D3,D2)→(D7,D6,D5,D4)(32 位乘法)。

(四)除法指令 DIV

(D)DIV (P)指令的编号为 FNC23。该指令的功能是将[S1.]指定为被除数,[S2.]指定为除数,将除得的结果送到[D.]指定的目标元件中,余数送到[D.]的下一个元件中。如图 8-20 所示,当 X0 为 ON 时,(D0)÷(D2)→(D4)商,(D5)余数(16 位除法);当 X1 为 ON 时(D1,D0)÷(D3,D2)→(D5,D4)商,(D7,D6)余数(32 位除法)。

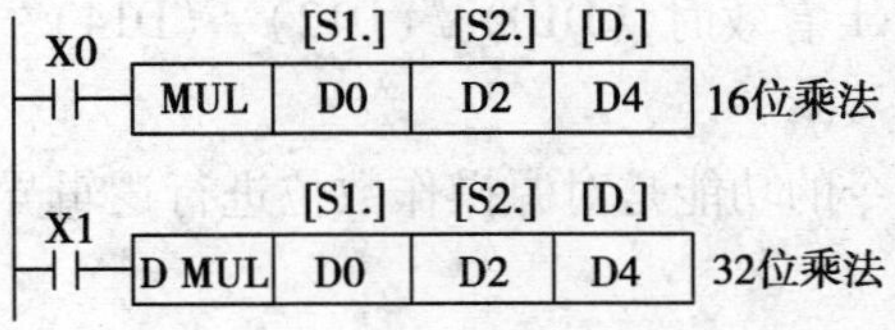

图 8-19　乘法指令的使用

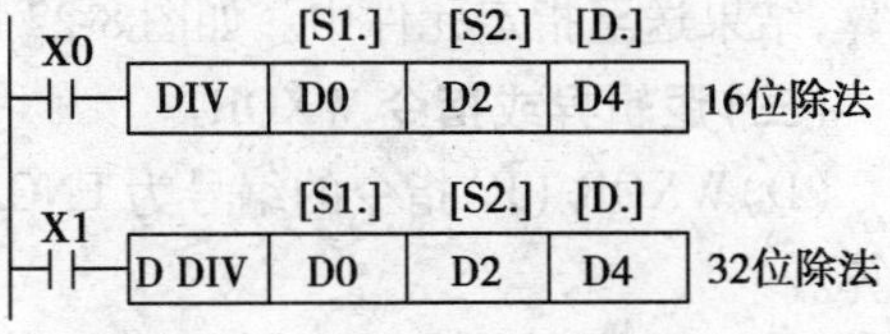

图 8-20　除法指令的使用

使用乘法和除法指令时应注意:

(1)源操作数可取所有数据类型,目标操作数可取 KnY、KnM、KnS、T、C、D、V 和 Z,要注意 Z 只有 16 位乘法时能用,32 位不可用。

(2)16 位运算占 7 个程序步,32 位运算为 13 个程序步。

(3)32 位乘法运算中,如用位元件作目标,则只能得到乘积的低 32 位,高 32 位将丢失,这种情况下应先将数据移入字元件再运算;除法运算中将位元件指定为[D.],则无法得到余数,除数为 0 时发生运算错误。

(4)积、商和余数的最高位为符号位。

(五)加 1 和减 1 指令

加 1 指令(D)INC (P)的编号为 FNC24;减 1 指令 (D)DEC (P)的编号为 FNC25。

INC 和 DEC 指令分别是当条件满足时则再将指定元件的内容加 1 或减 1。如图 8-21 所示,当 X0 为 ON 时,(D10) +1→(D10);当 X1 为 ON 时,(D11) +1→(D11)。若指令是连续指令,则每个扫描周期均作一次加 1 或减 1 运算。

使用加 1 和减 1 指令时应注意:

(1)指令的操作数可为 KnY、KnM、KnS、T、C、D、V、Z。

(2)当进行 16 位操作时为 3 个程序步,32 位操作时为 5 个程序步。

(3)在 INC 运算时,如数据为 16 位,则由 +32767 再加 1 变为 -32768,但标志不置位;同样,32 位运算由 +2147483647再加 1 就变为 -2147483648 时,标志也不置位。

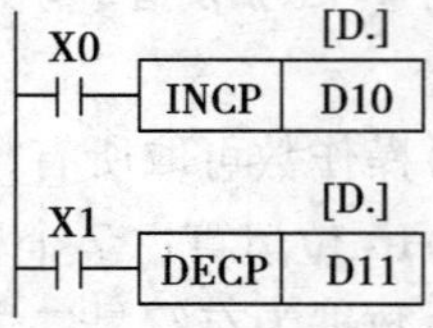

图 8-21　加 1 和减 1 指令的使用

(4)在 DEC 运算时,16 位运算 -32768 减 1 变为 +32767,且标志不置位;32 位运算由 -2147483648 减 1 变为 =2147483647,标志也不置位。

二、逻辑运算类指令

(一)逻辑与指令 WAND

(D)WAND(P)指令的编号为 FNC26。该指令的功能是将两个源操作数按位进行与操作,结果送指定元件。

(二)逻辑或指令 WOR

(D)WOR (P)指令的编号为 FNC27。该指令的功能是对两个源操作数按位进行或运算,结果送至指定元件中。如图 8-22 所示,当 X1 有效时,(D10) ∨ (D12)→(D14)。

(三)逻辑异或指令 WXOR

(D)WXOR (P)指令的编号为 FNC28。该指令的功能是对源操作数位进行逻辑异或运算。

(四)求补指令 NEG

(D)NEG (P)指令的编号为 FNC29。该指令的功能是将[D.]指定的元件内容的各位先取反再加 1,将其结果再存入原来的元件中。

WAND、WOR、WXOR 和 NEG 指令的使用如图 8-22 所示。

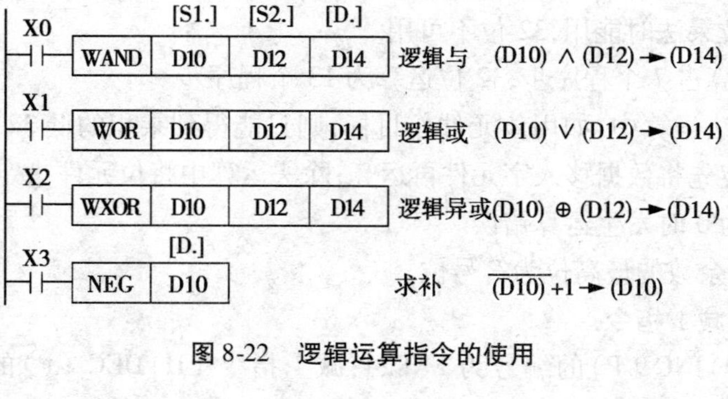

图 8-22　逻辑运算指令的使用

使用逻辑运算指令时应该注意：

(1)WAND、WOR 和 WXOR 指令的[S1.]和[S2.]均可取所有的数据类型，而目标操作数可取 KnY、KnM、KnS、T、C、D、V 和 Z。

(2)NEG 指令只有目标操作数，其可取 KnY、KnM、KnS、T、C、D、V 和 Z。

(3)WAND、WOR、WXOR 指令 16 位运算占 7 个程序步，32 位占 13 个程序步，而 NEG 分别占 3 步和 5 步。

第五节　循环与移位类指令

一、循环移位指令

右、左循环移位指令(D)ROR(P)和(D)ROL(P)编号分别为 FNC30 和 FNC31。执行这两条指令时，各位数据向右(或向左)循环移动 n 位，最后一次移出来的那一位同时存入进位标志 M8022 中，如图 8-23 所示。

二、带进位的循环移位指令

带进位的循环右、左移位指令(D)RCR(P)和(D)RCL(P)编号分别为 FNC32 和 FNC33。执行这两条指令时，各位数据连同进位(M8022)向右(或向左)循环移动 n 位，如图 8-24 所示。

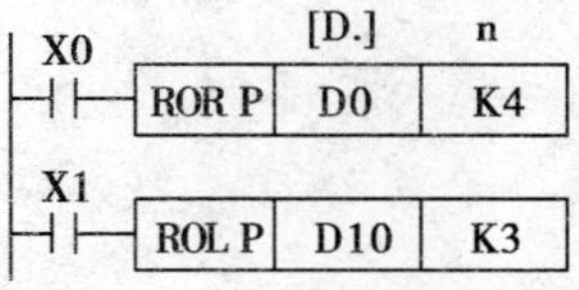

图 8-23　右、左循环移位指令的使用

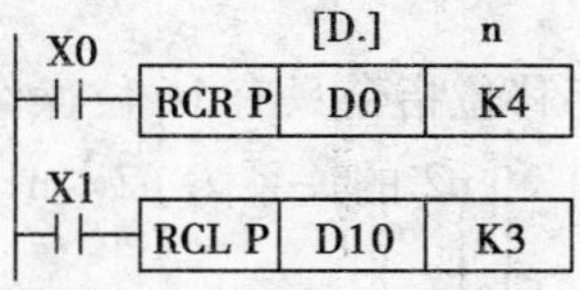

图 8-24　带进位右、左循环移位指令的使用

使用 ROR/ROL/RCR/RCL 指令时应该注意：

(1)目标操作数可取 KnY、KnM、KnS、T、C、D、V 和 Z，目标元件中指定位元件的组合只有在 K4(16 位)和 K8(32 位指令)时有效。

(2)16 位指令占 5 个程序步，32 位指令占 9 个程序步。

(3)用连续指令执行时，循环移位操作每个周期执行一次。

三、位右移和位左移指令

位右、左移指令 SFTR(P)和 SFTL(P)的编号分别为 FNC34 和 FNC35。它们使位元件中的状态成组地向右(或向左)移动。n1 指定位元件的长度，n2 指定移位位数，n1 和 n2 的关系及范围因机型不同而有差异，一般为 n2≤n1≤1024。位右移指令使用如图 8-25 所示。

使用位右移和位左移指令时应注意：

(1)源操作数可取 X、Y、M、S，目标操作数可取 Y、M、S。

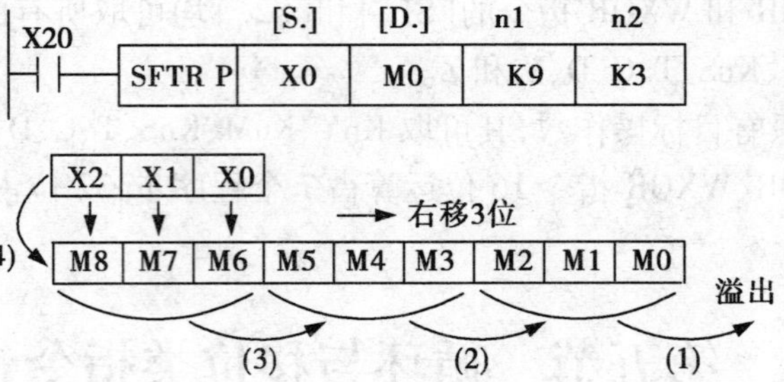

图 8-25　位右移指令的使用

(2)只有 16 位操作,占 9 个程序步。

四、字右移和字左移指令

字右移和字左移指令 WSFR(P)和 WSFL(P)指令编号分别为 FNC36 和 FNC37。字右移和字左移指令以字为单位,其工作的过程与位移位相似,是将 n1 个字右移或左移 n2 个字。

使用字右移和字左移指令时应注意:

(1)源操作数可取 KnX、KnY、KnM、KnS、T、C 和 D,目标操作数可取 KnY、KnM、KnS、T、C 和 D。

(2)字移位指令只有 16 位操作,占 9 个程序步。

(3)n1 和 n2 的关系为 n2≤n1≤512。

五、先入先出写入和读出指令

先入先出写入指令和先入先出读出指令 SFWR(P)和 SFRD(P)的编号分别为 FNC38 和 FNC39。

先入先出写入指令 SFWR 的使用如图 8-26 所示,当 X0 由 OFF 变为 ON 时,SFWR 执行, D0 中的数据写入 D2,而 D1 变成指针,其值为 1(D1 必须先清 0);当 X0 再次由 OFF 变为 ON 时,D0 中的数据写入 D3,D1 变为 2,依次类推 D0 中的数据依次写入数据寄存器。D0 中的数据从右边的 D2 顺序存入,源数据写入的次数放在 D1 中,当 D1 中的数达到 n－1 后不再执行上述操作,同时进位标志 M8022 置 1。

先入先出读出指令 SFRD 的使用如图 8-27 所示,当 X0 由 OFF 变为 ON 时,D2 中的数据送到 D20,同时指针 D1 的值减 1,D3 ~ D9 的数据向右移一个字,数据总是从 D2 读出,指针 D1 为 0 时,不再执行上述操作且 M8020 置 1。

使用 SFWR 和 SFRD 指令时应注意:

(1)目标操作数可取 KnY、KnM、KnS、T、C 和 D,源操作数可取所有的数据类型。

(2)指令只有 16 位运算,占 7 个程序步。

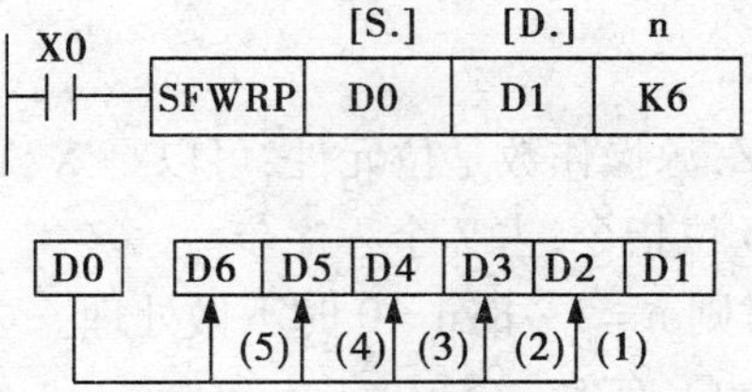

图 8-26　先入先出写入指令的使用

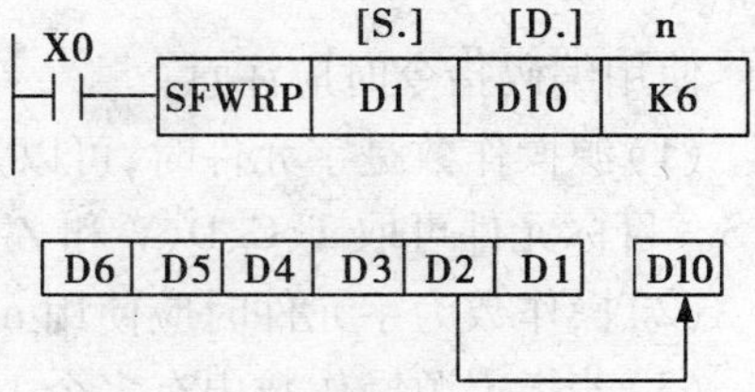

图 8-27　先入先出读出指令的使用

第六节　数据处理指令

一、区间复位指令

区间复位指令 ZRST(P)的编号为 FNC40。该指令的功能是将指定范围内的同类元件成批复位。如图 8-28 所示，当 M8002 由 OFF→ON 时，位元件 M500 ~ M599 成批复位，字元件 C235 ~ C255 也成批复位。

使用区间复位指令时应注意：

(1)[D1.]和[D2.]可取 Y、M、S、T、C、D，且应为同类元件，同时[D1]的元件号应小于[D2]指定的元件号，若[D1]的元件号大于[D2]的元件号，则只有[D1]指定元件被复位。

(2)ZRST 指令只有 16 位处理，占 5 个程序步，但[D1.][D2.]也可以指定 32 位计数器。

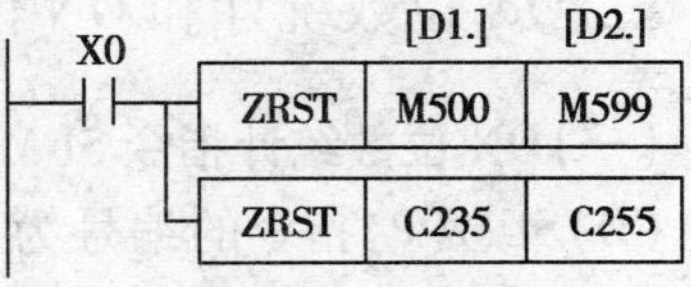

图 8-28　区间复位指令的使用

二、译码和编码指令

(一)译码指令 DECO

DECO(P)指令的编号为 FNC41。如图 8-29 所示，n = 3 则表示[S.]源操作数为 3 位，即为 X0、X1、X2。其状态为二进制数，当值为 011 时相当于十进制 3，则由目标操作数 M7 ~ M0组成的 8 位二进制数的第三位 M3 被置 1，其余各位为 0。如果为 000 则 M0 被置 1。用译码指令可通过[D.]中的数值来控制元件的 ON/OFF。

使用译码指令时应注意：

(1)位源操作数可取 X、T、M 和 S，位目标操作数可取 Y、M 和 S，字源操作数可取 K、H、T、C、D、V 和 Z，字目标操作数可取 T、C 和 D。

(2)若[D.]指定的目标元件是字元件 T、C、D，则 n≤4；若是位元件 Y、M、S，则 n = 1 ~ 8。译码指令为 16 位指令，占 7 个程序步。

(二)编码指令 ENCO

ENCO(P)指令的编号为 FNC42。如图 8-30 所示，当 X1 有效时执行编码指令，将[S.]中最高位的 1(M3)所在位数(4)放入目标元件 D10 中，即把 011 放入 D10 的低

3 位。

使用编码指令时应注意：

(1)源操作数是字元件时，可以是 T、C、D、V 和 Z；源操作数是位元件，可以是 X、Y、M 和 S。目标元件可取 T、C、D、V 和 Z。编码指令为 16 位指令，占 7 个程序步。

(2)操作数为字元件时应使用 n≤4，为位元件时则 n = 1 ~ 8，n = 0 时不做处理。

(3)若指定源操作数中有多个 1，则只有最高位的 1 有效。

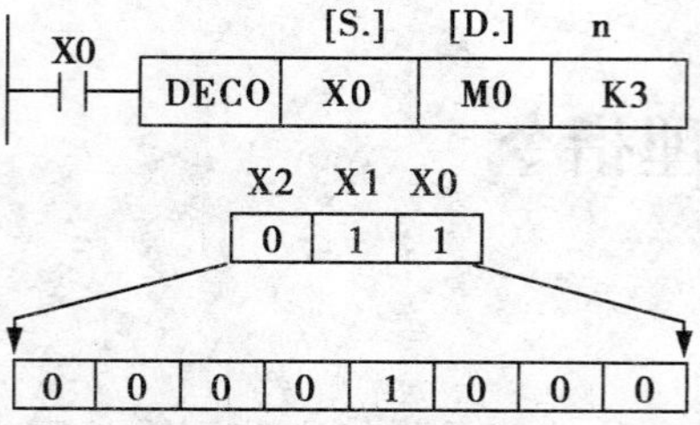

图 8-29 译码指令的使用

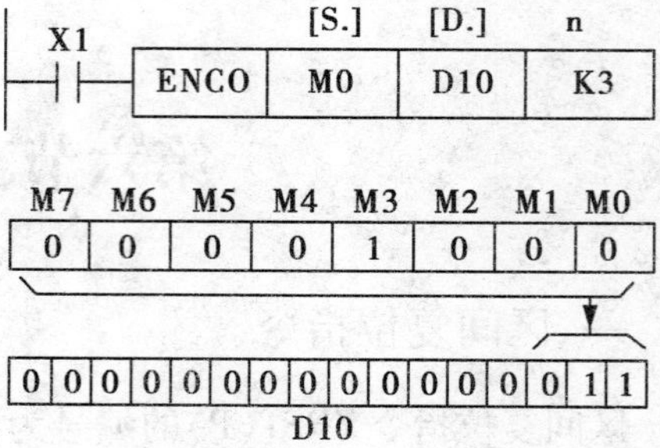

图 8-30 编码指令的使用

三、ON 位数统计和 ON 位判别指令

(一)ON 位数统计指令 SUM

(D)SUM(P)指令的编号为 FNC43。该指令是用来统计指定元件中 1 的个数。如图 8-31所示，当 X0 有效时执行 SUM 指令，将源操作数 D0 中 1 的个数送入目标操作数[D2.]中，若 D0 中没有 1，则零标志 M8020 将置 1。

使用 SUM 指令时应注意：

(1)源操作数可取所有数据类型，目标操作数可取 KnY，KnM，KnS，T，C，D，V 和 Z。

(2)16 位运算时占 5 个程序步，32 位运算则占 9 个程序步。

(二)ON 位判别指令 BON

(D)BON(P)指令的编号为 FNC44。该指令的功能是检测指定元件中的指定位是否为 1。如图 8-31 所示，当 X1 为有效时，执行 BON 指令，由 K4 决定检测的是源操作数 D10 的第 4 位，当检测结果为 1 时，则目标操作数 M0 = 1，否则 M0 = 0。

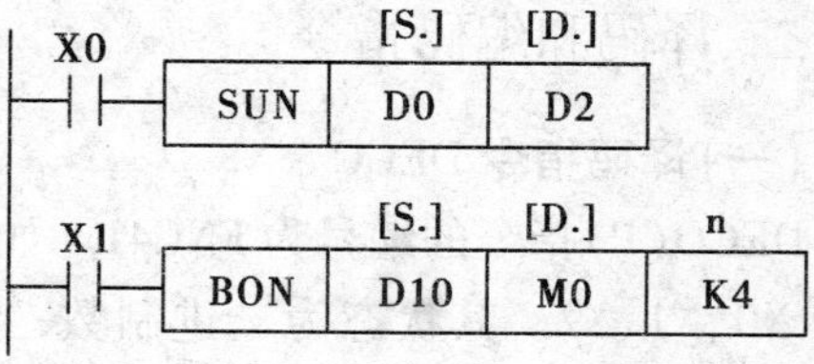

图 8-31 ON 位数统计和 ON 位判别指令的使用

使用 BON 指令时应注意：

(1)源操作数可取所有数据类型，目标操作数可取 Y、M 和 S。

(2) 进行 16 位运算，占 7 程序步，n = 0 ~ 15；32 位运算时则占 13 个程序步，n = 0 ~ 31。

四、平均值指令

平均值指令(D)MEAN(P)的编号为FNC45。其作用是将n个源数据的平均值送到指定目标(余数省略),若程序中指定的n值超出1～64的范围将会出错。

五、报警器置位与复位指令

报警器置位指令ANS(P)和报警器复位指令ANR(P)的编号分别为FNC46和FNC47。如图8-32所示,若X0和X1同时为ON时超过1s,则S900置1;当X0或X1变为OFF,虽定时器复位,但S900仍保持1不变;若在1s内X0或X1再次变为OFF则定时器复位。当X2接通时,则将S900～S999之间被置1的报警器复位。若有多于1个的报警器被置1,则元件号最低的那个报警器被复位。

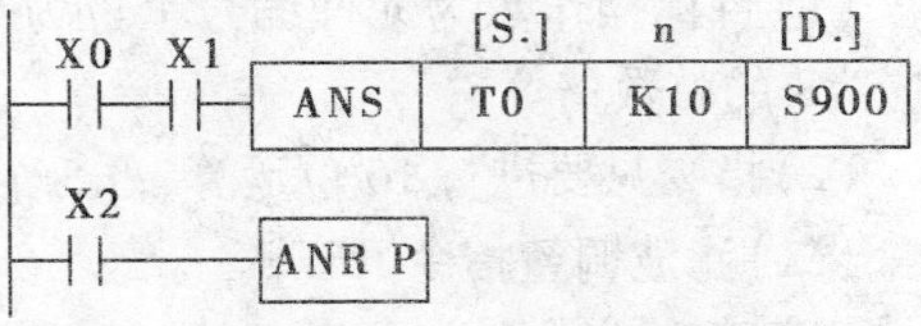

图8-32　报警器置位与复位指令的使用

使用报警器置位与复位指令时应注意:

(1)ANS指令的源操作数为T0～T199,目标操作数为S900～S999,n＝1～32767;ANR指令无操作数。

(2)ANS为16位运算指令,占7个程序步;ANR指令为16位运算指令,占1个程序步。

(3)ANR指令如果用连续执行,则会按扫描周期依次逐个将报警器复位。

六、二进制平方根指令

二进制平方根指令(D)SQR(P)的编号为FNC48。如图8-33所示,当X0有效时,则将存放在D45中的数开平方,结果存放在D123中(结果只取整数)。

使用SQR指令时应注意:

(1)源操作数可取K、H、D,数据需大于0,目标操作数为D。

(2)16位运算占5个程序步,32位运算占9个程序步。

七、二进制整数→二进制浮点数转换指令

二进制整数→二进制浮点数转换指令(D)FLT(P)的编号为FNC49。如图8-34所示,当X1有效时,将存入D10中的数据转换成浮点数并存入D12中。

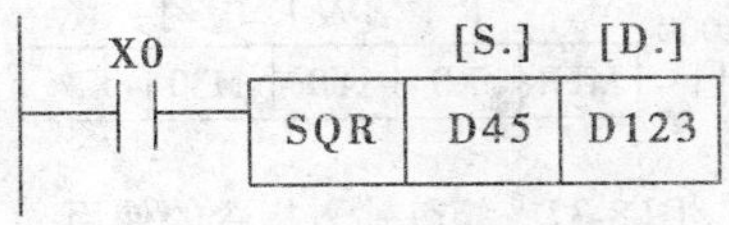

图8-33　二进制平方根指令的使用

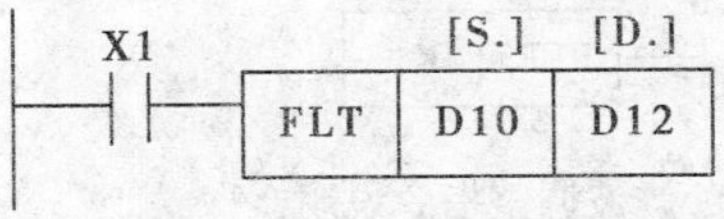

图8-34　二进制整数→二进制浮点数转换指令的使用

使用FLT指令时应注意:

(1)源操作数和目标操作数均为D。

(2)16位操作占5个程序步,32位占9个程序步。

第七节　高速处理指令

一、与输入输出有关的指令

（一）输入输出刷新指令 REF

REF(P)指令的编号为 FNC50。FX 系列 PLC 采用集中输入输出的方式。如果需要最新的输入信息以及希望立即输出结果则必须使用该指令。如图 8-35 所示，当 X0 接通时，X10 ~ X17 共 8 点将被刷新；当 X1 接通时，则 Y0 ~ Y7、Y10 ~ Y137 共 16 点输出将被刷新。

使用 REF 指令时应注意：

（1）目标操作数为元件编号个位为 0 的 X 和 Y，n 应为8 的整数倍。

（2）指令只要进行 16 位运算，占 5 个程序步。

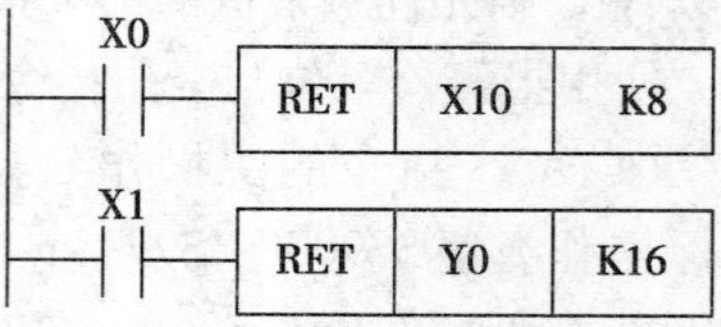

图 8-35　输入输出刷新指令的使用

（二）滤波调整指令 REFF

REFF(P)指令的编号为 FNC51。在 FX 系列 PLC 中 X0 ~ X17 使用了数字滤波器，用 REFF 指令可调节其滤波时间，范围为 0 ~ 60ms（实际上由于输入端有 RL 滤波，所以最小滤波时间为 50μs）。如图 8-36 所示，当 X0 接通时，执行 REFF 指令，滤波时间常数被设定为 1ms。

使用 REFF 指令时应注意：

（1）REFF 为 16 位运算指令，占 7 个程序步。

（2）当 X0 ~ X7 用作高速计数输入时或使用 FNC56 速度检测指令以及中断输入时，输入滤波器的滤波时间自动设置为 50ms。

（三）矩阵输入指令 MTR

MTR 指令的编号为 FNC52。利用 MTR 可以构成连续排列的 8 点输入与 n 点输出组成的 8 列 n 行的输入矩阵。如图 8-37 所示，由[S]指定的输入 X0 ~ X7 共 8 点与 n 点输出 Y0、Y1、Y2(n = 3)组成一个输入矩阵。PLC 在运行时执行 MTR 指令，当 Y0 为 ON 时，读入第一行的输入数据，存入 M30 ~ M37 中；Y1 为 ON 时，读入第二行的输入数据，存入 M40 ~ M47。其余类推，反复执行。

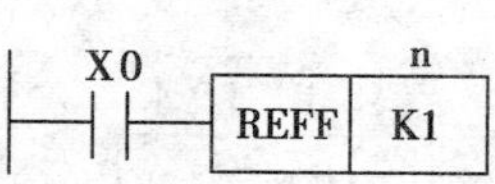

图 8-36　滤波调整指令说明

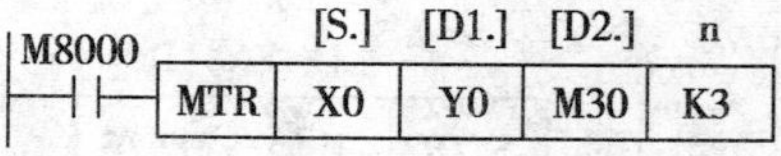

图 8-37　矩阵输入指令的使用

使用 MTR 指令时应注意：

（1）源操作数[S.]是元件编号个位为 0 的 X，目标操作数[D1]是元件编号个位为 0 的 Y，目标操作数[D2.]是元件编号个位为 0 的 Y、M 和 S，n 的取值范围是 2 ~ 8。

（2）考虑到输入滤波应答延迟为 10ms，对于每一个输出按 20ms 顺序中断，立即执行。

(3)利用本指令通过8点晶体管输出获得64点输入,但读一次64点输入所需时间为20ms×8=160ms,不适应高速输入操作。

(4)该指令只有16位运算,占9个程序步。

二、高速计数器指令

(一)高速计数器置位指令 HSCS

DHSCS 指令的编号为 FNC53。它应用于高速计数器的置位,使计数器的当前值达到预置值时,其输出触点立即动作。它采用了中断方式使置位和输出立即执行而与扫描周期无关。如图8-38所示,[S1.]为设定值(100),当高速计数器 C255 的当前值由99变为100或由101变为100时,Y0都将立即置1。

(二)高速计速器比较复位指令 HSCR

DHSCR 指令的编号为 FNC54。如图8-38所示,C254的当前值由199变为200或由201变为200时,用中断的方式使Y10立即复位。

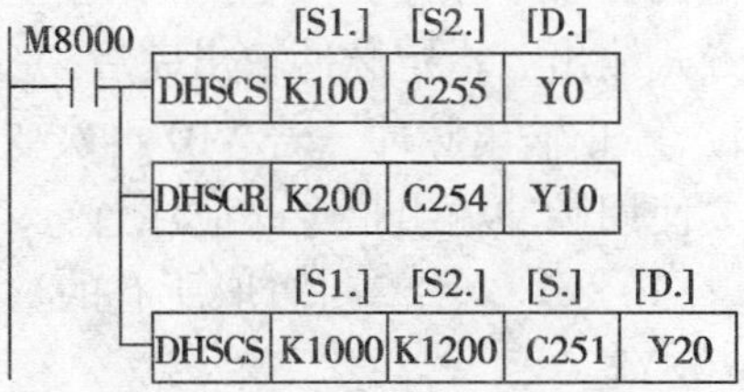

图 8-38 高速计数器指令的使用

使用 HSCS 和 HSCR 时应注意:

(1)源操作数[S1.]可取所有数据类型,[S2.]为 C235 ~ C255,目标操作数可取 Y、M 和 S。

(2)只有32位运算,占13个程序步。

(三)高速计速器区间比较指令 HSZ

DHSZ 指令的编号为 FNC55。如图8-38所示,目标操作数为 Y20、Y21 和 Y22。如果 C251 的当前值 < K1000 时,Y20 为 ON;K1000≤C251 的当前值≤K1200 时,Y21 为 ON;C251 的当前值 > K1200 时,Y22 为 ON。

使用高速计速器区间比较指令时应注意:

(1)操作数[S1.]、[S2.]可取所有数据类型,[S .]为 C235 ~ C255,目标操作数[D.]可取 Y、M、S。

(2)指令为32位操作,占17个程序步。

三、速度检测指令

速度检测指令 SPD 的编号为 FNC56。该指令的功能是用来检测给定时间内从编码器输入的脉冲个数,并计算出速度。如图8-39所示,[D.]占三个目标元件。当 X12 为 ON 时,用 D1 对 X0 的输入上升沿计数,100ms 后计数结果送入 D0,D1 复位,D1 重新开始对 X0 计

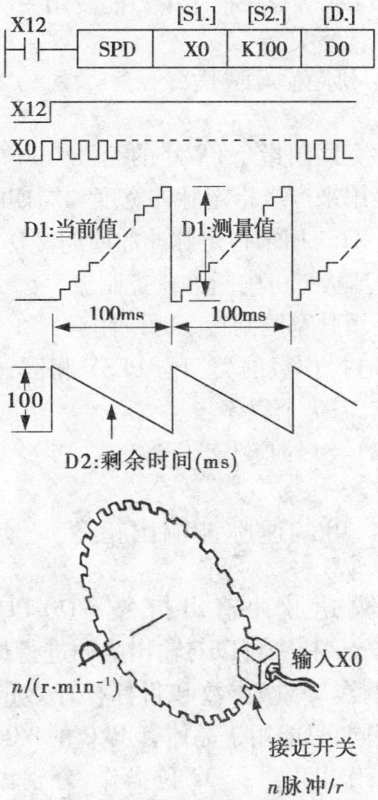

图 8-39 速度检测指令的使用

数。D2 在计数结束后计算剩余时间。

使用速度检测指令时应注意：

(1)[S1.]为 X0～X5，[S2.]可取所有的数据类型，[D.]可以是 T、C、D、V 和 Z。

(2)指令只有 16 位操作，占 7 个程序步。

四、脉冲输出指令

脉冲输出指令(D)PLSY 的编号为 FNC57。它是用来产生指定数量的脉冲。如图 8-40所示，[S1.]用来指定脉冲频率(2～20 000Hz)，[S2.]用来指定脉冲的个数(16 位指令的范围为 1～32767，32 位指令的范围为 1～2147483647)。如果指定脉冲数为 0，则产生无穷多个脉冲。[D.]用来指定脉冲输出元件号。脉冲的占空比为 50%，脉冲以中断方式输出。指定脉冲输出完后，完成标志 M8029 置 1。X10 由 ON 变为 OFF 时，M8029 复位，停止输出脉冲。若 X10 再次变为 ON，则脉冲从头开始输出。

使用脉冲输出指令时应注意：

(1)[S1.]、[S2.]可取所有的数据类型，[D.]为 Y1 和 Y2。

(2)该指令可进行 16 和 32 位操作，分别占用 7 个和 13 个程序步。

(3)本指令在程序中只能使用一次。

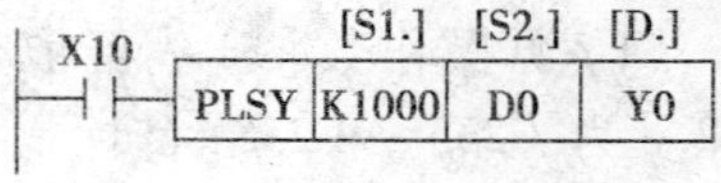

图 8-40　脉冲输出指令的使用

五、脉宽调制指令

脉宽调制指令 PWM 的编号为 FNC58。该指令的功能是用来产生指定脉冲宽度和周期的脉冲串。如图 8-41 所示，[S1.] 用来指定脉冲的宽度，[S2.]用来指定脉冲的周期，[D.]用来指定输出脉冲的元件号(Y0 或 Y1)，输出的 ON/OFF 状态由中断方式控制。

使用脉宽调制指令时应注意：

(1)操作数的类型与 PLSY 相同；该指令只有 16 位操作，需 7 个程序步。

(2)[S1.]应小于[S2.]。

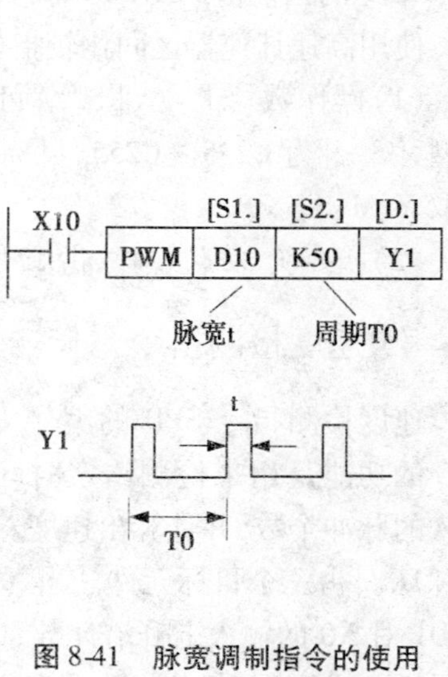

图 8-41　脉宽调制指令的使用

六、可调速脉冲输出指令

可调速脉冲输出指令 (D)PLSR 的编号为 FNC59。该指令可以对输出脉冲进行加速，也可进行减速调整。源操作数和目标操作数的类型和 PLSY 指令相同，只能用于晶体管 PLC 的 Y0 和 Y1，可进行 16 位操作也可进行 32 位操作，分别占 9 个和 17 个程序步。该指令只能用一次。

第八节　其他功能指令

一、方便指令(FNC60～FNC69)

FX 系列共有 10 条方便指令:初始化指令 IST(FNC60)、数据搜索指令 SER(FNC61)、绝对值式凸轮顺控指令 ABSD(FNC62)、增量式凸轮顺控指令 INCD(FNC63)、示教定时指令 TIMR(FNC64)、特殊定时器指令 STMR(FNC65)、交替输出指令 ALT(FNC66)、斜坡信号指令 RAMP(FNC67)、旋转工作台控制指令 ROTC(FNC68)和数据排序指令 SORT(FNC69)。以下仅对其中部分指令加以介绍。

(一)凸轮顺控指令

凸轮顺控指令有绝对值式凸轮顺控指令 ABSD(FNC62)和增量式凸轮顺控指令 INCD(FNC63)两条。

绝对值式凸轮顺控指令 ABSD 是用来产生一组对应于计数值在 360°范围内变化的输出波形,输出点的个数由 n 决定,如图 8-42(a)所示。图中 n 为 4,表明[D.]由 M0～M3 共 4 点输出。预先通过 MOV 指令将对应的数据写入 D300～D307 中,开通点数据写入偶数元件,关断点数据放入奇数元件,如表 8-1 所示。当执行条件 X0 由 OFF 变 ON 时,M0～M3 将得到如图 8-42(b)所示的波形,通过改变 D300～D307 的数据可改变波形。若 X0 为 OFF,则各输出点状态不变。这一指令只能使用一次。

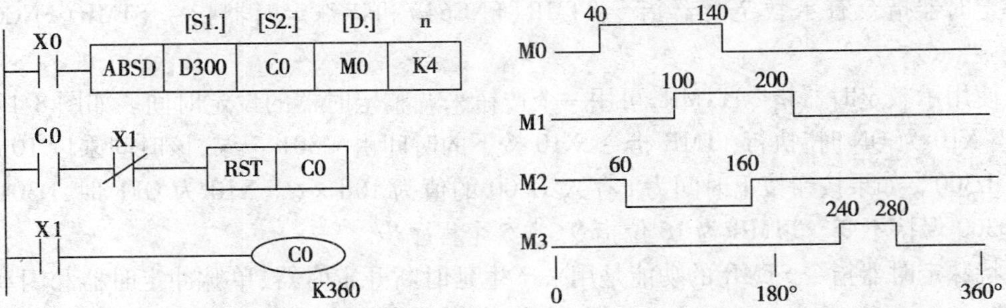

(a)绝对值式凸轮顺控指令　　(b)输出波形

图 8-42　绝对值式凸轮顺控指令的使用

表 8-1　旋转台旋转周期 M0～M3 状态

开通点	关断点	输出
D300＝40	D301＝140	M0
D302＝100	D303＝200	M1
D304＝160	D305＝60	M2
D306＝240	D307＝280	M3

增量式凸轮顺控指令 INCD 也是用来产生一组对应于计数值变化的输出波形。如图 8- 43 所示，n = 4，说明有 4 个输出，分别为 M0 ~ M3，它们的 ON/OFF 状态受凸轮提供的脉冲个数控制，使 M0 ~ M3为 ON 状态的脉冲个数分别存放在 D300 ~ D303 中（用 MOV 指令写入）。图 8-43 中波形是 D300 ~ D303 分别为 20、30、10 和 40 时的输出。当计数器 C0 的当前值依次达到 D300 ~ D303 的设定值时将自动复位。C1 用来计复位的次数，M0 ~ M3 根据 C1 的值依次动作。由 n 指定的最后一段完成后，标志 M8029 置 1，以后周期性重复。若 X0 为 OFF，则 C0、C1 均复位，同时 M0 ~ M3 变为 OFF，当 X0 再接通后重新开始工作。

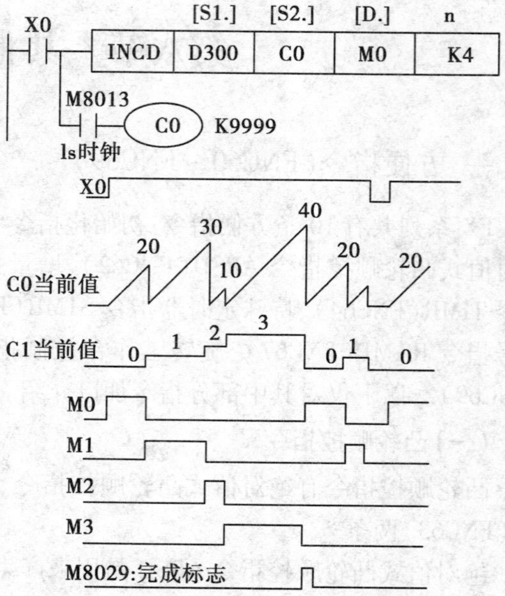

图 8-43　增量式凸轮顺控指令的使用

凸轮顺控指令源操作数［S1.］可取 KnX、KnY、KnM、KnS、T、C 和 D，［S2.］为 C，目标操作数可取 Y、M 和 S。该指令为 16 位操作指令，占 9 个程序步。

（二）定时器指令

定时器指令有示教定时器指令 TTMR（FNC64）和特殊定时器指令 STMR（FNC65）两条。

使用示教定时器指令 TTMR，可用一个按钮来调整定时器的设定时间。如图 8-44 所示，当 X10 为 ON 时，执行 TTMR 指令，X10 按下的时间由 M301 记录，该时间乘以 10n 后存入 D300。如果按钮按下时间为 t 存入 D300 的值为 $10n \times t$ 。X10 为 OFF 时，D301 复位，D300 保持不变。TTMR 为 16 位指令，占 5 个程序步。

特殊定时器指令 STMR 的功能是用来产生延时断开定时器、单脉冲定时器和闪动定时器。如图 8-45 所示，m = 1 ~ 32767，用来指定定时器的设定值；［S.］源操作数取 T0 ~ T199（100ms 定时器）。T10 的设定值为 100ms × 100 = 10s，M0 是延时断开定时器，M1 为单脉冲定时器，M2、M3 为闪动而设。

（三）交替输出指令

交替输出指令 ALT（P）的编号为 FNC66，用于实现由一个按钮控制负载的启动和停止。如图 8-46 所示，当 X0 由 OFF 到 ON 时，Y0 的状态将改变一次。若用连续的 ALT 指令则每个扫描周期 Y0 均改变一次状态。［D.］可取 Y、M 和 S。ALT 为 16 为运算指令，占 3 个程序步。

二、外部 I/O 设备指令（FNC70 ~ FNC79）

外部 I/O 设备指令是 FX 系列与外设传递信息的指令，共有 10 条。分别是 10 键输入

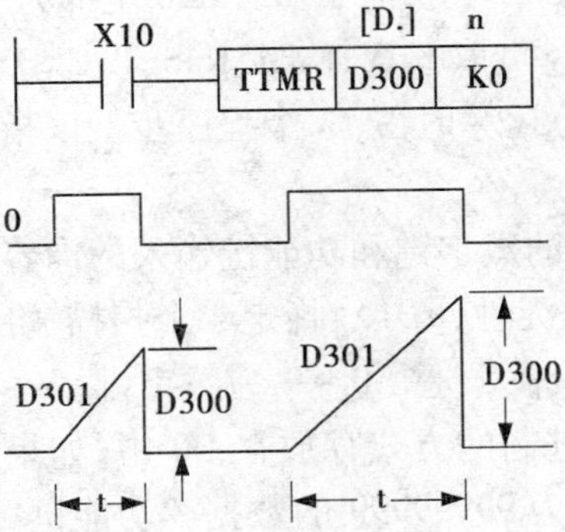

图 8-44　示教定时器指令说明

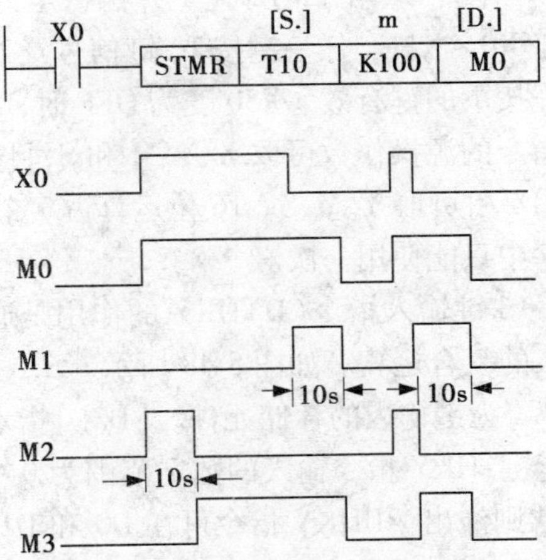

图 8-45　特殊定时器指令的使用

指令 TKY(FNC70)、16 键输入指令 HKY(FNC71)、数字开关输入指令 DSW(FNC72)、七段译码指令 SEGD(FNC73)、带锁存的七段显示指令 SEGL(FNC74)、方向开关指令 ARWS(FNC75)、ASCII 码转换指令 ASC(FNC76)、ASCII 打印指令 PR(FNC77)、特殊功能模块读指令 FROM(FNC78)和特殊功能模块写指令 TO(FNC79)。

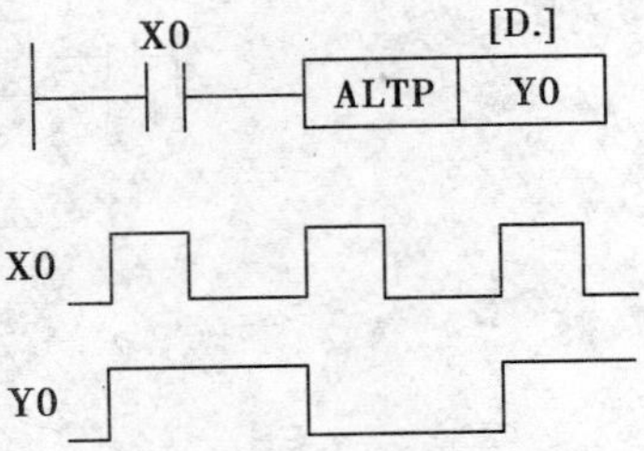

图 8-46　交替输出指令的使用

(一)数据输入指令

数据输入指令有 10 键输入指令 TKY(FNC70)、16 键输入指令 HKY(FNC71)和数字开关输入指令 DSW(FNC72)。

10 键输入指令(D)TKY 的使用如图 8-47 所示。源操作数[S.]用 X0 为首元件,10 个键 X0 ~ X11 分别为对应数字 0 ~ 9。X30 接通时执行 TKY 指令,如果以 X2(2)、X9(8)、X3(3)、X0(0)的顺序按键,则[D1.]中存入数据为 2830,实现了将按键变成十进制的数字量。当送入的数大于 9999,则高位溢出并丢失。使用 32 位指令 DTKY 时,D1 和 D2 组合使用,高位大于 99999999 则高位溢出。

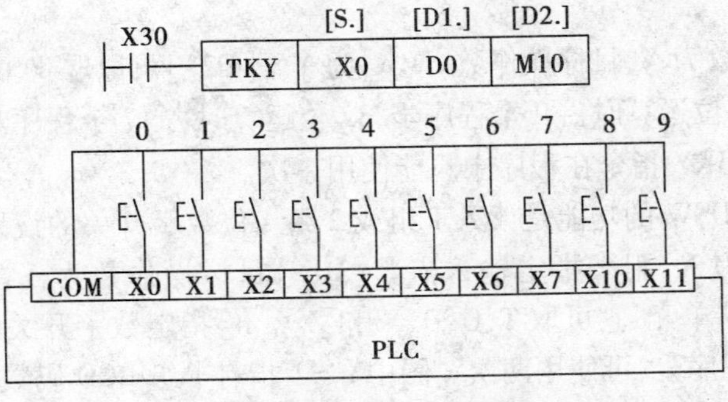

图 8-47　10 键输入指令的使用

当按下 X2 后，M12 置 1 并保持至另一键被按下，其他键也一样。M10～M19 动作对应于 X0～X11。任一键按下，键信号置 1 直到该键放开。当两个或更多的键被按下时，则首先按下的键有效。X30 变为 OFF 时，D0 中的数据保持不变，但 M10～M20 全部为 OFF。此指令的源操作数可取 X、Y、M 和 S，目标操作数[D.]可取 KnY、KnM、KnS、T、C、D、V 和 Z，[D2.]可取 Y、M、S。16 位运算占 7 个程序步，32 位运算时占 13 个程序步。该指令在程序中只能使用一次。

16 键输入指令(D)HKY 的作用是通过对键盘上的数字键和功能键输入的内容实现输入的复合运算。如图 8-48 所示，[S.]指定 4 个输入元件，[D1.]指定 4 个扫描输出点，[D2.]为键输入的存储元件。[D3.]指示读出元件。十六键中 0～9 为数字键，A～F 为功能键，HKY 指令输入的数字范围为 0～9999，以二进制的方式存放在 D0 中，如果大于 9999 则溢出。DHKY 指令可在 D0 和 D1 中存放最大为 99999999 的数据。功能键 A～F 与 M0～M5 对应，按下 A 键，M0 置 1 并保持。按下 D 键 M0 置 0，M3 置 1 并保持，其余类推。如果同时按下多个键则先按下的有效。

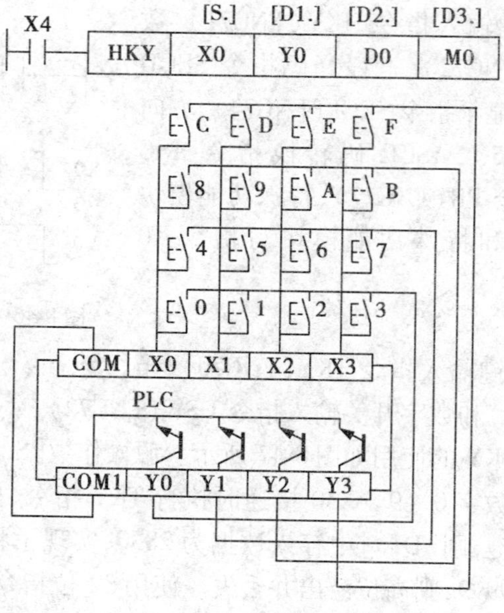

图 8-48　16 键输入指令的使用

该指令源操作数为 X，目标操作数[D1.]为 Y。[D2.]可以取 T、C、D、V 和 Z，[D3.]可取 Y、M 和 S。16 位运算时占 9 个程序步，32 位运算时占 17 个程序步。扫描全部 16 键需 8 个扫描周期。HKY 指令在程序中只能使用一次。

数字开关指令 DSW 的功能是读入 1 组或 2 组 4 位数字开关的设置值。如图 8-49 所示，源操作数[S.]为 X，用来指定输入点。[D1.]目标操作数为 Y，用来指定选通点。[D2.]指定数据存储单元，它可取 T、C、D、V 和 Z。[n]指定数字开关组数。该指令只有 16 位运算，占 9 个程序步，可使用两次。图中 n＝1 指有 1 组 BCD 码数字开关。输入开关为 X10～X13，按 Y10～Y13 的顺序选通读入。数据以二进制数的形式存放在 D0 中。若

n = 2,则有两组开关,第 2 组开关接到 X14 ~ X17 上,仍由 Y10 ~ Y13 顺序选通读入,数据以二进制的形式存放在 D1 中,第 2 组数据只有在 n = 2 时才有效。当 X1 保持为 ON 时,Y10 ~ Y13 依次为 ON。一个周期完成后标志位 M8029 置 1。

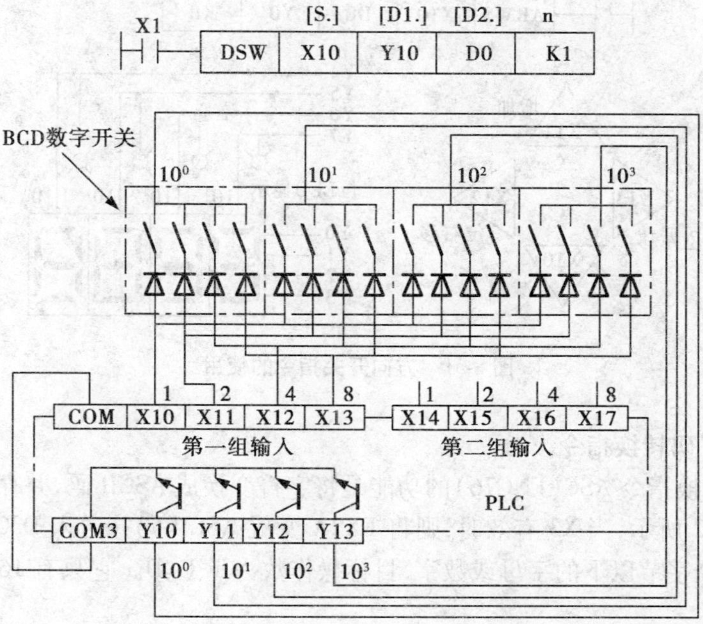

图 8-49　数字开关指令的使用

(二)数字译码输出指令

数字译码输出指令有七段译码指令 SEGD(FNC73)和带锁存的七段显示指令 SEGL(FNC74)两条。

七段译码指令 SEGD(P)如图 8-50 所示,将[S.]指定元件的低 4 位所确定的十六进制数(0 ~ F)经译码后存入[D.]指定的元件中,以驱动七段显示器,[D.]的高 8 位保持不变。如果要显示 0,则应在 D0 中放入数据为 3FH。

带锁存的 7 段显示指令 SEGL 的作用是用 12 个扫描周期的时间来控制一组或两组带锁存的七段译码显示。

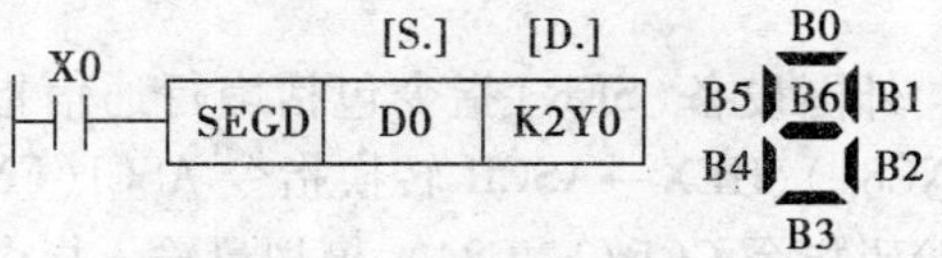

图 8-50　七段译码指令的使用

(三)方向开关指令

方向开关指令 ARWS(FNC75)是用于方向开关的输入和显示。如图 8-51 所示,该指令有四个参数,源操作数[S.]可选 X、Y、M、S。图中选择 X10 开始的 4 个按钮,位左移键和右移键用来指定输入的位,增加键和减少键用来设定指定位的数值。X0 接通时指定的是最高位,按一次右移键或左移键可移动一位。指定位的数据可由增加键和减少键来修改,其值可显示在七段显示器上。目标操作数[D1.]为输入的数据,由七段显示器监视其中的值(操作数可用 T、C、D、V、和

Z)，[D2.]只能用 Y 做操作数，n = 0 ~ 3 其确定的方法与 SEGL 指令相同。ARWS 指令只能使用一次，而且必须用晶体管输出型的 PLC。

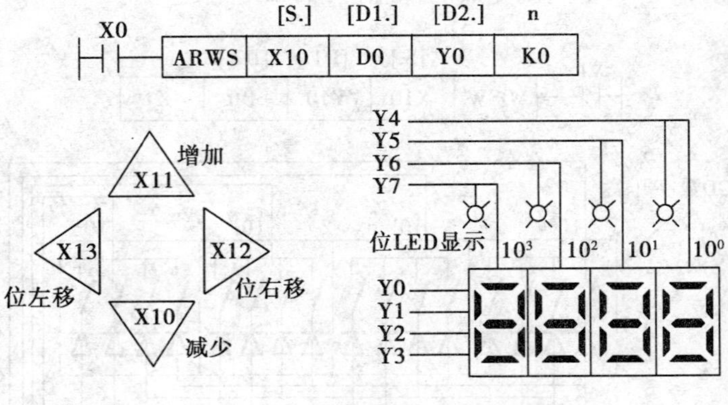

图 8-51　方向开关指令的使用

（四）ASEII 码转换指令

ASCII 码转换指令 ASC（FNC76）的功能是将字符变换成 ASCII 码，并存放在指定的元件中。如图 8-52 所示，当 X3 有效时，则将 FX2A 变成 ASCII 码并送入 D300 和 D301 中。源操作数是 8 个字节以下的字母或数字，目标操作数为 T、C、D。它只有 16 位运算，占 11 个程序步。

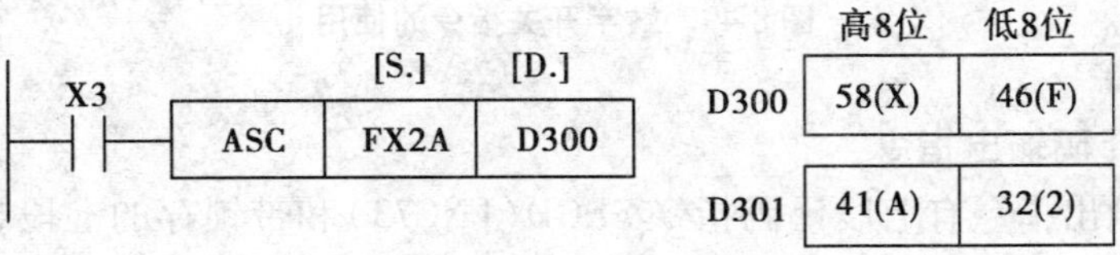

图 8-52　ASEII 码转换指令说明

三、外围设备（SER）指令（FNC80 ~ FNC89）

外围设备（SER）指令包括串行通信指令 RS（FNC80）、八进制数据传送指令 PRUN（FNC81）、HEX→ASCII 转换指令 ASCI（FNC82）、ASCII→HEX 转换指令 HEX（FNC83）、校验码指令 CCD（FNC84）、模拟量输入指令 VRRD（FNC85）、模拟量开关设定指令 VRSC（FNC86）和 PID 运算指令 PID（FNC88）8 条指令。

（一）八进制数据传送指令

八进制数据传送指令（D）PRUN（P）（FNC81）是用于八进制数的传送。如图 8-53 所示，当 X10 为 ON 时，将 X0 ~ X17 内容送至 M0 ~ M7 和 M10 ~ M17（因为 X 为八进制，故 M9 和 M8 的内容不变）。当 X11 为 ON 时，则将 M0 ~ M7 送 Y0 ~ Y7，M10 ~ M17 送 Y10 ~ Y17。源操作数可取 KnX、KnM，目标操作数取 KnY、KnM，n = 1 ~ 8，16 位和 32 位运算分别占 5 个和 9 个程序步。

(二)16 进制数与 ASCII 码转换指令

有 HEX→ASCII 转换指令 ASCI(FNC82)、ASCII→HEX 转换指令 HEX(FNC83)两条指令。

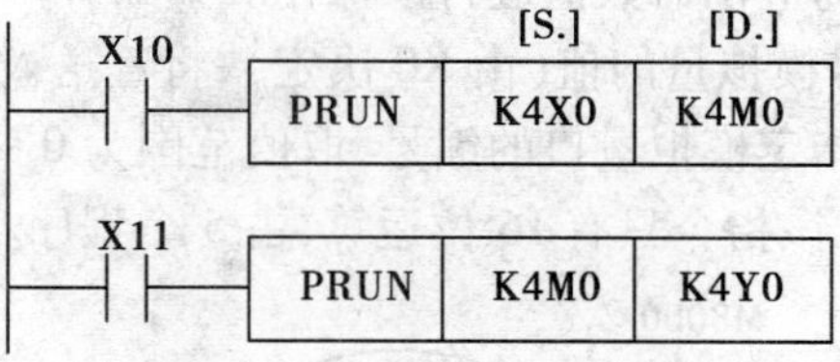

图 8-53　八进制数据传送指令的使用

HEX→ASCII 转换指令 ASCI(P)的功能是将源操作数[S.]中的内容(十六进制数)转换成 ASCII 码放入目标操作数[D.]中。如图 8-54所示,n 表示要转换的字符数(n = 1 ~ 256)。M8161 控制采用16 位模式或8 位模式。16 位模式时每4 个 HEX 占用1 个数据寄存器,转换后每两个 ASCII 码占用一个数据寄存器;8 位模式时,转换结果传送到[D.]低8 位,其高 8 位为 0。PLC 运行时 M8000 为 ON,M8161 为 OFF,此时为 16 位模式。当 X0 为 ON 则执行 ASCI。如果放在 D100 中的 4 个字符为 OABCH,则执行后将其转换为 ASCII 码送入 D200 和 D201 中,D200 高位放 A 的 ASCII 码 41H,低位放 0 的 ASCII 码 30H,D201 则放 BC 的 ASCII 码,C 放在高位。该指令的源操作数可取所有数据类型,目标操作数可取 KnY、KnM、KnS、T、C 和 D。该指令只有 16 位运算,占用 7 个程序步。

ASCII→HEX 指令 HEX(P)的功能与 ASCI 指令相反,是将 ASCII 码表示的信息转换成 16 进制的信息。如图 8-55 所示,将源操作数 D200 ~ D203 中放的 ASCII 码转换成 16 进制放入目标操作数 D100 和 D101 中。该指令只有 16 位运算,占 7 个程序步。源操作数为 K、H、KnX、KnY、KnM、KnS、T、C 和 D,目标操作数为 KnY、KnM、KnS、T、C、D、V 和 Z。

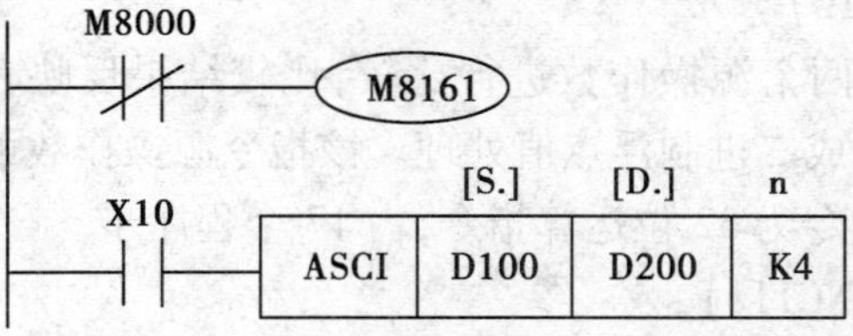

图 8-54　HEX→ASCII 码转换指令的使用

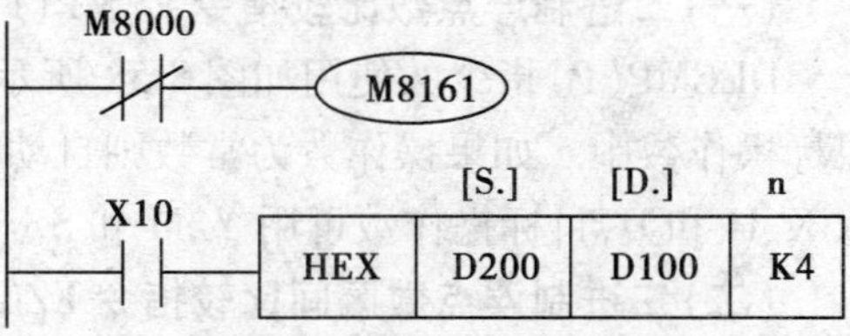

图 8-55　ASCII→HEX 指令的使用

(三)校验码指令

校验码指令 CCD(P)(FNC84)的功能是对一组数据寄存器中的 16 进制数进行总校验和奇偶校验。如图 8-56 所示,是将源操作数[S.]指定的 D100 ~ D102 共 6 个字节的 8 位二进制数求和并“异或”,结果分别放在目标操作数 D0 和 D1 中。通信过程中可将数据和、“异或”结果随同发送,对方接收到信息后,先将传送的数据求和并“异或”,再与收到的和及“异或”结果比较,以此判断传送信号的正确与否。源操作数可取 KnX、KnY、KnM、KnS、T、C 和 D,目标操作数可取 KnM、KnS、T、C 和 D,n 可用 K、H 或 D,n = 1 ~ 256。该指令为 16 位运算指令,占 7 个程序步。

以上 PRUN、ASCI、HEX、CCD 常应用于串行通信中,配合 RS 指令。

(四)模拟量输入指令

模拟量输入指令 VRRD(P)(FNC85)是用来对 FX2N - 8AV - BD 模拟量功能扩展板

中的电位器数值进行读操作。如图 8-57 所示，当 X0 为 ON 时，读出 FX2N－8AV－BD 中 0 号模拟量的值（由 K0 决定），将其送入 D0 作为 T0 的设定值。源操作数可取 K、H，它用来指定模拟量口的编号，取值范围为 0～7；目标操作数可取 KnY、KnM、KnS、T、C、D、V 和 Z。该指令只有 16 位运算，占 5 个程序步。

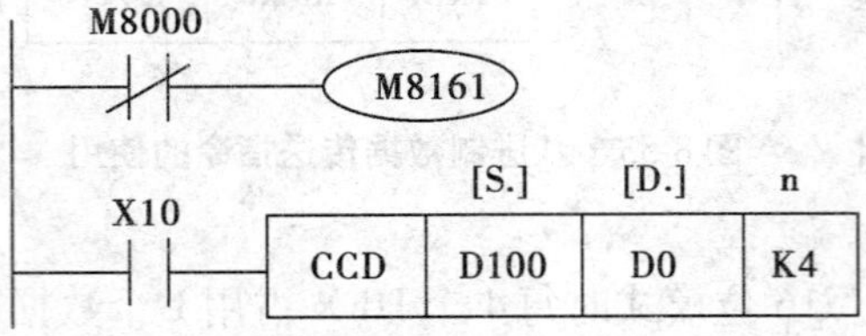

图 8-56　校验码指令的使用

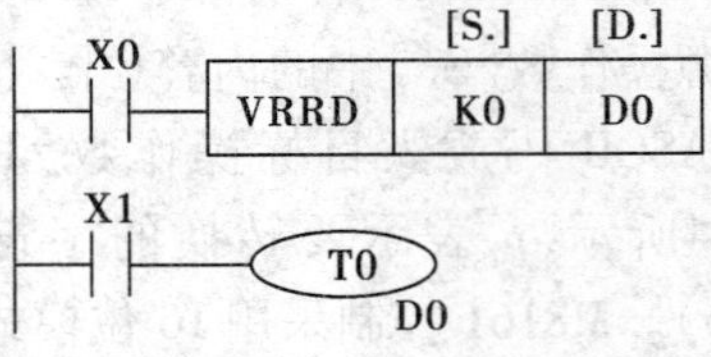

图 8-57　模拟量输入指令的使用

（五）模拟量开关设定指令

模拟量开关设定指令 VRSC（P）（FNC86）的作用是将 FX－8AV 中电位器读出的数四舍五入整量化后以 0～10 之间的整数值存放在目标操作数中。它的源操作数[S.]可取 K 和 H，用来指定模拟量口的编号，取值范围为 0～7；目标操作数[D.]的类型与 VRRD 指令相同。该指令为 16 位运算，占 9 个程序步。

四、浮点数运算指令

浮点数运算指令包括浮点数的比较、四则运算、开方运算和三角函数等功能。它们分布在指令编号为 FNC110～FNC119、FNC120～FNC129、FNC130～FNC139 之中。

（一）二进制浮点数比较指令 ECMP（FNC110）

DECMP（P）指令的使用如图 8-58 所示，将两个源操作数进行比较，比较结果反映在目标操作数中。如果操作数为常数则自动转换成二进制浮点值处理。该指令源操作数可取 K、H 和 D，目标操作数可用 Y、M 和 S。该指令为 32 位运算指令，占 17 个程序步。

（二）二进制浮点数区间比较指令 EZCP（FNC111）

EZCP（P）指令的功能是将源操作数的内容与用二进制浮点值指定的上下二点的范围比较，对应的结果用 ON/OFF 反映在目标操作数上，如图 8-59 所示。该指令为 32 位运算指令，占 17 个程序步。源操作数可以是 K，H 和 D；目标操作数为 Y、M 和 S。[S1.]应小于[S2.]，操作数为常数时将被自动转换成二进制浮点值处理。

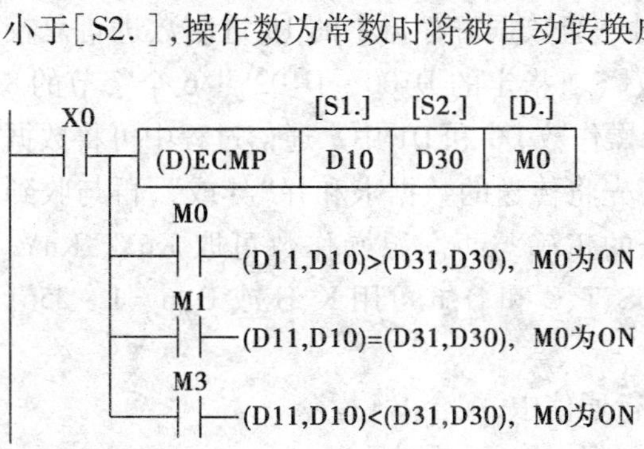

图 8-58　二进制浮点数比较指令的使用

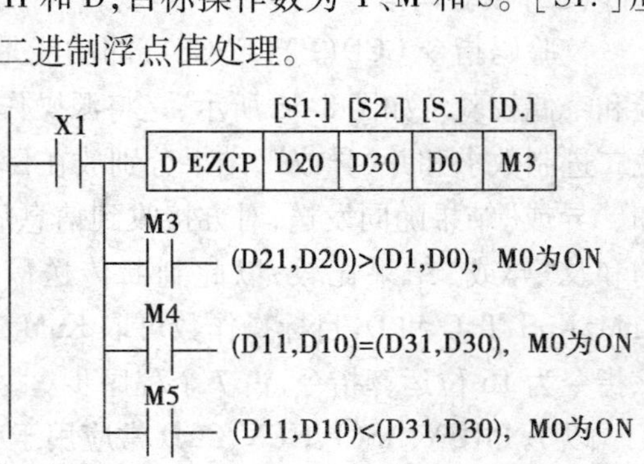

图 8-59　二进制浮点数区间比较指令的使用

(三)二进制浮点数的四则运算指令

浮点数的四则运算指令有加法指令 EADD(FNC120)、减法指令 ESUB(FNC121)、乘法指令 EMVL(FNC122)和除法指令 EDIV(FNC123)四条指令。四则运算指令的使用说明如图 8-60 所示,它们都是将两个源操作数中的浮点数进行运算后送入目标操作数。当除数为 0 时出现运算错误,不执行指令。此类指令只有 32 位运算,占 13 个程序步。运算结果影响标志位 M8020(零标志)、M8021(借位标志)、M8022(进位标志)。源操作数可取 K、H 和 D,目标操作数为 D。如有常数参与运算则自动转化为浮点数。

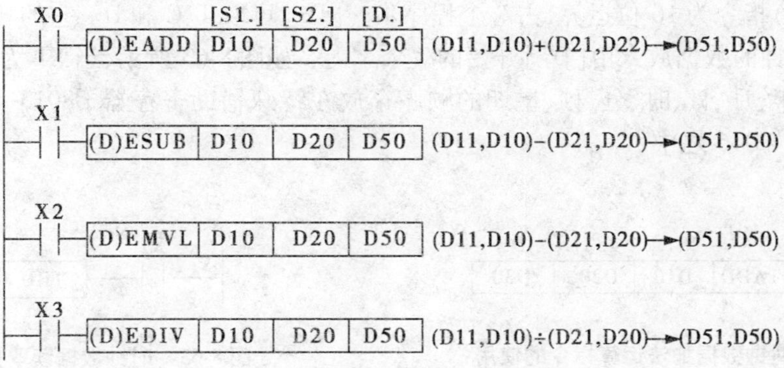

图 8-60 二进制浮点数四则运算指令的使用

二进制的浮点数运算还有开平方、三角函数运算等指令,在此不一一说明。

五、时钟运算指令(FNC160 ~ FNC169)

共有七条时钟运算类指令,指令的编号分布在 FNC160 ~ FNC169 之间。时钟运算类指令是对时钟数据进行运算和比较,对 PLC 内置实时时钟进行时间校准和时钟数据格式化操作。

(一)时钟数据比较指令 TCMP(FNC160)

TCMP(P)的功能是用来比较指定时刻与时钟数据的大小。如图 8-61 所示,将源操作数[S1.]、[S2.]、[S3.]中的时间与[S.]起始的 3 点时间数据比较,根据它们的比较结果决定目标操作数[D.]中起始的 3 点单元中取 ON 或 OFF 的状态。该指令只有 16 位运算,占 11 个程序步。它的源操作数可取 T、C 和 D,目标操作数可以是 Y、M 和 S。

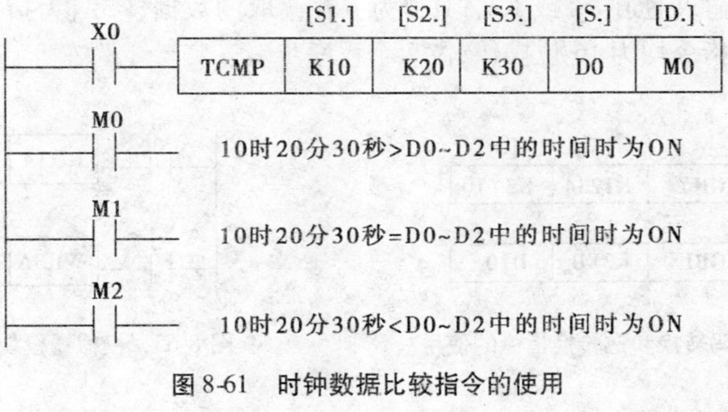

图 8-61 时钟数据比较指令的使用

(二)时钟数据加法运算指令 TADD(FNC162)

TADD(P)指令的功能是将两个源操作数的内容相加结果送入目标操作数。源操作数和目标操作数均可取 T、C 和 D。TADD 为 16 位运算,占 7 个程序步。如图 8-62 所示,将[S1.]指定的 D10 ~ D12 和 D20 ~ D22 中所放的时、分、秒相加,把结果送入[D.]指定的 D30 ~ D32 中。当运算结果超过 24h,进位标志位变为 ON,将进行加法运算的结果减去 24h 后作为结果进行保存。

(三)时钟数据读取指令 TRD(FNC166)

TRD(P)指令为 16 位运算,占 7 个程序步。[D.]可取 T、C 和 D。它的功能是读出内置的实时时钟的数据放入由[D.]开始的 7 个字内。如图 8-63 所示,当 X1 为 ON 时,将实时时钟(以年、月、日、时、分、秒、星期的顺序存放在特殊辅助寄存器 D8013 ~ 8019 之中)传送到 D10 ~ D16 之中。

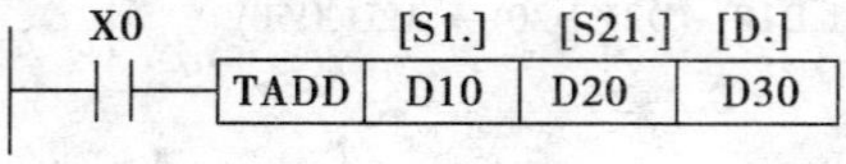

图 8-62　时钟数据加法运算指令的使用

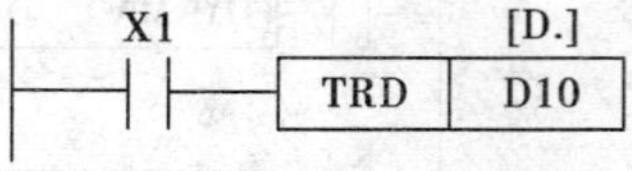

图 8-63　时钟数据读取指令的使用

六、格雷码转换及模拟量模块专用指令

(一)格雷码转换和逆转换指令

这类指令有 2 条:GRY(FNC170)和 GBIN(FNC171),常用于处理光电码盘编码盘的数据。(D)GRN(P)指令的功能是将二进制数转换为格雷码,(D)GBIN(P)指令则是 GRY 的逆变换。如图 8-64 所示,GRY 指令是将源操作数[S.]中的二进制数变成格雷码放入目标操作数[D.]中,而 GBIN 指令与其相反。它们的源操作数可取任意数据格式,目标操作数为 KnY、KnM、KnS、T、C、D、V 和 Z。该指令 16 位操作时占 5 个程序步,32 位操作时占 9 个程序步。

(二)模拟量模块读写指令

这类指令有 2 条:RD3A(FNC176)和 WR3A(FNC177),其功能是对 FXON-3A 模拟量模块输入值读取和对模块写入数字值。如图 8-65 所示,[m1.]为特殊模块号 K0 ~ K7,[m2.]为模拟量输入通道 K1 或 K2,[D.]为保存读取的数据,[S.]为指定写入模拟量模块的数字值。该指令均为 16 位操作,占 7 个程序步。

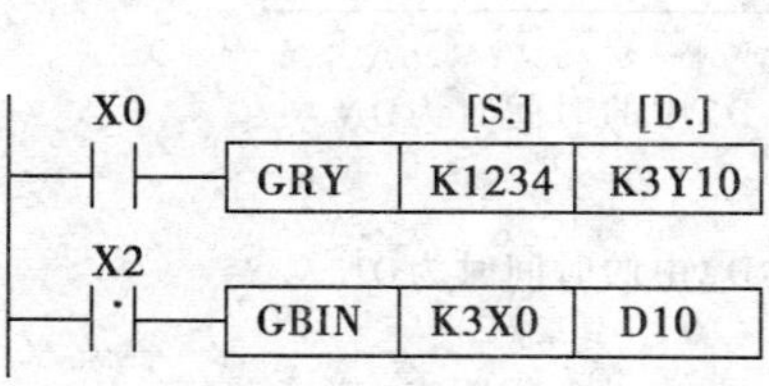

图 8-64　格雷码转换和逆转换指令的使用

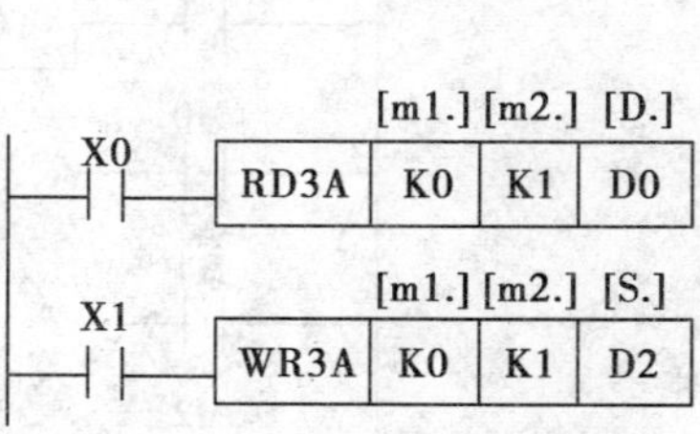

图 8-65　模拟量模块读写指令的使用

七、触点比较指令(FNC224 ~ FNC246)

触点比较指令共有 18 条。

(一) LD 触点比较指令

该类指令的助记符、代码、功能如表 8-2 所示。

表 8-2　LD 触点比较指令

功能指令代码	助记符	导通条件	非导通条件
FNC224	(D)LD =	[S1.] = [S2.]	[S1.] ≠ [S2.]
FNC225	(D)LD >	[S1] > [S2.]	[S1.] ≤ [S2.]
FNC226	(D)LD <	[S1.] < [S2.]	[S1.] ≥ [S2.]
FNC228	(D)LD < >	[S1.] ≠ [S2.]	[S1.] = [S2.]
FNC229	(D)LD ≤	[S1.] ≤ [S2.]	[S1.] > [S2.]
FNC230	(D)LD ≥	[S1.] ≥ [S2.]	[S1.] < [S2.]

如图 8-66 所示为 LD = 指令的使用,当计数器 C10 的当前值为 200 时驱动 Y10。其他 LD 触点比较指令不在此一一说明。

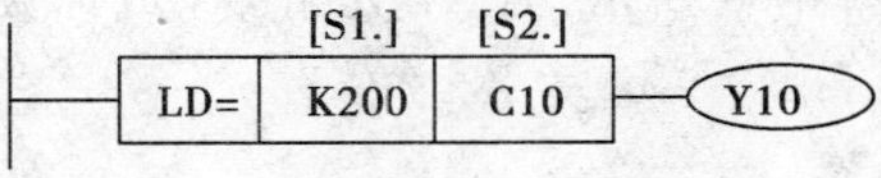

图 8-66　LD = 指令的使用

(二) AND 触点比较指令

该类指令的助记符、代码、功能如表 8-3 所示。

表 8-3　AND 触点比较指令

功能指令代码	助记符	导通条件	非导通条件
FNC232	(D)AND =	[S1.] = [S2.]	[S1.] ≠ [S2.]
FNC233	(D)AND >	[S1.] > [S2.]	[S1.] ≤ [S2.]
FNC234	(D)AND <	[S1.] < [S2.]	[S1.] ≥ [S2.]
FNC236	(D)AND < >	[S1.] ≠ [S2.]	[S1.] = [S2.]
FNC237	(D)AND ≤	[S1.] ≤ [S2.]	[S1.] > [S2.]
FNC238	(D)AND ≥	[S1.] ≥ [S2.]	[S1.] < [S2.]

如图 8-67 所示为 AND = 指令的使用,当 X0 为 ON 且计数器 C10 的当前值为 200 时,驱动 Y10。

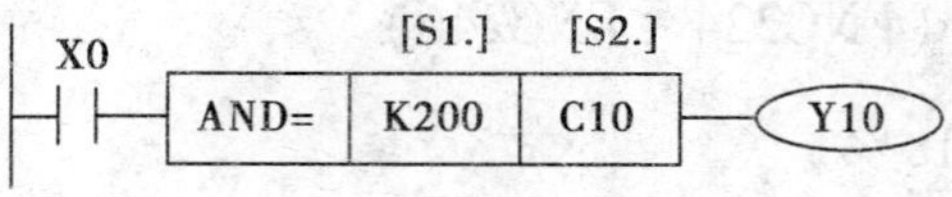

图 8-67　AND = 指令的使用

(三) OR 触点比较指令

该类指令的助记符、代码、功能列于表 8-4 中。

表 8-4　OR 触点比较指令

功能指令代码	助记符	导通条件	非导通条件
FNC240	(D)OR =	[S1.] = [S2.]	[S1.] ≠ [S2.]
FNC241	(D)OR >	[S1.] > [S2.]	[S1.] ≤ [S2.]
FNC242	(D)OR <	[S1.] < [S2.]	[S1.] ≥ [S2.]
FNC244	(D)OR < >	[S1.] ≠ [S2.]	[S1.] = [S2.]
FNC245	(D)OR≤	[S1.] ≤ [S2.]	[S1.] > [S2.]
FNC246	(D)OR≥	[S1.] ≥ [S2.]	[S1.] < [S2.]

OR = 指令的使用如图 8-68 所示，当 X1 处于 ON 或计数器的当前值为 200 时，驱动 Y0。

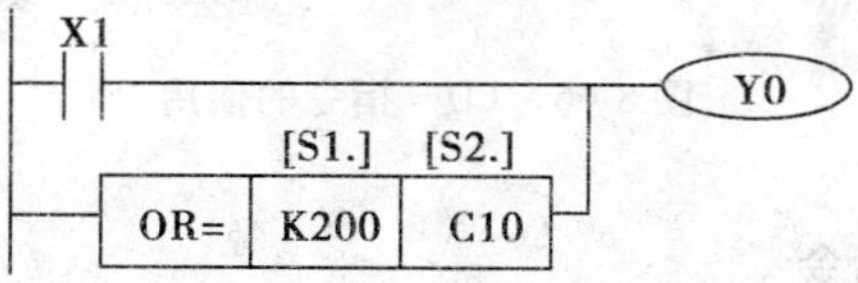

图 8-68　OR = 指令的使用

触点比较指令源操作数可取任意数据格式。16 位运算占 5 个程序步，32 位运算占 9 个程序步。

小　结

功能指令表示格式与基本指令不同。功能指令用编号 FNC00 ~ FNC294 表示，并给出对应的助记符。有的功能指令没有操作数，而大多数功能指令有1~4个操作数。[S]表示源操作数，[D]表示目标操作数，如果使用变址功能，则可表示为[S.]和[D.]。当源或目标不止一个时，用[S1.]、[S2.]、[D1.]、[D2.]表示。用 n 和 m 表示其他操作数，它们常用来表示常数 K 和 H，或作为源和目标操作数的补充说明，当这样的操作数较多时可用 n1、n2 和 m1、m2 等来表示。

功能指令有连续执行和脉冲执行两种类型，指令助记符后面有“P”表示脉冲执行，如果没有“P”则表示连续执行。功能指令可处理16位数据或32位数据。处理32位数据的指令是在助记符前加“D”标志,无此标志即为处理16位数据的指令。

X、Y、M、S等只处理ON/OFF信息的软元件称为位元件;而像T、C、D等处理数值的软元件则称为字元件,一个字元件由16位二进制数组成。位元件可以通过组合使用,4个位元件为一个单元,通用表示方法是由Kn加起始的软元件号组成,n为单元数。

程序流向控制类指令包括:条件跳转指令CJ(P);子程序调用指令CALL和子程序返回指令SRET;与中断有关的三条功能指令中断返回指令IRET、中断允许指令EI;中断禁止DI指令;主程序结束指令FEND;监视定时器指令WDT(P);循环区起点指令FOR和循环结束指令NEXT。

传送与比较类指令包括:比较指令有CMP(比较)和ZCP(区间比较)两条;传送指令有传送指令MOV、移位传送指令SMOV、取反传送指令CML、块传送指令和BMOV多点传送指令FMOV五条;数据交换指令(D)XCH(P);数据变换指令BCD变换指令和BIN变换指令。

数据运算指令包括算术运算指令和逻辑运算类指令两大类,算术运算指令有加法指令ADD、减法指令SUB、乘法指令MUL、除法指令DIV、加1和减1指令;逻辑运算类指令有逻辑与指令WAND、逻辑或指令WOR、逻辑异或指令WXOR、求补指令NEG。

循环与移位类指令包括:右、左循环移位指令(D)ROR(P)和(D)ROL(P);带进位的循环右、左移位指令(D)RCR(P)和(D)RCL(P);位右、左移指令SFTR(P)和SFTL(P);字右移和字左移指令WSFR(P)和WSFL(P);先入先出写入指令和先入先出读出指令SFWR(P)和SFRD(P)。

数据处理指令包括:区间复位指令ZRST(P);译码和编码指令;ON位数统计和ON位判别指令;平均值指令(D)MEAN(P);报警器置位指令ANS(P)和报警器复位指令ANR(P);二进制平方根指令(D)SQR(P);二进制整数→二进制浮点数转换指令(D)FLT(P)。

高速处理指令包括:输入输出刷新指令REF;滤波调整指令REFF;高速计数器置位指令HSC;S高速计速器比较复位指令HSCR;高速计速器区间比较指令HSZ;速度检测指令SPD;脉冲输出指令(D)PLSY;脉宽调制指令PWM;可调速脉冲输出指令 (D)PLSR。

FX系列PLC还有很多其他功能指令,详见附录。

习　题

8-1　用跳转指令设计用一个按钮X0控制Y0的电路,第一次按下按钮Y0变为ON,第二次按下按钮Y变为OFF。

8-2　用ALT指令设计用按钮X0控制Y0的电路,有X0输入4个脉冲,从Y0输出一个脉冲。

8-3　50个16位数存放在D10~D59中,求出最大数,放在D100中,编写程序。

8-4　当输入条件X0满足时,将C8的当前值转换成BCD码送到输出元件K4Y0中,画出梯形图。

8-5 计算 D5、D7、D9 之和并放入 D20 中，求以上三个数的平均值，将其放入 D30。

8-6 当 X1 为 ON 时，用定时器中断，每 99ms 将 Y10 ~ Y13 组成的位元件组 K1Y10 加 1，设计主程序和中断子程序。

8-7 路灯定时接通、断开控制要求是 19:00 开灯，6:00 关灯，用时钟运算指令控制，设计出梯形图。

8-8 用三个开关（X1、X2、X3）控制一盏灯 Y0，当三个开关全通，或者全断时灯亮，其它情况灯灭。（使用比较指令）

8-9 设计一段程序，当输入条件满足时，依次将计数器 C0—C9 的当前值转换成 BCD 码送到输出元件 K4Y0 中，试画出梯形图。

提示：用一个变址寄存器 Z，首先 0→（Z），每次（C0Z）→（K4Y0），（Z）+1→（Z），当（Z）=9 时，（Z）复位，从头开始。

8-10 编程：从 X0—X17 传送一个数到 D0，若为正数则不处理，若为负数则取补后再传送到 D0。

8-11 用 X0 控制接在 Y0—Y17 上的 16 个彩灯是否移位，每 1s 移 1 位，用 X1 控制左移或右移，用 MOVE 指令将彩灯的初始值设定为十六进制数 H000F（仅 Y0—Y3 为 1），设计梯形图程序。

8-12 六盏灯正方向顺序全通，反方向顺序全灭控制。要求：按下启动信号 X0，六盏灯（Y0—Y5）依次都亮，间隔时间为 1s；按下停车信号 X1，灯反方向（Y5—Y0）依次全灭，间隔时间为 1s；按下复位信号 X2，六盏灯立即全灭。

第九章　可编程控制器控制系统的设计

内容提要　本章阐述了 PLC 控制系统设计的基本原则和 PLC 控制系统设计与调试的步骤;系统介绍了 PLC 的选择、PLC 与输入输出设备的连接、减少 I/O 点数的措施、提高 PLC 控制系统可靠性的措施和 PLC 控制系统的维护和故障诊断。

课程重点　PLC 控制系统设计的基本原则和 PLC 控制系统设计与调试的步骤;PLC 的选择;PLC 与输入输出设备的连接;提高 PLC 控制系统可靠性的措施。

课程难点　PLC 与输入输出设备的连接。

教学目标　重点掌握 PLC 控制系统设计的基本原则和 PLC 控制系统设计与调试的步骤;了解 PLC 的选择、PLC 与输入输出设备的连接及提高 PLC 控制系统可靠性的措施;初步能用前面章节所学的编程方法系统设计 PLC 控制系统程序。

在对 PLC 的基本工作原理和编程技术有了一定的了解之后,我们就可以用 PLC 来构成一个实际的控制系统。PLC 控制系统的设计主要包括系统设计、程序设计、施工设计和安装调试等四方面的内容。本章主要介绍 PLC 控制系统的设计步骤和内容、设计与实施过程中应该注意的事项,使读者初步掌握 PLC 控制系统的设计方法。要达到能顺利地完成 PLC 控制系统的设计,更重要的是需要不断地实践。

第一节　PLC 控制系统设计的基本原则与内容

一、PLC 控制系统设计的基本原则

任何一种控制系统都是为了实现被控对象的工艺要求,以提高生产效率和产品质量。因此,在设计 PLC 控制系统时,应遵循以下基本原则。

(一)最大限度地满足被控对象的控制要求

充分发挥 PLC 的功能,最大限度地满足被控对象的控制要求,是设计 PLC 控制系统的首要前提,也是设计中最重要的一条原则。这就要求设计人员在设计前要深入现场进行调查研究,收集控制现场和相关先进的国内、国外资料,同时要注意和现场的工程管理人员、工程技术人员、现场操作人员紧密配合,拟定控制方案,共同解决设计中的重点问题和疑难问题。

(二)保证 PLC 控制系统安全可靠

保证 PLC 控制系统能够长期安全、可靠、稳定运行,是设计控制系统的重要原则。这就要求设计者在系统设计、元器件选择、软件编程上要全面考虑,以确保控制系统安全可靠。例如:应该保证 PLC 程序不仅能在正常条件下运行,而且在非正常情况下(如突然断

电再上电、按钮按错等)，也能正常工作。

(三)力求简单、经济、使用及维修方便

一个新的控制工程固然能提高产品的质量和数量，带来巨大的经济效益和社会效益，但新工程的投入、技术的培训、设备的维护也将导致运行资金的增加。因此，在满足控制要求的前提下，一方面要注意不断地扩大工程的效益，另一方面也要注意不断地降低工程的成本。这就要求设计者不仅应该使控制系统简单、经济，而且要使控制系统的使用和维护方便、成本低，不宜盲目追求自动化和高指标。

(四)适应发展的需要

由于技术的不断发展，控制系统的要求也将会不断地提高，设计时要适当考虑到今后控制系统发展和完善的需要。这就要求在选择 PLC、输入/输出模块、I/O 点数和内存容量时，要适当留有裕量，以满足今后生产的发展和工艺的改进。

二、PLC 控制系统设计与调试的步骤

如图 9-1 所示为 PLC 控制系统设计与调试的一般步骤。

(一)分析被控对象并提出控制要求

详细分析被控对象的工艺过程及工作特点，了解被控对象机、电、液之间的配合，提出被控对象对 PLC 控制系统的控制要求，确定控制方案，拟定设计任务书。

(二)确定输入/输出设备

根据系统的控制要求，确定系统所需的全部输入设备(如按纽、位置开关、转换开关及各种传感器等)和输出设备(如接触器、电磁阀、信号指示灯及其他执行器等)，从而确定与 PLC 有关的输入/输出设备，以确定 PLC 的 I/O 点数。

(三)选择 PLC

PLC 选择包括对 PLC 的机型、容量、I/O 模块、电源等的选择。

(四)分配 I/O 点并设计 PLC 外围硬件线路

1. 分配 I/O 点

画出 PLC 的 I/O 点与输入/输出设备的连接图或对应关系表，该部分也可在第 2 步中进行。

2. 设计 PLC 外围硬件线路

画出系统其他部分的电气线路图，包括主电路和未进入 PLC 的控制电路等。

由 PLC 的 I/O 连接图和 PLC 外围电气线路图组成系统的电气原理图，到此为止系统的硬件电气线路已经确定。

(五)程序设计

1. 程序设计

根据系统的控制要求，采用合适的设计方法(见第六章)来设计 PLC 程序。程序要以满足系统控制要求为主线，逐一编写实现各控制功能或各子任务的程序，逐步完善系统指定的功能。除此之外，程序通常还应包括以下内容：

(1)初始化程序。在 PLC 上电后，一般都要做一些初始化的操作，为启动做必要的准备，避免系统发生错误动作。初始化程序的主要内容有：对某些数据区、计数器等进行清

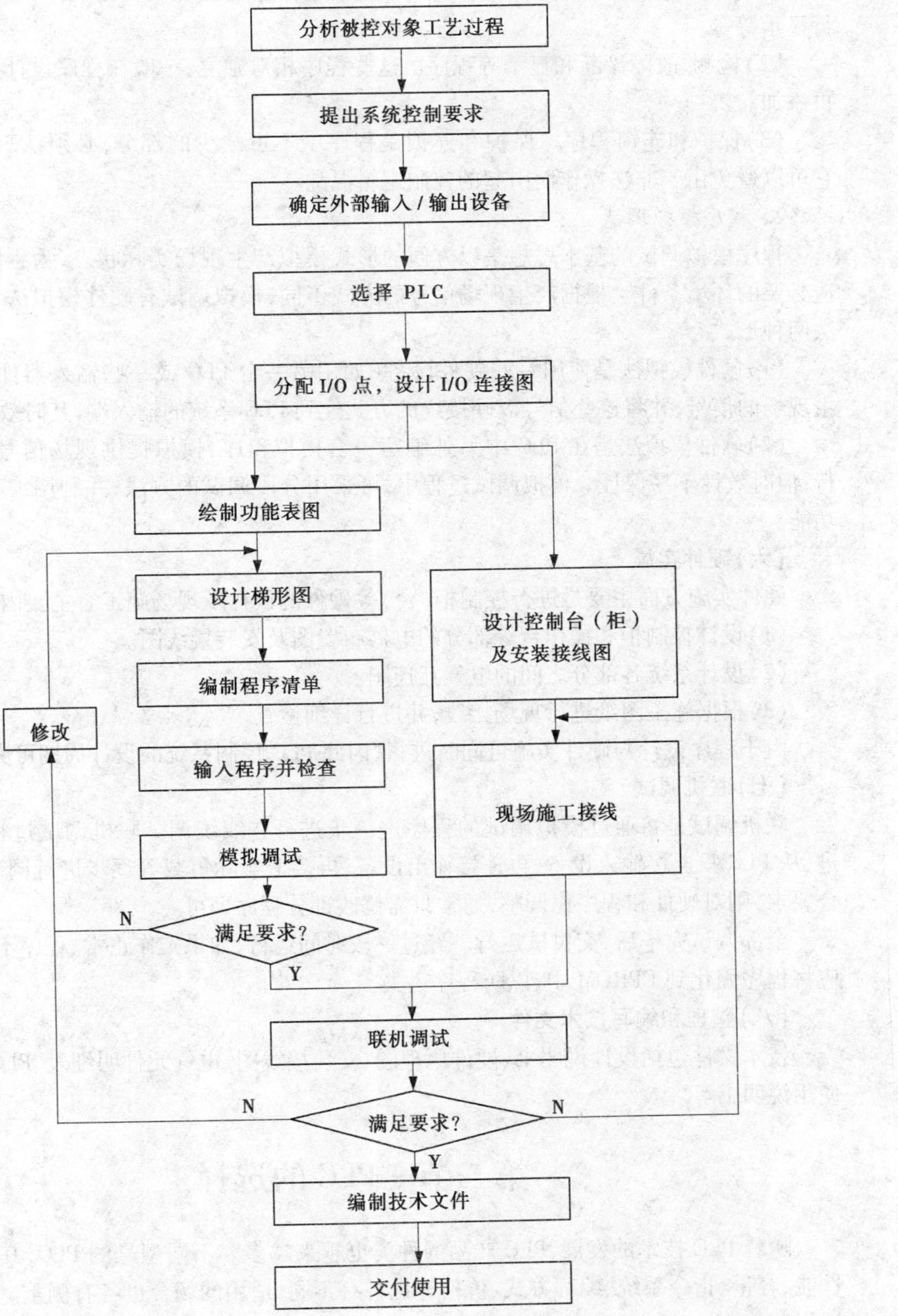

图 9-1　PLC 控制系统设计与调试的一般步骤

零,对某些数据区所需数据进行恢复,对某些继电器进行置位或复位,对某些初始状态进行显示等等。

(2)检测、故障诊断和显示等程序。这些程序相对独立,一般在程序设计基本完成时再添加。

(3)保护和连锁程序。保护和连锁是程序中不可缺少的部分,必须认真加以考虑。它可以避免由于非法操作而引起的控制逻辑混乱。

2. 程序模拟调试

程序模拟调试的基本思想是以方便的形式模拟产生现场实际状态,为程序的运行创造必要的环境条件。根据产生现场信号的方式不同,模拟调试有硬件模拟法和软件模拟法两种形式。

(1)硬件模拟法是使用一些硬件设备(如用另一台 PLC 或一些输入器件等)模拟产生现场的信号,并将这些信号以硬接线的方式连到 PLC 系统的输入端,其时效性较强。

(2)软件模拟法是在 PLC 中另外编写一套模拟程序,模拟提供现场信号,其简单易行,但时效性不易保证。模拟调试过程中,可采用分段调试的方法,并利用编程器的监控功能。

(六)硬件实施

硬件实施方面主要是进行控制柜(台)等硬件的设计及现场施工。主要内容有:

(1)设计控制柜和操作台等部分的电器布置图及安装接线图。

(2)设计系统各部分之间的电气互连图。

(3)根据施工图纸进行现场接线,并进行详细检查。

由于程序设计与硬件实施可同时进行,因此 PLC 控制系统的设计周期可大大缩短。

(七)联机调试

联机调试是将通过模拟调试的程序进一步进行在线统调。联机调试过程应循序渐进,从 PLC 只连接输入设备、再连接输出设备、再接上实际负载等逐步进行调试。如不符合要求,则对硬件和程序作调整,通常只需修改部分程序即可。

全部调试完毕后,交付试运行。经过一段时间运行,如果工作正常、程序不需要修改,应将程序固化到 EPROM 中,以防程序丢失。

(八)整理和编写技术文件

技术文件包括设计说明书、硬件原理图、安装接线图、电气元件明细表、PLC 程序以及使用说明书等。

第二节 PLC 的选择

随着 PLC 技术的发展,PLC 产品的种类也越来越多。不同型号的 PLC,其结构形式、性能、容量、指令系统、编程方式、价格等也各有不同,适用的场合也各有侧重。因此,合理选用 PLC,对于提高 PLC 控制系统的技术经济指标有着重要意义。

PLC 的选择主要应从 PLC 的机型、容量、I/O 模块、电源模块、特殊功能模块、通信联网能力等方面加以综合考虑。

一、PLC 机型的选择

PLC 机型选择的基本原则是在满足功能要求及保证可靠、维护方便的前提下，力争最佳的性能价格比。因此，选择时主要考虑以下几点：

（一）合理的结构形式

PLC 主要有整体式和模块式两种结构形式。

整体式 PLC 的每一个 I/O 点的平均价格比模块式的便宜，且体积相对较小，一般用于系统工艺过程较为固定的小型控制系统中；而模块式 PLC 的功能扩展灵活方便，在 I/O 点数、输入点数与输出点数的比例、I/O 模块的种类等方面选择余地大，且维修方便，一般用于较复杂的控制系统。

（二）安装方式的选择

PLC 系统的安装方式分为集中式、远程 I/O 式以及多台 PLC 联网的分布式。

集中式不需要设置驱动远程 I/O 硬件，系统反应快、成本低；远程 I/O 式适用于大型系统，系统的装置分布范围很广，远程 I/O 可以分散安装在现场装置附近，连线短，但需要增设驱动器和远程 I/O 电源；多台 PLC 联网的分布式适用于多台设备分别独立控制，同时又要相互联系的场合，可以选用小型 PLC，但必须要附加通讯模块。

（三）相应的功能要求

一般小型（低档）PLC 具有逻辑运算、定时、计数等功能，对于只需要开关量控制的设备都可满足。

对于以开关量控制为主，带少量模拟量控制的系统，可选用能带 A/D 和 D/A 转换单元，具有加减算术运算、数据传送功能的增强型低档 PLC。

对于控制较复杂，要求实现 PID 运算、闭环控制、通信联网等功能，可视控制规模大小及复杂程度，选用中档或高档 PLC。但是中、高档 PLC 价格较贵，一般用于大规模过程控制和集散控制系统等场合。

（四）响应速度要求

PLC 是为工业自动化设计的通用控制器，不同档次 PLC 的响应速度一般都能满足其应用范围内的需要。如果要跨范围使用 PLC，或者某些功能或信号有特殊的速度要求时，则应该慎重考虑 PLC 的响应速度，可选用具有高速 I/O 处理功能的 PLC，或选用具有快速响应模块和中断输入模块的 PLC 等。

（五）系统可靠性的要求

对于一般系统 PLC 的可靠性均能满足。对可靠性要求很高的系统，应考虑是否采用冗余系统或热备用系统。

（六）机型尽量统一

一个企业，应尽量做到 PLC 的机型统一。主要考虑到以下三方面问题：

（1）机型统一，其模块可互为备用，便于备品备件的采购和管理。

（2）机型统一，其功能和使用方法类似，有利于技术力量的培训和技术水平的提高。

（3）机型统一，其外部设备通用，资源可共享，易于联网通信，配上位计算机后易于形成一个多级分布式控制系统。

二、PLC 容量的选择

PLC 的容量包括 I/O 点数和用户存储容量两个方面。

(一)I/O 点数的选择

PLC 平均的 I/O 点的价格还比较高,因此应该合理选用 PLC 的 I/O 点的数量,在满足控制要求的前提下力争使用的 I/O 点最少,但必须留有一定的裕量。

通常 I/O 点数是根据被控对象的输入、输出信号的实际需要,再加上 10% ~15% 的裕量来确定。

(二)存储容量的选择

用户程序所需的存储容量大小不仅与 PLC 系统的功能有关,而且还与功能实现的方法、程序编写水平有关。一个有经验的程序员和一个初学者,在完成同一复杂功能时,其程序量可能相差 25% 之多,所以对于初学者应该在存储容量估算时多留裕量。

PLC 的 I/O 点数的多少,在很大程序上反映了 PLC 系统的功能要求,因此可在 I/O 点数确定的基础上,按下式估算存储容量后,再加 20% ~30% 的裕量。

存储容量(字节) = 开关量 I/O 点数 ×10 + 模拟量 I/O 通道数 ×100

另外,在存储容量选择的同时,注意对存储器的类型的选择。

三、I/O 模块的选择

一般 I/O 模块的价格占 PLC 价格的一半以上。PLC 的 I/O 模块有开关量 I/O 模块、模拟量 I/O 模块及各种特殊功能模块等。不同的 I/O 模块,其电路及功能也不同,直接影响 PLC 的应用范围和价格,应当根据实际需要加以选择。

(一)开关量 I/O 模块的选择

1. 开关量输入模块的选择

开关量输入模块是用来接收现场输入设备的开关信号,将信号转换为 PLC 内部接受的低电压信号,并实现 PLC 内、外信号的电气隔离。选择时主要应考虑以下几个方面。

1)输入信号的类型及电压等级

开关量输入模块有直流输入、交流输入和交流/直流输入三种类型。选择时主要根据现场输入信号和周围环境因素等。直流输入模块的延迟时间较短,还可以直接与接近开关、光电开关等电子输入设备连接;交流输入模块可靠性好,适合于有油雾、粉尘的恶劣环境下使用。

开关量输入模块的输入信号的电压等级有:直流 5V、12V、24V、48V、60V 等;交流 110V、220V 等。选择时主要根据现场输入设备与输入模块之间的距离来考虑。一般 5V、12V、24V 用于传输距离较近的场合,如 5V 输入模块最远不得超过 10m。距离较远的应选用输入电压等级较高的模块。

2)输入接线方式

开关量输入模块主要有汇点式和分组式两种接线方式,如图 9-2 所示。

对于汇点式的开关量输入模块,所有输入点共用一个公共端(COM);而分组式的开关量输入模块是将输入点分成若干组,每一组(几个输入点)有一个公共端,各组之间是

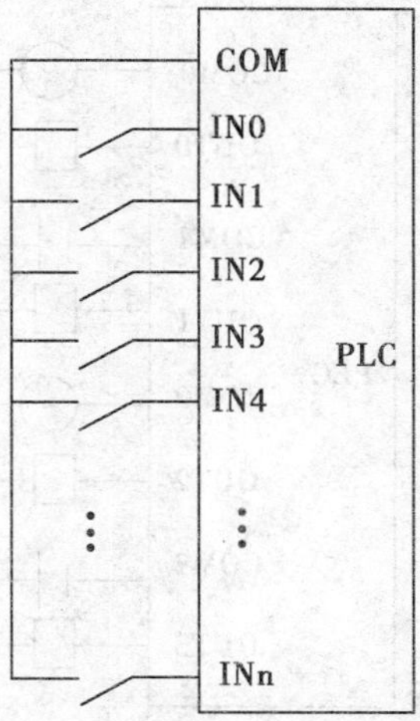

(a) 汇点式输入

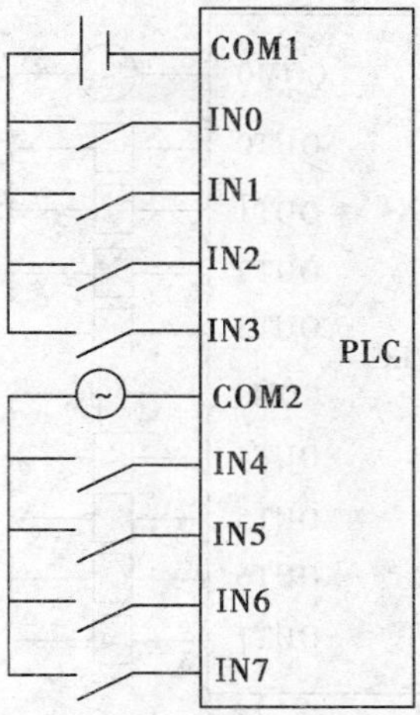

(b) 分组式输入

图 9-2　开关量输入模块的接线方式

分隔的。分组式的开关量输入模块价格较汇点式的高，如果输入信号之间不需要分隔，一般选用汇点式的。

3）注意同时接通的输入点数量

对于选用高密度的输入模块（如 32 点、48 点等），应考虑该模块同时接通的点数一般不要超过输入点数的 60%。

4）输入门槛电平

为了提高系统的可靠性，必须考虑输入门槛电平的大小。门槛电平越高，抗干扰能力越强，传输距离也越远，具体可参阅 PLC 说明书。

2. 开关量输出模块的选择

开关量输出模块是将 PLC 内部低电压信号转换成驱动外部输出设备的开关信号，并实现 PLC 内外信号的电气隔离。选择时主要应考虑以下几个方面。

1）输出方式

开关量输出模块有继电器输出、晶闸管输出和晶体管输出三种方式。

继电器输出的价格便宜，既可以用于驱动交流负载，又可用于直流负载，而且适用的电压大小范围较宽、导通压降小，同时承受瞬时过电压和过电流的能力较强，但其属于有触点元件，动作速度较慢（驱动感性负载时，触点动作频率不得超过 1 Hz）、寿命较短、可靠性较差，只能适用于不频繁通断的场合。

对于频繁通断的负载，应该选用晶闸管输出或晶体管输出，它们属于无触点元件。但晶闸管输出只能用于交流负载，而晶体管输出只能用于直流负载。

2）输出接线方式

开关量输出模块主要有分组式和分隔式两种接线方式，如图 9-3 所示。

分组式输出是几个输出点为一组，一组有一个公共端，各组之间是分隔的，可分别用

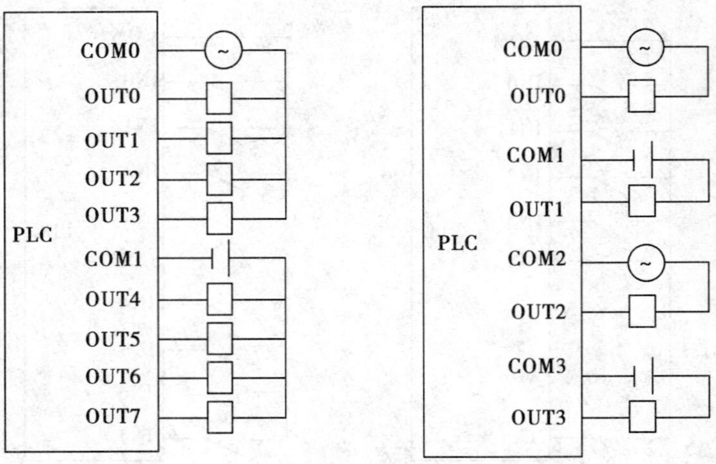

(a) 分组式输出　　(b) 分隔式输出

图 9-3　开关量输出模块的接线方式

于驱动不同电源的外部输出设备;分隔式输出是每一个输出点有一个公共端,各输出点之间相互隔离。选择时主要根据 PLC 输出设备的电源类型和电压等级的多少而定。一般整体式 PLC 既有分组式输出,也有分隔式输出。

3)驱动能力

开关量输出模块的输出电流(驱动能力)必须大于 PLC 外接输出设备的额定电流。用户应根据实际输出设备的电流大小来选择输出模块的输出电流。如果实际输出设备的电流较大,输出模块无法直接驱动,可增加中间放大环节。

4)注意同时接通的输出点数量

选择开关量输出模块时,还应考虑能同时接通的输出点数量。同时接通输出设备的累计电流值必须小于公共端所允许通过的电流值,如一个 220V/2A 的 8 点输出模块,每个输出点可承受 2A 的电流,但输出公共端允许通过的电流并不是 16A(8 ×2A),通常要比此值小得多。一般来讲,同时接通的点数不要超出同一公共端输出点数的 60%。

5)输出的最大电流与负载类型、环境温度等因素有关

开关量输出模块的技术指标,它与不同的负载类型密切相关,特别是输出的最大电流。另外,晶闸管的最大输出电流随环境温度升高会降低,在实际使用中也应注意。

(二)模拟量 I/O 模块的选择

模拟量 I/O 模块的主要功能是数据转换,并与 PLC 内部总线相连,同时为了安全也有电气隔离功能。模拟量输入(A/D)模块是将现场由传感器检测而产生的连续的模拟量信号转换成 PLC 内部可接受的数字量;模拟量输出(D/A)模块是将 PLC 内部的数字量转换为模拟量信号输出。

典型模拟量 I/O 模块的量程为 -10 ~ +10V、0 ~ +10V、4 ~20mA 等,可根据实际需要选用,同时还应考虑其分辨率和转换精度等因素。

一些 PLC 制造厂家还提供特殊模拟量输入模块,可用来直接接收低电平信号(如

RTD、热电偶等信号)。

(三)特殊功能模块的选择

目前,PLC 制造厂家相继推出了一些具有特殊功能的 I/O 模块,有的还推出了自带 CPU 的智能型 I/O 模块,如高速计数器、凸轮模拟器、位置控制模块、PID 控制模块、通信模块等。

四、电源模块及其他外设的选择

(一)电源模块的选择

电源模块选择仅对于模块式结构的 PLC 而言,对于整体式 PLC 不存在电源的选择。

电源模块的选择主要考虑电源输出额定电流和电源输入电压。电源模块的输出额定电流必须大于 CPU 模块、I/O 模块和其他特殊模块等消耗电流的总和,同时还应考虑今后 I/O 模块的扩展等因素;电源输入电压一般根据现场的实际需要而定。

(二)编程器的选择

对于小型控制系统或不需要在线编程的系统,一般选用价格便宜的简易编程器。对于由中、高档 PLC 构成的复杂系统或需要在线编程的 PLC 系统,可以选配功能强、编程方便的智能编程器,但智能编程器价格较贵。如果有现成的个人计算机,也可以选用 PLC 的编程软件,在个人计算机上实现编程器的功能。

(三)写入器的选择

为了防止由于干扰或锂电池电压不足等原因破坏 RAM 中的用户程序,可选用 EPROM 写入器,通过它将用户程序固化在 EPROM 中。有些 PLC 或其编程器本身就具有 EPROM 写入的功能。

第三节　PLC 与输入输出设备的连接

PLC 常见的输入设备有按钮、行程开关、接近开关、转换开关、拨码器、各种传感器等,输出设备有继电器、接触器、电磁阀等。正确地连接输入和输出电路,是保证 PLC 安全可靠工作的前提。

一、PLC 与常用输入设备的连接

(一)PLC 与主令电器类设备的连接

如图 9-4 所示是与按钮、行程开关、转换开关等主令电器类输入设备的接线示意图。图中的 PLC 为直流汇点式输入,即所有输入点共用一个公共端 COM,同时 COM 端内带有 DC24V 电源;若是分组式输入也可参照图 9-4 的方法进行分组连接。

(二)PLC 与拨码开关的连接

如果 PLC 控制系统中的某些数据需要经常修改,可使用多位拨码开关与 PLC 连接,在 PLC 外部进行数据设定。如图 9-5 所示为一位拨码开关的示意图,一位拨码开关能输入一位十进制数的 0~9,或一位十六进制数的 0~F。

如图 9-6 所示 4 位拨码开关组装在一起,把各位拨码开关的 COM 端连在一起,接在

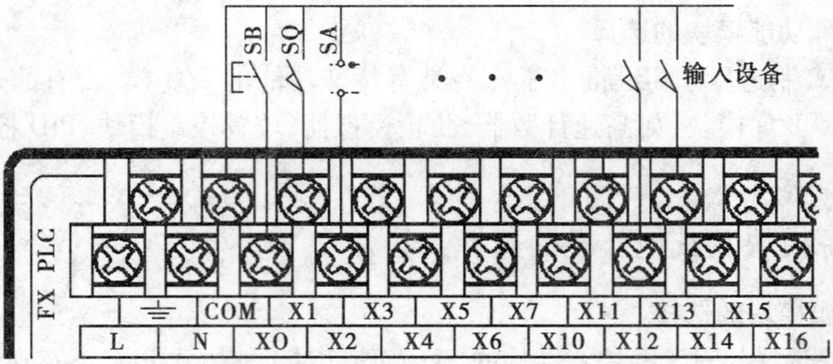

图 9-4　PLC 与主令电器类输入设备的连接

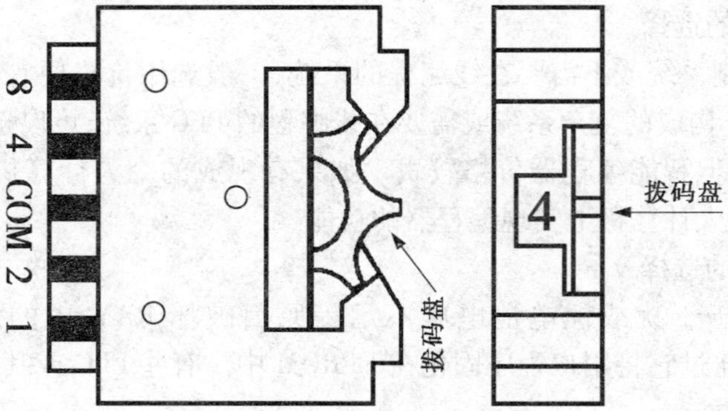

图 9-5　一位拨码开关的示意图

PLC 输入侧的 COM 端子上。每位拨码开关的 4 条数据线按一定顺序接在 PLC 的 4 个输入点上。由图 9-6 可见，使用拨码开关要占用许多 PLC 输入点，所以不是十分必要的场合，一般不要采用这种方法。

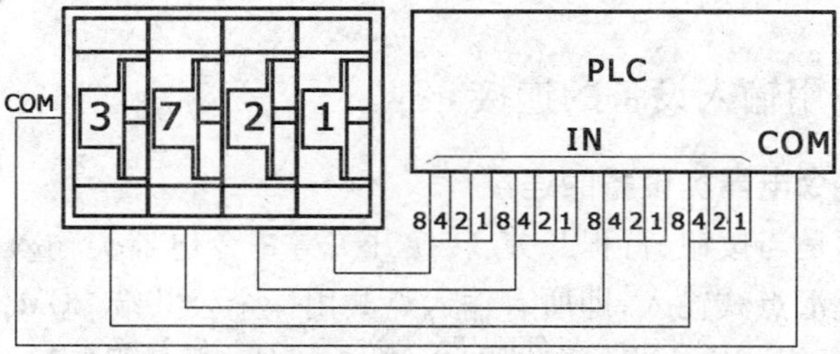

图 9-6　4 位拨码开关与 PLC 的连接

输入采用拨码开关时，可采用下节将介绍的分组输入法或矩阵输入法，以提高 PLC 输入点的利用率。

(三)PLC 与旋转编码器的连接

旋转编码器是一种光电式旋转测量装置,它将被测的角位移直接转换成数字信号(高速脉冲信号)。因此可将旋转编码器的输出脉冲信号直接输入给 PLC,利用 PLC 的高速计数器对其脉冲信号进行计数,以获得测量结果。不同型号的旋转编码器,其输出脉冲的相数也不同,有的旋转编码器输出 A、B、Z 三相脉冲,有的只有 A、B 相两相,最简单的只有 A 相。

如图 9-7 所示是输出两相脉冲的旋转编码器与 FX 系列 PLC 的连接示意图。编码器有 4 条引线,其中两条是脉冲输出线、1 条是 COM 端线、1 条是电源线。编码器的电源可以是外接电源,也可直接使用 PLC 的 DC24V 电源。电源"-"端要与编码器的 COM 端连接,"+"端与编码器的电源端连接。编码器的 COM 端与 PLC 输入 COM 端连接,A、B 两相脉冲输出线直接与 PLC 的输入端连接,连接时要注意 PLC 输入的响应时间。有的旋转编码器还有一条屏蔽线,使用时要将屏蔽线接地。

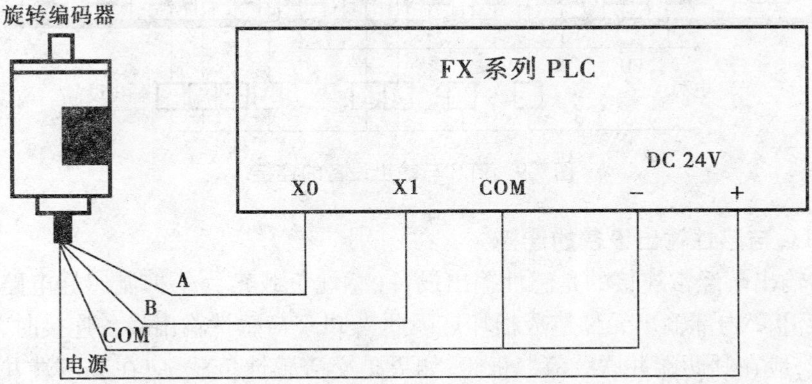

图 9-7 旋转编码器与 PLC 的连接

(四)PLC 与传感器类设备的连接

传感器的种类很多,其输出方式也各不相同。当采用接近开关、光电开关等两线式传感器时,由于传感器的漏电流较大,可能出现错误输入信号而导致 PLC 的误动作,此时可在 PLC 输入端并联旁路电阻 R,如图 9-8 所示,当漏电流不足 1mA 时可以不考虑其影响。

旁路电阻 R 的估算公式如下:

$$R < \frac{R_C \times U_{OFF}}{I \times R_C - U_{OFF}} \quad (k\Omega)$$

式中:I 为传感器的漏电流,mA;U_{OFF} 为 PLC 输入电压低电平的上限值,V;R_C 为 PLC 的输入阻抗,kΩ;Rc 的值根据输入点不同有差异。

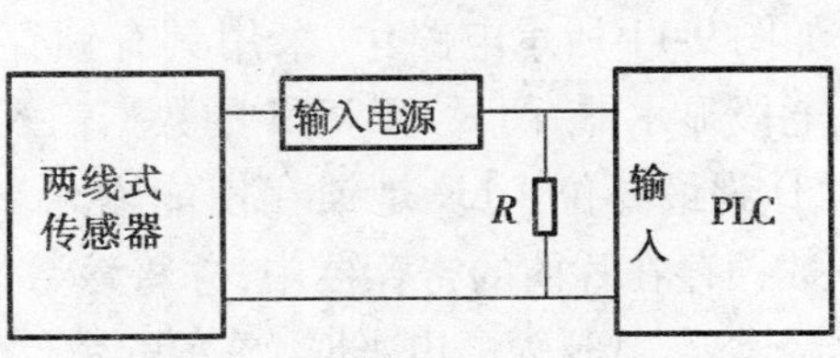

图 9-8 PLC 与两线式传感器的连接

二、PLC 与常用输出设备的连接

(一)PLC 与输出设备的一般连接方法

PLC 与输出设备连接时,不同组(不同公共端)的输出点,其对应输出设备(负载)的电压类型、等级可以不同,但同组(相同公共端)的输出点,其电压类型和等级应该相同。要根据输出设备电压的类型和等级来决定是否分组连接。如图 9-9 所示以 FX_{2N} 为例说明 PLC 与输出设备的连接方法。图中接法是输出设备具有相同电源的情况,所以各组的公共端连在一起,否则要分组连接。图中只画出 Y0—Y7 输出点与输出设备的连接,其他输出点的连接方法相似。

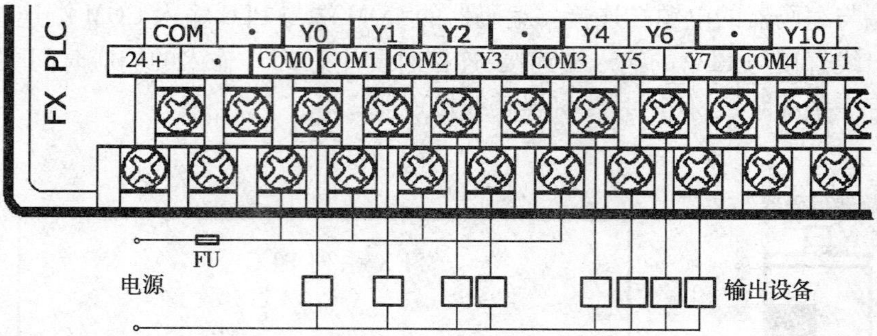

图 9-9　PLC 与输出设备的连接

(二)PLC 与感性输出设备的连接

PLC 的输出端经常连接的是感性输出设备(感性负载),为了抑制感性电路断开时产生的电压使 PLC 内部输出元件造成损坏。因此当 PLC 与感性输出设备连接时,如果是直流感性负载,应在其两端并联续流二极管;如果是交流感性负载,应在其两端并联阻容吸收电路。如图 9-10 所示。

图 9-10 中,续流二极管可选用额定电流为 1A、额定电压大于电源电压的 3 倍;电阻值可取 50 ~ 120Ω,电容值可取 0.1 ~ 0.47μF,电容的额定电压应大于电源的峰值电压。接线时要注意续流二极管的极性。

(三)PLC 与七段 LED 显示器的连接

PLC 可直接用开关量输出与七段 LED 显示器的连接,但如果 PLC 控制的是多位 LED 七段显示器,所需的输出点是很多的。

如图 9-11 所示电路中,采用具有锁存、译码、驱动功能的芯片 CD4513 驱动共阴极 LED 七段显示器,两只 CD4513 的数据输入端 A ~ D 共用 PLC 的 4 个输出瑞,其中 A 为最低位、D 为最高位。LE 是锁存使能输入端,在 LE 信号的上升沿将数据输入端输入的 BCD 数锁存在片内的寄存器中,并将该数译码后显示出来。如果输入的不是十进制数,显示器熄灭。LE 为高电平时,显示的数不受数据输入信号的影响。显然,N 个显示器占用的输出点数为 $P = 4 + N$。

如果 PLC 使用继电器输出模块,应在与 CD4513 相连的 PLC 各输出端接一下拉电阻,以避免在输出继电器的触点断开时 CD4513 的输入端悬空。PLC 输出继电器的状态变化

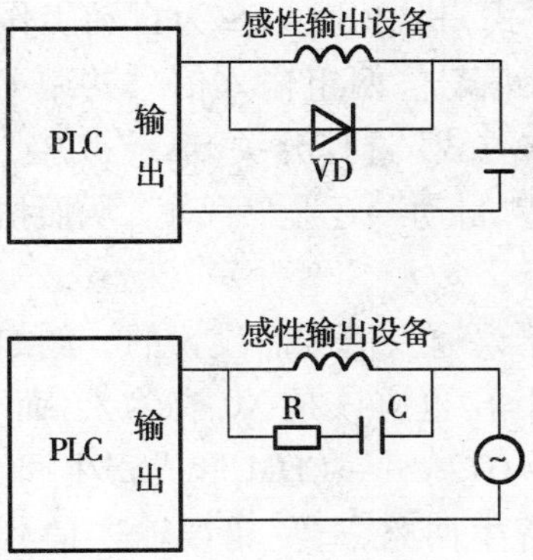

图 9-10　PLC 与感性输出设备的连接

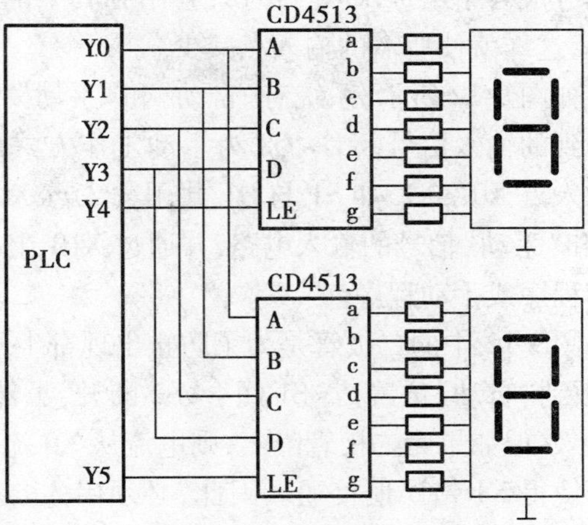

图 9-11　PLC 与两位七段 LED 显示器的连接

时，其触点可能抖动，因此应先送数据输出信号，待该信号稳定后，再用 LE 信号的上升沿将数据锁存进 CD4513。

（四）PLC 与输出设备连接的其他注意事项

PLC 与输出设备连接的其他注意事项如下：

（1）除了 PLC 输入和输出共用同一电源外，输入公共端与输出公共端一般不能接在一起；

（2）PLC 的晶体管和晶闸管型输出都有较大的漏电流，尤其是晶闸管输出，将可能会出现输出设备的误动作。所以要在负载两端并联一个旁路电阻，旁路电阻 R 的阻值估算可由下式确定：

$$R < \frac{U_{ON}}{I} \quad (k\Omega)$$

式中：U_{ON}是负载的开启电压，V；I 是输出漏电流，mA。

第四节　减少 I/O 点数的措施

PLC 在实际应用中常碰到这样两个问题：一是 PLC 的 I/O 点数不够，需要扩展，然而增加 I/O 点数将提高成本；二是已选定的 PLC 可扩展的 I/O 点数有限，无法再增加。因此，在满足系统控制要求的前提下，合理使用 I/O 点数，尽量减少所需的 I/O 点数是很有意义的。下面将介绍几种常用的减少 I/O 点数的措施。

一、减少输入点数的措施

（一）分组输入

一般系统都存在多种工作方式，但系统同时又只选择其中一种工作方式运行，也就是说，各种工作方式的程序不可能同时执行。因此，可将系统输入信号按其对应的工作方式不同分成若干组,PLC 运行时只会用到其中的一组信号,所以各组输入可共用 PLC 的输入点,这样就使所需的输入点减少。

如图 9-12 所示,系统有“自动”和“手动”两种工作方式,其中 S1 ~ S8 为自动工作方式用到的输入信号,Q1 ~ Q8 为手动工作方式用到的输入信号。两组输入信号共用 PLC 的输入点 X0 ~ X7,如 S1 与 Q1 共用输入点 X0。用“工作方式”选择开关 SA 来切换“自动”和“手动”信号的输入电路,并通过 X10 让 PLC 识别是“自动”,还是“手动”,从而执行自动程序或手动程序。

图 9-12 中的二极管是为了防止出现寄生回路,产生错误输入信号而设置的。例如当 SA 扳到“自动”位置,若 S1 闭合,S2 断开,虽然 Q1、Q2 闭合,也应该是 X0 有输入,而 X1 无输入,但如果无二极管隔离,则电流从 X0 流出,经 Q2→Q1→S1→COM 形成寄生回路,从而使得 X1 错误地接通。因此,必须串入二极管切断寄生回路,避免错误输入信号的产生。

(二)矩阵输入

如图 9-13 所示为 3×3 矩阵输入电路,用 PLC 的 3 个输出点 Y0、Y1、Y2 和 3 个输入点 X0、X1、X2 来实现 9 个开关量输入设备的输入。图中输出 Y0、Y1、Y2 的公共端 COM 与输入继电器的公共端 COM 连在一起。当 Y0、Y1、Y2 轮流导通,则输入端 X0、X1、X2 也轮流得到不同的三组输入设备的状态,即 Y0 接通时读入 Q1、Q2、Q3 的通断状态,Y1 接通时读入 Q4、Q5、Q6 的通断状态,Y2 接通时读入 Q7、Q8、Q9 的通断状态。

当 Y0 接通时,如果 Q1 闭合,则电流从 X0 端流出,经过 D1→Q1→Y0 端,再经过 Y0 的触点,从输出公共端 COM 流出,最后流回输入 COM 端,从而使输入继电器 X0 接通。在梯形图程序中应该用 Y0 常开触点和 X0 常开触点的串联,来表示 Q1 提供的输入信号。

图 9-13 中二极管也是起切断寄生回路的作用。

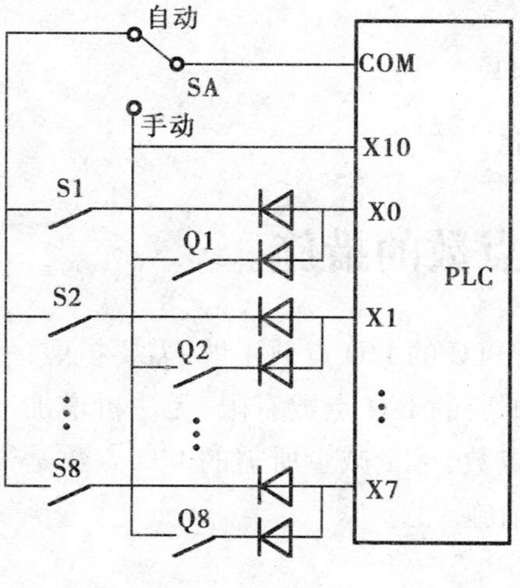

图 9-12　分组输入

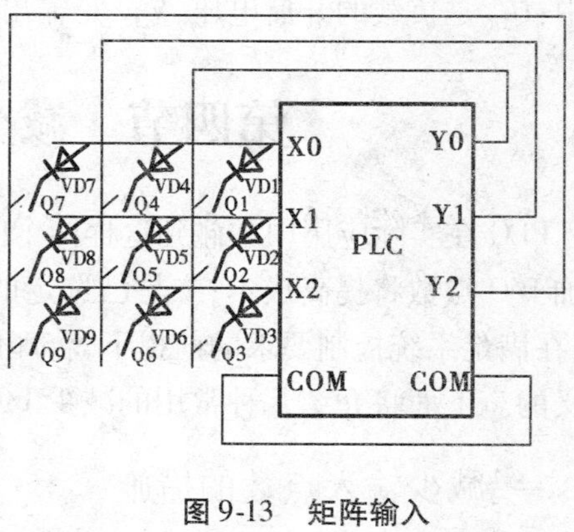

图 9-13　矩阵输入

采用矩阵输入方法除了要按图 9-12 的硬件连接外,还必须编写对应的 PLC 程序。由于矩阵输入的信号是分时被读入 PLC,所以读入的输入信号为一系列断续的脉冲信号,在使用时应注意这个问题。另外,应保证输入信号的宽度要大于 Y0、Y1、Y2 轮流导通一遍的时间,否则可能会丢失输入信号。

(三)组合输入

对于不会同时接通的输入信号,可采用组合编码的方式输入。如图 9-14(a)所示,三个输入信号 Q1、Q2、Q3 只要占用两个输入点,再通过如图 9-14(b)所示程序的译码,又还原成与 Q1、Q2、Q3 对应的 M0、M1、M2 三个信号。采用这种方法应特别注意要保证各输入开关信号不会同时接通。

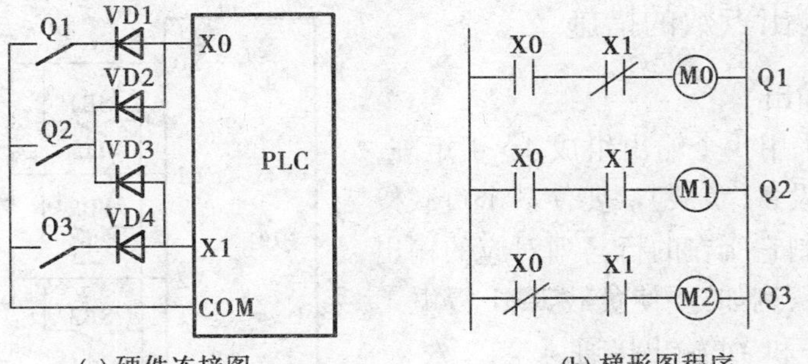

(a) 硬件连接图　　(b) 梯形图程序

图 9-14　组合输入

(四)输入设备多功能化

在传统的继电器电路中,一个主令电器(开关、按钮等)只产生一种功能的信号。而在 PLC 系统中,可借助于 PLC 强大的逻辑处理功能,来实现一个输入设备在不同条件下产生的信号作用不同。下面通过一个简单的例子来说明。

如图 9-15 所示的梯形图只用一个按钮通过 X0 输入去控制输出 Y0 的通与断。

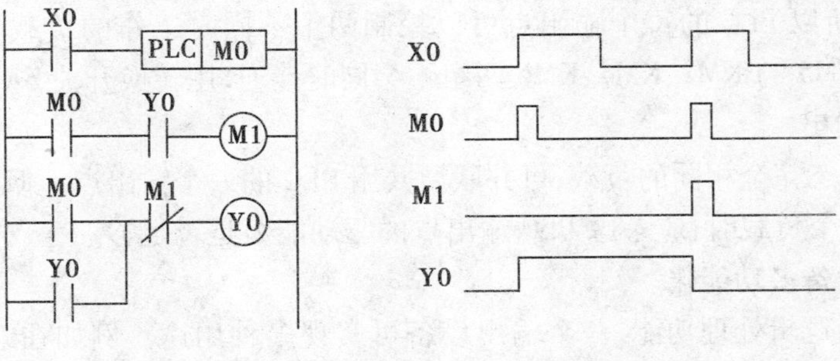

(a)　　(b)

图 9-15　用一个按钮控制的启动、保持、停止电路

图 9-15 中,当 Y0 断开时,按下按钮(X0 接通),M0 得电,使 Y0 得电并自锁;再按一下按钮,M0 得电,由于此时 Y0 已得电,所以 M1 也得电,其常闭触点使 Y0 断开。即按一下按钮,X0 接通一下,Y0 得电;再按一下按钮,X0 又接通下,Y0 失电。改变了传统继电器控制中要用两个按钮(启动按钮和停止按钮)的做法,从而减少了 PLC 的输入点数。

同样道理,我们可以用这种思路来实现一个输入具有三种或三种以上的功能。

（五）合并输入

将某些功能相同的开关量输入设备合并输入。如果是几个常闭触点，则串联输入；如果是几个常开触点，则并联输入。因此，几个输入设备就可共用 PLC 的一个输入点。

（六）某些输入设备可不进 PLC

系统中有些输入信号功能简单、涉及面很窄，如某些手动按钮、电动机过载保护的热继电器触点等，有时就没有必要作为 PLC 的输入，将它们放在外部电路中同样可以满足要求，如图 9-16 所示。

二、减少输出点数的措施

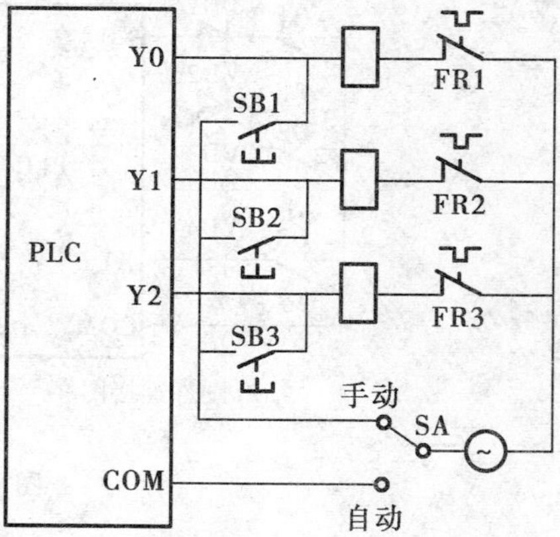

图 9-16　输入信号设在 PLC 外部

（一）矩阵输出

图 9-17 中采用 8 个输出组成 4×4 矩阵，可接 16 个输出设备（负载）。要使某个负载接通工作，只要控制它所在的行与列对应的输出继电器接通即可，例如：要使负载 KM1 得电工作，必须控制 Y0 和 Y4 输出接通。

应该特别注意：当只有某一行对应的输出继电器接通，各列对应的输出继电器才可任意接通，或者当只有某一列对应的输出继电器接通，各行对应的输出继电器才可任意接通，否则将会出现错误接通负载。因此，采用矩阵输出时，必须要将同一时间段接通的负载安排在同一行或同一列中，否则无法控制。

（二）分组输出

两组输出设备或负载不会同时工作，可通过外部转换开关或通过受 PLC 控制的电器触点进行切换，所以 PLC 的每个输出点可以控制两个不同时工作的负载。如图 9-18 所示，KM1、KM3、KM5 与 KM2、KM4、KM6 两组不会同时接通，用转换开关 SA 进行切换。

（三）并联输出

两个通断状态完全相同的负载，可并联后共用 PLC 的一个输出点。但要注意 PLC 输出点同时驱动多个负载时，应考虑 PLC 输出点的驱动能力是否足够。

（四）输出设备多功能化

利用 PLC 的逻辑处理功能，一个输出设备可实现多种用途。例如在继电器系统中，一个指示灯指示一种状态，而在 PLC 系统中，很容易实现用一个输出点控制指示灯的常亮和闪烁，这样一个指示灯就可指示两种状态，既节省了指示灯，又减少了输出点数。

（五）某些输出设备可不进 PLC

系统中某些相对独立、比较简单的控制部分，可直接采用 PLC 外部硬件电路实现控制。

以上一些常用的减少 I/O 点数的措施，仅供读者参考，实际应用中应该根据具体情况，灵活使用。同时应该注意不要过分地去减少 PLC 的 I/O 点数，而使外部附加电路变得复杂，从而影响系统的可靠性。

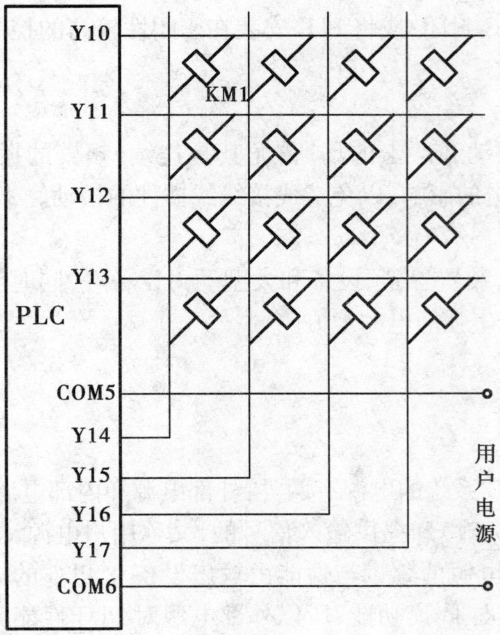

图 9-17　矩阵输出

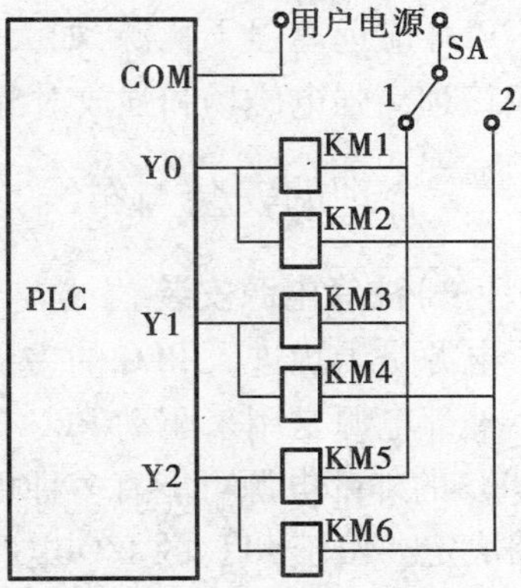

图 9-18　分组输出

第五节　提高 PLC 控制系统可靠性的措施

虽然 PLC 具有很高的可靠性，并且有很强的抗干扰能力，但在过于恶劣的环境或安装使用不当等情况下，都有可能引起 PLC 内部信息的破坏而导致控制混乱，甚至造成内部元件损坏。为了提高 PLC 系统运行的可靠性，使用时应注意以下几个方面的问题。

一、适合的工作环境

（一）环境温度适宜

各生产厂家对 PLC 的环境温度都有一定的规定。通常 PLC 允许的环境温度在 0～55°C。因此，安装时不要把发热量大的元件放在 PLC 的下方；PLC 四周要有足够的通风散热空间；不要把 PLC 安装在阳光直接照射或离暖气、加热器、大功率电源等发热器件很近的场所；安装 PLC 的控制柜最好有通风的百叶窗，如果控制柜温度太高，应该在柜内安装风扇强迫通风。

（二）环境湿度适宜

PLC 工作环境的空气相对湿度一般要求小于 85%，以保证 PLC 的绝缘性能。湿度太大也会影响模拟量输入/输出装置的精度。因此，不能将 PLC 安装在结露、雨淋的场所。

（三）注意环境污染

不宜把 PLC 安装在有大量污染物（如灰尘、油烟、铁粉等）、腐蚀性气体和可燃性气体的场所，尤其是有腐蚀性气体的地方，易造成元件及印刷线路板的腐蚀。如果只能安装在这种场所，在温度允许的条件下，可以将 PLC 封闭；或将 PLC 安装在密闭性较高的控制室内，并安装空气净化装置。

（四）远离振动和冲击源

安装 PLC 的控制柜应当远离有强烈振动和冲击的场所，尤其是连续、频繁的振动。必要时可以采取相应措施来减轻振动和冲击的影响，以免造成接线或插件的松动。

（五）远离强干扰源

PLC 应远离强干扰源，如大功率晶闸管装置、高频设备和大型动力设备等，同时 PLC 还应该远离强电磁场和强放射源，以及易产生强静电的地方。

二、合理的安装与布线

（一）注意电源安装

电源是干扰进入 PLC 的主要途径。PLC 系统的电源有两类：外部电源和内部电源。

外部电源是用来驱动 PLC 输出设备（负载）和提供输入信号的，又称用户电源，同一台 PLC 的外部电源可能有多种规格。外部电源的容量与性能由输出设备和 PLC 的输入电路决定。由于 PLC 的 I/O 电路都具有滤波、隔离功能，所以外部电源对 PLC 性能影响不大。因此，对外部电源的要求不高。

内部电源是 PLC 的工作电源，即 PLC 内部电路的工作电源。它的性能好坏直接影响到 PLC 的可靠性。因此，为了保证 PLC 的正常工作，对内部电源有较高的要求。一般 PLC 的内部电源都采用开关式稳压电源或原边带低通滤波器的稳压电源。

在干扰较强或可靠性要求较高的场合，应该用带屏蔽层的隔离变压器对 PLC 系统供电；还可以在隔离变压器二次侧串接 LC 滤波电路。同时，在安装时还应注意以下问题：

（1）隔离变压器与 PLC 和 I/O 电源之间最好采用双绞线连接，以控制串模干扰；

（2）系统的动力线应足够粗，以降低大容量设备启动时引起的线路压降；

（3）PLC 输入电路用外接直流电源时，最好采用稳压电源，以保证正确的输入信号。否则可能使 PLC 接收到错误的信号。

（二）远离高压

PLC 不能在高压电器和高压电源线附近安装，更不能与高压电器安装在同一个控制柜内。在柜内 PLC 应远离高压电源线，二者间距离应大于 200mm。

（三）合理的布线

合理布线应注意以下事项：

（1）I/O 线、动力线及其他控制线应分开走线，尽量不要在同一线槽中布线。

（2）交流线与直流线、输入线与输出线最好分开走线。

（3）开关量与模拟量的 I/O 线最好分开走线，对于传送模拟量信号的 I/O 线最好用屏蔽线，且屏蔽线的屏敝层应一端接地。

（4）PLC 的基本单元与扩展单元之间电缆传送的信号小、频率高，很容易受干扰，不能与其他的连线敷埋在同一线槽内。

（5）PLC 的 I/O 回路配线，必须使用压接端子或单股线，不宜用多股绞合线直接与

PLC 的接线端连接，否则容易出现火花。

(6) 与 PLC 安装在同一控制柜内，虽不是由 PLC 控制的感性元件，也应并联 RC 或二极管消弧电路。

三、正确的接地

良好的接地是 PLC 安全可靠运行的重要条件。为了抑制干扰，PLC 一般最好单独接地，与其他设备分别使用各自的接地装置，如图 9-19(a) 所示；也可以采用公共接地，如图 9-19(b) 所示；但禁止使用如图 9-19(c) 所示的串联接地方式，因为这种接地方式会产生 PLC 与设备之间的电位差。

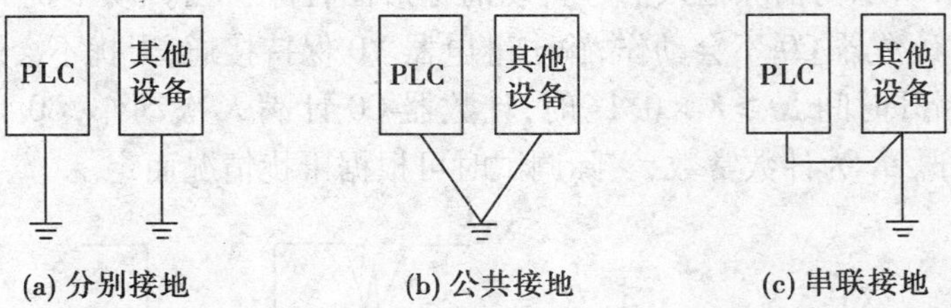

图 9-19　PLC 的接地

PLC 的接地线应尽量短，使接地点尽量靠近 PLC。同时，接地电阻要小于 100Ω，接地线的截面应大于 $2mm^2$。

另外，PLC 的 CPU 单元必须接地，若使用了 I/O 扩展单元等，则 CPU 单元应与它们具有共同的接地体，而且从任一单元的保护接地端到地的电阻都不能大于 100Ω。

四、必须的安全保护环节

(一) 短路保护

当 PLC 输出设备短路时，为了避免 PLC 内部输出元件损坏，应该在 PLC 外部输出回路中装上熔断器，进行短路保护，最好在每个负载的回路中都装上熔断器。

(二) 互锁与联锁措施

除在程序中保证电路的互锁关系，PLC 外部接线中还应该采取硬件的互锁措施，以确保系统安全可靠地运行，如电动机正、反转控制，要利用接触器 KM1、KM2 常闭触点在 PLC 外部进行互锁。在不同电机或电器之间有联锁要求时，最好也在 PLC 外部进行硬件联锁。采用 PLC 外部的硬件进行互锁与联锁，这是 PLC 控制系统中常用的做法。

(三) 失压保护与紧急停车措施

PLC 外部负载的供电线路应具有失压保护措施，当临时停电再恢复供电时，不按下"启动"按钮 PLC 的外部负载就不能自行启动。这种接线方法的另一个作用是，当特殊情况下需要紧急停机时，按下"停止"按钮就可以切断负载电源，而与 PLC 毫无关系。

五、必要的软件措施

有时硬件措施不一定完全消除干扰的影响，采用一定的软件措施加以配合，对提高

PLC 控制系统的抗干扰能力和可靠性起到很好的作用。

(一)消除开关量输入信号抖动

在实际应用中,有些开关输入信号接通时,由于外界的干扰而出现时通时断的"抖动"现象。这种现象在继电器系统中由于继电器的电磁惯性一般不会造成什么影响,但在 PLC 系统中,由于 PLC 扫描工作的速度快,扫描周期比实际继电器的动作时间短得多,所以抖动信号就可能被 PLC 检测到,从而造成错误的结果。因此,必须对某些"抖动"信号进行处理,以保证系统正常工作。

如图 9-20(a)所示,输入 X0 抖动会引起输出 Y0 发生抖动,可采用计数器或定时器,经过适当编程,以消除这种干扰。

如图 9-20(b)所示为消除输入信号抖动的梯形图程序。当抖动干扰 X0 断开时间间隔 $\Delta t < K \times 0.1s$,计数器 C0 不会动作,输出继电器 Y0 保持接通,干扰不会影响正常工作;只有当 X0 抖动断开时间 $\Delta t \geqslant K \times 0.1s$ 时,计数器 C0 计满 K 次动作,C0 常闭断开,输出继电器 Y0 才断开。K 为计数常数,实际调试时可根据干扰情况而定。

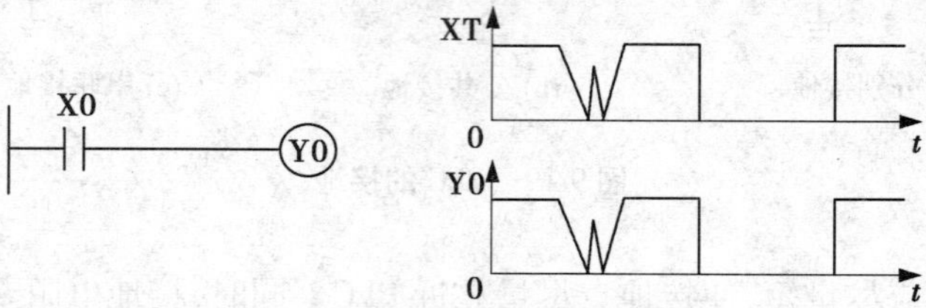

(a)抖动现象的影响

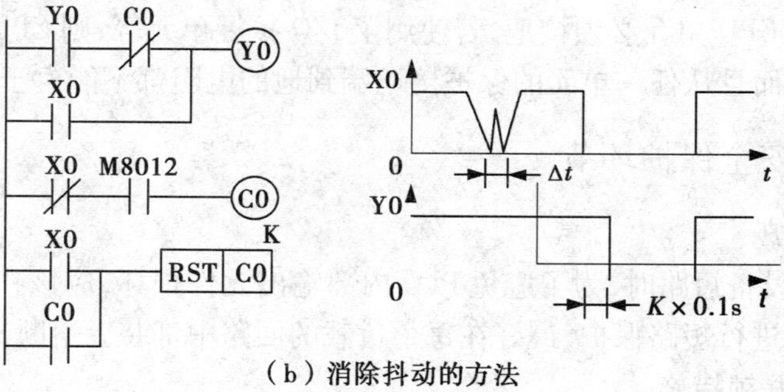

(b)消除抖动的方法

图 9-20　输入信号抖动的影响及消除

(二)故障的检测与诊断

PLC 的可靠性很高且本身有很完善的自诊断功能,如果 PLC 出现故障,借助自诊断程序可以方便地找到故障的原因,排除后就可以恢复正常工作。

现代的 PLC 拥有大量的软件资源,如 FX2N 系列 PLC 有几千点辅助继电器、几百点定时器和计数器,有相当大的裕量,可以把这些资源利用起来,用于故障检测。

(三)消除预知干扰

某些干扰是可以预知的,如 PLC 的输出命令使执行机构(如大功率电动机、电磁铁)动作,常常会伴随产生火花、电弧等干扰信号,它们产生的干扰信号可能使 PLC 接收错误的信息。在容易产生这些干扰的时间内,可用软件封锁 PLC 的某些输入信号,在干扰易发期过去后，再取消封锁。

六、采用冗余系统或热备用系统

某些控制系统（如化工、造纸、冶金、核电站等）要求有极高的可靠性，如果控制系统出现故障，由此引起停产或设备损坏将造成极大的经济损失。因此，仅仅通过提高PLC控制系统的自身可靠性是满足不了要求。在这种要求极高可靠性的大型系统中，常采用冗余系统或热备用系统来有效地解决上述问题。

（一）冗余系统

所谓冗余系统是指系统中有多余的部分，没有它系统照样工作，但在系统出现故障时，这多余的部分能立即替代故障部分而使系统继续正常运行。冗余系统一般是在控制系统中最重要的部分（如CPU模块）由两套相同的硬件组成，当某一套出现故障立即由另一套来控制。是否使用两套相同的I/O模块，取决于系统对可靠性的要求程度。

如图9-21（a）所示，两套CPU模块使用相同的程序并行工作，其中一套为主CPU模块，一块为备用CPU模块。在系统正常运行时，备用CPU模块的输出被禁止，由主CPU模块来控制系统的工作。同时，主CPU模块还不断通过冗余处理单元（RPU）同步地对备用CPU模块的I/O映像寄存器和其他寄存器进行刷新。当主CPU模块发出故障信息后，RPU在1～3个扫描周期内将控制功能切换到备用CPU。I/O系统的切换也是由RPU来完成。

（二）热备用系统

热备用系统的结构较冗余系统简单，虽然也有两个CPU模块在同时运行一个程序，但没有冗余处理单元RPU。系统两个CPU模块的切换，是由主CPU模块通过通信口与备用CPU模块进行通信来完成的。如图9-21（b）所示，两套CPU通过通讯接口连在一起。当系统出现故障时，由主CPU通知备用CPU，并实现切换，其切换过程一般较慢。

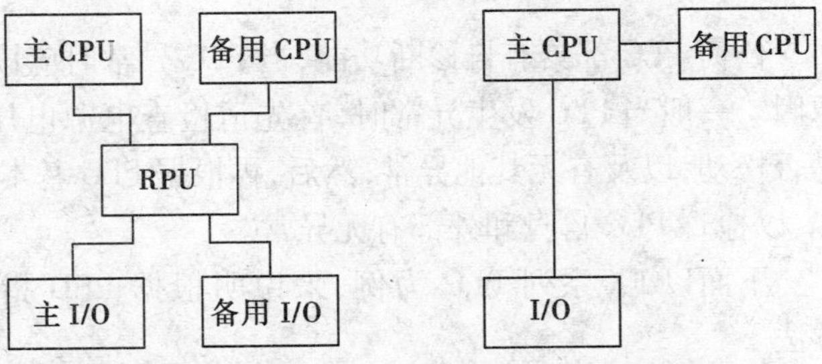

(a) 冗余系统　(b) 热备用系统

图9-21　冗余系统与热备用系统

第六节　PLC控制系统的维护和故障诊断

一、PLC控制系统的维护

PLC的可靠性很高，但环境的影响及内部元件的老化等因素，也会造成PLC不能正常工作。如果等到 PLC 报警或故障发生后再去检查、修理,总归是被动的。如果能经常定期地做好维护、检修,就可以做到系统始终工作在最佳状态下。因此,定期检修与做好日常维护是非常重要的。一般情况下检修时间以每 6 个月至一年 1 次为宜,当外部环境条件较差时,可根据具体情况缩短检修间隔时间。

PLC 日常维护检修的一般内容如表 9-1 所示。

表 9-1 PLC 维护检修项目、内容

序号	检修项目	检修内容
1	供电电源	在电源端子处测电压变化是否在标准范围内
2	外部环境	环境温度(控制柜内)是否在规定范围 环境湿度(控制柜内)是否在规定范围 积尘情况(一般不能积尘)
3	输入输出电源	在输入、输出端子处测电压变化是否在标准范围内
4	安装状态	各单元是否可靠固定、有无松动 连接电缆的连接器是否完全插入旋紧 外部配件的螺钉是否松动
5	寿命元件	锂电池寿命等

二、PLC 的故障诊断

任何 PLC 都具有自诊断功能,当 PLC 异常时应该充分利用其自诊断功能以分析故障原因。一般当 PLC 发生异常时,首先请检查电源电压、PLC 及 I/O 端子的螺丝和接插件是否松动,以及有无其他异常;然后,再根据 PLC 基本单元上设置的各种 LED 的指示灯状况,以检查 PLC 自身和外部有无异常。

下面以 FX 系列 PLC 为例,来说明根据 LED 指示灯状况以诊断 PLC 故障原因的方法。

(一)电源指示([POWER]LED 指示)

当向 PLC 基本单元供电时,基本单元表面上设置的[POWER]LED 指示灯会亮。如果电源合上但[POWER]LED 指示灯不亮,请确认电源接线。另外,若同一电源有驱动传感器等时,请确认有无负载短路或过电流。若不是上述原因,则可能是 PLC 内混入导电性异物或其他异常情况,使基本单元内的保险丝熔断,此时可通过更换保险丝来解决。

(二)出错指示([EPROR]LED 闪烁)

当程序语法错误(如忘记设定定时器或计数器的常数等),或有异常噪音、导电性异物混入等原因而引起程序内存的内容变化时,[EPROR]LED 会闪烁,PLC 处于 STOP 状态,同时输出全部变为 OFF。在这种情况下,应检查程序是否有错,检查有无导电性异物混入和高强度噪音源。

发生错误时,8009、8060 ~ 8068 其中之一的值被写入特殊数据寄存器 D8004 中,假设这个写入 D8004 中内容是 8064，则通过查看 D8064 的内容便可知道出错代码。与出错代码相对应的实际出错内容参见 PLC 使用手册的错误代码表。

（三）出错指示（[EPROR]LED 灯亮）

由于 PLC 内部混入导电性异物或受外部异常噪音的影响，导致 CPU 失控或运算周期超过 200ms，则 WDT 出错，[EPROR]LED 灯亮，PLC 处于 STOP，同时输出全部都变为 OFF。此时可进行断电复位，若 PLC 恢复正常，请检查一下有无异常噪音发生源和导电性异物混入的情况。另外，请检查 PLC 的接地是否符合要求。

检查过程如果出现[EPROR]LED 灯亮→闪烁的变化，请进行程序检查。如果[EPROR]LED 依然一直保持灯亮状态时，请确认一下程序运算周期是否过长（监视 D8012 可知最大扫描时间）。

如果进行了全部的检查之后，[EPROR]LED 的灯亮状态仍不能解除，应考虑 PLC 内部发生了某种故障，请与厂商联系。

（四）输入指示

不管输入单元的 LED 灯亮还是灭，请检查输入信号开关是否确实在 ON 或 OFF 状态。如果输入开关的额定电流容量过大或由于油侵入等原因，容易产生接触不良。当输入开关与 LED 灯亮用电阻并联时，即使输入开关 OFF 但并联电路仍导通，仍可对 PLC 进行输入。如果使用光传感器等输入设备，由于发光/受光部位粘有污垢等，引起灵敏度变化，有可能不能完全进入“ON”状态。在比 PLC 运算周期短的时间内，不能接收到 ON 和 OFF 的输入。如果在输入端子上外加不同的电压时，会损坏输入回路。

（五）输出指示

不管输出单元的 LED 灯亮还是灭，如果负载不能进行 ON 或 OFF 时，主要是由于过载、负载短路或容量性负载的冲击电流等，引起继电器输出接点粘合，或接点接触面不好导致接触不良。

小　结

PLC 控制系统的设计主要包括系统设计、程序设计、施工设计和安装调试等四方面的内容。在设计 PLC 控制系统时，应遵循以下基本原则：①最大限度地满足被控对象的控制要求；②保证 PLC 控制系统安全可靠；③力求简单、经济、使用及维修方便；④适应发展的需要。

PLC 控制系统设计与调试的步骤包括分析被控对象并提出控制要求、确定输入/输出设备、选择 PLC、分配 I/O 点并设计 PLC 外围硬件线路、程序设计、联机调试及整理和编写技术文件。

PLC 的选择主要应从 PLC 的机型、容量、I/O 模块、电源模块、特殊功能模块、通信联网能力等方面加以综合考虑。

PLC 常见的输入设备有按钮、行程开关、接近开关、转换开关、拨码器、各种传感器等，输出设备有继电器、接触器、电磁阀等。正确地连接输入和输出电路，是保证 PLC 安全可靠工作的前提。

减少输入点数的措施主要有分组输入、矩阵输入、组合输入、输入设备多功能化、合并输入、某些输入设备可不进 PLC；减少输出点数的措施主要有矩阵输出、组合输出、输出设备多功能化、并联输出、某些输出设备可不进 PLC。

为了提高 PLC 系统运行的可靠性，使用时应注意选择适合的工作环境、进行合理的安装与布线、使用正确的接地、增加必须的安全保护环节和必要的软件措施、采用冗余系统或热备用系统。

PLC 的可靠性很高，但环境的影响及内部元件的老化等因素，也会造成 PLC 不能正常工作。为使系统始终工作在最佳状态下，要定期检修与做好日常维护。一般情况下检修时间以每 6 个月至一年 1 次为宜，当外部环境条件较差时，可根据具体情况缩短检修间隔时间。

习　题

9-1　PLC 控制系统与继电器控制系统的设计过程相比，有何特点？

9-2　在什么情况下需要将 PLC 的用户程序固化到 EPROM 中？

9-3　选择 PLC 的主要依据是什么？

9-4　PLC 的开关量输入单元一般有哪几种输入方式？它们分别适用于什么场合？

9-5　PLC 的开关量输出单元一般有哪几种输出方式？各有什么特点？

9-6　PLC 输入输出有哪几种接线方式？为什么？

9-7　某系统有自动和手动两种工作方式。现场的输入设备有：6 个行程开关（SQ1 – SQ6）和 2 个按钮（SB1 – SB2）仅供自动时使用；6 个按钮（SB3 – SB8）仅供手动时使用；3 个行程开关（SQ7 – SQ9）为自动、手动共用。是否可以使用一台输入只有 12 点 PLC？若可以，试画出 PLC 的输入接线图。

9-8　用一个按钮（X1）来控制三个输出（Y1、Y2、Y3）。当 Y1、Y2、Y3 都为 OFF 时，按一下 X1，Y1 为 ON，再按一下 X1，Y1、Y2 为 ON，再按一下 X1，Y1、Y2、Y3 都为 ON，再按 X1，回到 Y1、Y2、Y3 都为 OFF 状态。再操作 X1，输出又按以上顺序动作。试用两种不同的程序设计方法设计其梯形图程序。

9-9　用定时器设计一个消除输入信号抖动的梯形图程序。

9-10　PLC 控制系统安装布线时应注意哪些问题？

9-11　如何提高 PLC 控制系统的可靠性？

9-12　设计一个可用于四支队伍比赛的抢答器。系统至少需要 4 个抢答按钮、1 个复位按钮和 4 个指示灯。试画出 PLC 的 I/O 接线图、设计出梯形图并加以调试。

附表　FX 系列 PLC 功能指令一览表

分类	FNC NO.	指令助记符	功能说明	对应不同型号的 PLC				
				FX_{0S}	FX_{0N}	FX_{1S}	FX_{1N}	FX_{2N} FX_{2NC}
程序流程	00	CJ	条件跳转	√	√	√	√	√
	01	CALL	子程序调用	×	×	√	√	√
	02	SRET	子程序返回	×	×	√	√	√
	03	IRET	中断返回	√	√	√	√	√
	04	EI	开中断	√	√	√	√	√
	05	DI	关中断	√	√	√	√	√
	06	FEND	主程序结束	√	√	√	√	√
	07	WDT	监视定时器刷新	√	√	√	√	√
	08	FOR	循环的起点与次数	√	√	√	√	√
	09	NEXT	循环的终点	√	√	√	√	√
传送与比较	10	CMP	比较	√	√	√	√	√
	11	ZCP	区间比较	√	√	√	√	√
	12	MOV	传送	√	√	√	√	√
	13	SMOV	位传送	×	×	×	×	√
	14	CML	取反传送	×	×	×	×	√
	15	BMOV	成批传送	×	√	√	√	√
	16	FMOV	多点传送	×	×	×	×	√
	17	XCH	交换	×	×	×	×	√
	18	BCD	二进制转换成 BCD 码	√	√	√	√	√
	19	BIN	BCD 码转换成二进制	√	√	√	√	√
算术与逻辑运算	20	ADD	二进制加法运算	√	√	√	√	√
	21	SUB	二进制减法运算	√	√	√	√	√
	22	MUL	二进制乘法运算	√	√	√	√	√
	23	DIV	二进制除法运算	√	√	√	√	√
	24	INC	二进制加 1 运算	√	√	√	√	√
	25	DEC	二进制减 1 运算	√	√	√	√	√
	26	WAND	字逻辑与	√	√	√	√	√
	27	WOR	字逻辑或	√	√	√	√	√

续附表

分类	FNC NO.	指令助记符	功能说明	对应不同型号的 PLC				
				FX_{0S}	FX_{0N}	FX_{1S}	FX_{1N}	FX_{2N} FX_{2NC}
	28	WXOR	字逻辑异或	√	√	√	√	√
	29	NEG	求二进制补码	×	×	×	×	√
循环与移位	30	ROR	循环右移	×	×	×	×	√
	31	ROL	循环左移	×	×	×	×	√
	32	RCR	带进位右移	×	×	×	×	√
	33	RCL	带进位左移	×	×	×	×	√
	34	SFTR	位右移	√	√	√	√	√
	35	SFTL	位左移	√	√	√	√	√
	36	WSFR	字右移	×	×	×	×	√
	37	WSFL	字左移	×	×	×	×	√
	38	SFWR	FIFO(先入先出)写入	×	×	√	√	√
	39	SFRD	FIFO(先入先出)读出	×	×	√	√	√
数据处理	40	ZRST	区间复位	√	√	√	√	√
	41	DECO	解码	√	√	√	√	√
	42	ENCO	编码	√	√	√	√	√
	43	SUM	统计 ON 位数	×	×	×	×	√
	44	BON	查询位某状态	×	×	×	×	√
	45	MEAN	求平均值	×	×	×	×	√
	46	ANS	报警器置位	×	×	×	×	√
	47	ANR	报警器复位	×	×	×	×	√
	48	SQR	求平方根	×	×	×	×	√
	49	FLT	整数与浮点数转换	×	×	×	×	√
高速处理	50	REF	输入输出刷新	√	√	√	√	√
	51	REFF	输入滤波时间调整	×	×	×	×	√
	52	MTR	矩阵输入	×	×	√	√	√
	53	HSCS	比较置位(高速计数用)	×	√	√	√	√
	54	HSCR	比较复位(高速计数用)	×	√	√	√	√
	55	HSZ	区间比较(高速计数用)	×	×	×	×	√
	56	SPD	脉冲密度	×	×	√	√	√
	57	PLSY	指定频率脉冲输出	√	√	√	√	√

续附表

分类	FNC NO.	指令助记符	功能说明	对应不同型号的 PLC				
				FX_{0S}	FX_{0N}	FX_{1S}	FX_{1N}	FX_{2N} FX_{2NC}
高速处理	58	PWM	脉宽调制输出	√	√	√	√	√
	59	PLSR	带加减速脉冲输出	×	×	√	√	√
方便指令	60	IST	状态初始化	√	√	√	√	√
	61	SER	数据查找	×	×	×	×	√
	62	ABSD	凸轮控制(绝对式)	×	×	√	√	√
	63	INCD	凸轮控制(增量式)	×	×	√	√	√
	64	TTMR	示教定时器	×	×	×	×	√
	65	STMR	特殊定时器	×	×	×	×	√
	66	ALT	交替输出	√	√	√	√	√
	67	RAMP	斜波信号	√	√	√	√	√
	68	ROTC	旋转工作台控制	×	×	×	×	√
	69	SORT	列表数据排序	×	×	×	×	√
外部I/O设备	70	TKY	10 键输入	×	×	×	×	√
	71	HKY	16 键输入	×	×	×	×	√
	72	DSW	BCD 数字开关输入	×	×	√	√	√
	73	SEGD	七段码译码	×	×	×	×	√
	74	SEGL	七段码分时显示	×	×	√	√	√
	75	ARWS	方向开关	×	×	×	×	√
	76	ASC	ASCI 码转换	×	×	×	×	√
	77	PR	ASCI 码打印输出	×	×	×	×	√
	78	FROM	BFM 读出	×	√	×	√	√
	79	TO	BFM 写入	×	√	×	√	√
外围设备	80	RS	串行数据传送	×	√	√	√	√
	81	PRUN	八进制位传送(#)	×	×	√	√	√
	82	ASCI	16 进制数转换成 ASCI 码	×	√	√	√	√
	83	HEX	ASCI 码转换成 16 进制数	×	√	√	√	√
	84	CCD	校验	×	√	√	√	√
	85	VRRD	电位器变量输入	×	×	√	√	√
	86	VRSC	电位器变量区间	×	×	√	√	√
	87	—	—					

续附表

分类	FNC NO.	指令助记符	功能说明	对应不同型号的 PLC				
				FX_{0S}	FX_{0N}	FX_{1S}	FX_{1N}	FX_{2N} FX_{2NC}
外围设备	88	PID	PID 运算	×	×	√	√	√
	89	—	—					
浮点数运算	110	ECMP	二进制浮点数比较	×	×	×	×	√
	111	EZCP	二进制浮点数区间比较	×	×	×	×	√
	118	EBCD	二进制浮点数→十进制浮点数	×	×	×	×	√
	119	EBIN	十进制浮点数→二进制浮点数	×	×	×	×	√
	120	EADD	二进制浮点数加法	×	×	×	×	√
	121	EUSB	二进制浮点数减法	×	×	×	×	√
	122	EMUL	二进制浮点数乘法	×	×	×	×	√
	123	EDIV	二进制浮点数除法	×	×	×	×	√
	127	ESQR	二进制浮点数开平方	×	×	×	×	√
	129	INT	二进制浮点数→二进制整数	×	×	×	×	√
	130	SIN	二进制浮点数 sin 运算	×	×	×	×	√
	131	COS	二进制浮点数 cos 运算	×	×	×	×	√
	132	TAN	二进制浮点数 tan 运算	×	×	×	×	√
	147	SWAP	高低字节交换	×	×	×	×	√
定位	155	ABS	ABS 当前值读取	×	×	√	√	×
	156	ZRN	原点回归	×	×	√	√	×
	157	PLSY	可变速的脉冲输出	×	×	√	√	×
	158	DRVI	相对位置控制	×	×	√	√	×
	159	DRVA	绝对位置控制	×	×	√	√	×
时钟运算	160	TCMP	时钟数据比较	×	×	√	√	√
	161	TZCP	时钟数据区间比较	×	×	√	√	√
	162	TADD	时钟数据加法	×	×	√	√	√
	163	TSUB	时钟数据减法	×	×	√	√	√
	166	TRD	时钟数据读出	×	×	√	√	√
	167	TWR	时钟数据写入	×	×	√	√	√
	169	HOUR	计时仪	×	×	√	√	
外围设备	170	GRY	二进制数→格雷码	×	×	×	×	√
	171	GBIN	格雷码→二进制数	×	×	×	×	√

续附表

分类	FNC NO.	指令助记符	功能说明	对应不同型号的 PLC				
				FX_{0S}	FX_{0N}	FX_{1S}	FX_{1N}	FX_{2N} FX_{2NC}
外围设备	176	RD3A	模拟量模块(FX0N－3A)读出	×	√	×	√	×
	177	WR3A	模拟量模块(FX0N－3A)写入	×	√	×	√	×
触点比较	224	LD＝	(S1)＝(S2)时起始触点接通	×	×	√	√	√
	225	LD＞	(S1)＞(S2)时起始触点接通	×	×	√	√	√
	226	LD＜	(S1)＜(S2)时起始触点接通	×	×	√	√	√
	228	LD＜＞	(S1)＜＞(S2)时起始触点接通	×	×	√	√	√
	229	LD≤	(S1)≤(S2)时起始触点接通	×	×	√	√	√
	230	LD≥	(S1)≥(S2)时起始触点接通	×	×	√	√	√
	232	AND＝	(S1)＝(S2)时串联触点接通	×	×	√	√	√
	233	AND＞	(S1)＞(S2)时串联触点接通	×	×	√	√	√
	234	AND＜	(S1)＜(S2)时串联触点接通	×	×	√	√	√
	236	AND＜＞	(S1)＜＞(S2)时串联触点接通	×	×	√	√	√
	237	AND≤	(S1)≤(S2)时串联触点接通	×	×	√	√	√
	238	AND≥	(S1)≥(S2)时串联触点接通	×	×	√	√	√
	240	OR＝	(S1)＝(S2)时并联触点接通	×	×	√	√	√
	241	OR＞	(S1)＞(S2)时并联触点接通	×	×	√	√	√
	242	OR＜	(S1)＜(S2)时并联触点接通	×	×	√	√	√
	244	OR＜＞	(S1)＜＞(S2)时并联触点接通	×	×	√	√	√
	245	OR≤	(S1)≤(S2)时并联触点接通	×	×	√	√	√
	246	OR≥	(S1)≥(S2)时并联触点接通	×	×	√	√	√

参考文献

[1] 李建兴.可编程序控制器及其应用[M].北京:机械工业出版社,1999..

[2] 邱公伟.可编程控制器网络通信及应用[M].北京:清华大学出版社,2000.

[3] 邹益仁,等.现场总线控制系统的设计和开发[M].北京:国防工业出版社,2003.

[4] 廖常初. 可编程序控制器的编程方法与工程应用[M].重庆:重庆大学出版社,2001.

[5] 陈在平,等.可编程序控制器技术与应用系统设计[M].北京:机械工业出版社,2002.

[6] 宫淑贞,等.可编程控制器原理及应用[M].北京:人民邮电出版社,2002.

[7] 方承远.电气控制原理与设计[M].北京:机械工业出版社,2000.

[8] 马小军.建筑电气控制技术[M].北京:机械工业出版社,2003.

[9] MITSUBISHI ELECTRIC CORPORATION. FX - PCS/WIN - C 软件手册,1997.

[10] MITSUBISHI ELECTRIC CORPORATION. FX 系列编程手册,2001.

[11] MITSUBISHI ELECTRIC CORPORATION. FX2N 编程手册,2000.

[12] 杨洋,等. PLC 在普通车床 C650 控制中的应用. 江西电力职业技术学院学报. 2005 . 18(2) 49 ~ 51.

[13] 吴春燕,贺析荣. 常用车床及 Z3050 型摇臂钻床电气线路分析、故障检修实例及故障表. 机床电器. 2000. No 3. 48 ~ 50.

[14] 吴跃东.电气控制与可编程控制器[M].北京:人民邮电出版社,2007.

[15] 孙平.电气控制与 PLC[M].北京:高等教育出版社,2004.